U0379747

中国城乡规划与多支持系统前沿研究丛书|刘合林主编

国家自然科学基金支持项目(52278063)

复杂性与城市规划

刘合林　聂晶鑫　董玉萍　著

东南大学出版社
SOUTHEAST UNIVERSITY PRESS
南京·2024

内容提要

本书尝试从复杂性的角度重新审视规划，对探讨规划领域复杂性问题的技术方法进行基础性讨论和阐述，并以多智能体模拟技术为例，介绍如何利用该技术来研究规划中常见的问题，从而发现解决问题的办法，为规划决策提供科学支持。

本书紧扣主题，结合实践案例，既注重基础理论梳理，也注重技术方法展示，可作为高等院校城市规划、人文地理等相关专业学生的扩展阅读材料，也可为该领域的科研人员、科研机构、规划管理部门提供有益参考，同时也适合对基于多智能体建模(agent-based modelling)技术在城市规划中的应用感兴趣的人群。

图书在版编目(CIP)数据

复杂性与城市规划 / 刘合林，聂晶鑫，董玉萍著. — 南京 ：东南大学出版社，2024.4

(中国城乡规划与多支持系统前沿研究丛书 / 刘合林主编)

ISBN 978-7-5766-0950-9

Ⅰ.①复… Ⅱ.①刘… ②聂… ③董… Ⅲ.①城市规划-研究-中国 Ⅳ.①TU984.2

中国国家版本馆 CIP 数据核字(2023)第 210056 号

责任编辑：孙惠玉　　责任校对：张万莹　　封面设计：王玥　　责任印制：周荣虎

复杂性与城市规划

Fuzaxing Yu Chengshi Guihua

著　　者：刘合林　聂晶鑫　董玉萍
出版发行：东南大学出版社
出 版 人：白云飞
社　　址：南京市四牌楼 2 号　邮编：210096
网　　址：http://www.seupress.com
经　　销：全国各地新华书店
排　　版：南京布克文化发展有限公司
印　　刷：南京凯德印刷有限公司
开　　本：787 mm×1092 mm　1/16
印　　张：14.5
字　　数：355 千
版　　次：2024 年 4 月第 1 版
印　　次：2024 年 4 月第 1 次印刷
书　　号：ISBN 978-7-5766-0950-9
定　　价：59.00 元

本社图书若有印装质量问题，请直接与营销部调换。电话(传真)：025-83791830

总序

1956 年，城市规划作为一门学科正式被纳入教育部的招生目录，标志着我国大学城市规划专业教育的正式确立。参照苏联模式并结合国家发展实际，这一时期城市规划的学科发展表现出显著的建筑和工程导向。到了 20 世纪 70 年代中期，来自地理类院校的“城市—区域”理论被引入城市规划的学科发展和科学研究，从而丰富了城市规划专业的学科内涵、研究领域与规划实践。20 世纪 90 年代，改革开放和国际交流的不断深化使得城市规划的学科结构不断完善，科学研究的广度和深度持续拓展，规划编制的技术方法不断革新。2011 年，“城乡规划”一级学科的设立，则从侧面反映了城乡规划的城乡统筹价值转向。

城乡规划学科发展的历史表明，规划研究始终与国家发展的时代需求相呼应。在新中国成立初期，百废待兴，城市蓝图描绘和工程建设尤为紧迫，这一时期的研究表现出显著的工程指向性；在 1970—1977 年，国家宏观调控与生产力布局的实际需求加强，城市发展过程中的区域观和统筹问题的研究变得更加重要；改革开放所带来的社会、经济的深刻变化，使得土地制度、房地产金融、区域均衡发展和全球城市等问题的研究成为热点。2000 年后，在快速城镇化和全球化全面深化的背景下，土地集约高效利用、人居环境品质提升、可持续城乡发展、历史文化遗产保护、社会公平正义、城乡统筹协调发展等问题被广泛探讨。近年来，生态文明建设、国土空间规划改革和人工智能等新数字技术发展正深刻重塑城乡规划的学科内涵和研究领域，新的规划研究议题不断涌现，如规划建设的双碳技术、历史文化聚落遗产保护、流域综合治理、人居环境品质提升、空间治理现代化、国土空间安全、城市更新改造和数字赋能规划创新等。

在此背景下，东南大学出版社推出“中国城乡规划与多支持系统前沿研究丛书”，正是对新时代城乡规划学科发展与科学研究需求的积极响应，适逢其时。本丛书的各位作者都是具有国际视野、国内经验和家国情怀的青年学者，他们立足国家重大战略需求，敢于争先，勇于探索，将规划教育、规划实践与规划研究紧密结合，既体现出规划科学研究的前沿性，也体现出中国规划特色的在地性和时代性。本丛书从策划走到现实，始终秉持开放包容的原则，是一个持续不断添新增彩的过程，每一本都值得仔细研读。在未来，相信会有更多的优秀作品进入该丛书序列，响应国家重大需求，解决时代规划问题。

全球化、城市化、数字化和国家治理现代化正持续推进，中国正在逐步走向高收入国家行列，中国的城镇化正在走向弗里德曼所言的Ⅱ型城镇化，中国人民的生活方式也正在转向绿色低碳健康，中国的规划研究与实践也必将走上新的征程。我相信，该套丛书的出版必能为当前我国规划研究的拓展和规划事业的进步贡献价值。

刘合林

2023 年 10 月于武汉

前言

现代城市规划最直接的思想源泉来自空想社会主义和无政府主义(孙施文,2007),因此,规划最初的内核充满了浪漫的理想主义色彩,其目标就是建立一个乌托邦式的理想图景,而这一时期推进规划实施的主体往往是充满英雄主义情怀的少数个体,如罗伯特·欧文(Robert Owen)在英国的协和村实践以及查尔斯·傅立叶(Charles Fourier)在法国的法郎吉(Phalanges)实践。这些理论的提出和"乌托邦"实践的一个重要目标就是要解决英国工业革命以来的社会不平等、生活条件恶化和居民健康遭受威胁等一系列问题。上述规划基于一种过度理想化的"图景构建",缺乏系统化的社会、经济统筹和成熟的现实基础,因此不可避免地遭到了失败。

1898年,埃比泥泽·霍华德(Ebenezer Howard)出版了《明天:通往真正改革的平和之路》(*Tomorrow:A Peaceful Path to Real Reform*)的专著,系统阐述了融合城市与乡村优势的田园城市原型。基于自身生活经历和对此前的社会经济发展理论、规划实践、规划技术方法和规划立法等方面的综合总结,霍华德充分认识到规划的社会性、综合性和实践性。因此,他采取了更加系统化、更加面向现实的思维模式来探讨城市规划的新途径。在论著中,他不仅关注城市空间的组织模式,而且关注城市人口流动的组织、最优人口规模的确定、城市土地制度的创新、城市基础设施的优化配置、城市管理与运行的社会经济可行性、城市发展的收益公平分配以及城市居住社区的建设等。

城市规划作为一门实践性很强的学科,其内核理论和思想不断受到实践问题的挑战。从最早关注城市公共卫生问题,逐步转换到关注城市功能、城市发展愿景、城市规划过程、城市社会经济利益和可持续发展等,城市规划所涉及内容的多元化和利益网络的多维化使得规划问题的理论探讨和实践日趋复杂。规划的内在复杂性和面临问题的不确定性似乎和规划追求的目标,即寻找确定性答案和给出清晰策略背道而驰。

20世纪50年代,"理性主义"(rationalism)思潮开始在城市规划领域盛行。然而,城市规划所涉及的信息和系统的复杂性使得"理性选择"(rational choice)面临困境。在此环境下,"有限理性"(bounded rationality)理论随之而生。这一理论依然难以应对复杂多变的城市规划问题。受德里达、哈贝马斯和福柯等人的思想启示,20世纪80年代,利益主体主观信息交换条件下的沟通式理性(communicative rationality)理论成为规划实践中的重要支持。然而,利益主体的政治性、社会性以及个体偶然性,使得规划操作与实践的复杂性进一步凸显。

复杂性,往往被同义为"不可解决或难以解决",而在规划实践过程中,尤其是在我国现有的制度体制下,规划实践需要的是一种确定的解决方案和实施时序方案,"不确定"的概念在规划实践过程中是难以被接受的,因此有关"复杂性"的问题在城市规划的理论与实践过程中会被有意或无意地规避。

然而，理性规划（rational planning）、有限理性（bounded rationality）、协作规划（collaborative planning）、渐进主义（incrementalism）以及沟通式规划（communicative planning）等规划范式的内在逻辑矛盾性使得许多现代城市规划理论的发展进入了新的瓶颈时期；与此同时，无论在规划方案制定过程中采取何种方式，规划方案在实施的现实面前往往面临各种无法厘清和协调的矛盾，最终导致规划难以有效落地。这种理论上的矛盾和实践上的困境，一方面源于指导规划的理论创新的匮乏，另一方面也源于理论与现实的脱节，即现实的复杂性与理论的局限性之间产生了巨大的冲突。

城市本身的复杂性以及城市规划过程的复杂性，使得当今城市规划理论与实践面临着种种困境，进而导致了所谓的城市规划“第三次理论危机”（de Roo et al，2010）。基于这些现实挑战和困境胁迫，规划理论学者与实践专家们在近 30 年来不断尝试寻求新的理论启示与理论创新。发端于 20 世纪 80 年代的自然科学领域的复杂性思想（complexity thinking）为苦苦寻求新突破口的规划领域提供了一个全新的视窗。因此，基于复杂性思维的规划思想在 20 世纪 90 年代开始萌芽，并逐步受到规划学者和规划实践者的关注（赖世刚等，2009）。

然而，复杂性思维脱胎于自然科学领域，其具体应用涉及较为困难的数理分析技术和计算机模拟技术，因此复杂性思维在规划理论与实践中的运用并未得到很快的普及，到目前为止仍处于城市规划思想的边缘。当前，随着大数据相关技术的发展与智慧城市规划建设实践的兴起，各种新旧问题的交织使得城市规划理论与实践越加趋向于复杂性理论与技术方法的运用。

基于这样的现实，本书通过简单梳理现代城市规划理论的演进，阐述城市规划中的复杂性思维及其具体表现，并通过理论与实践相结合的方式，阐述如何利用分析复杂性问题的经典方法之一，即多智能体建模技术来解决规划过程中的现实问题。

本书共分 9 章。第 1 章梳理复杂性视野下的规划理论发展，阐述规划中的基本复杂性思维。第 2 章阐述复杂性现象的特征以及规划中典型的复杂性问题。第 3 章简要阐述解决复杂性问题的典型技术方法。第 4 章介绍多智能体模拟技术的理论基础。第 5 章结合第 3 章和第 4 章的内容，进一步介绍了多智能体模拟技术的软件平台 NetLogo。第 6 章、第 7 章则以规划中所涉及的经典复杂性问题，即企业、政府、城市居民等多利益主体在空间区位选择过程中的博弈问题为例，以详细的例子和操作步骤来阐述如何利用基于多智能体的计算机模拟模型来研究和分析此类经典问题。第 8 章则结合云南省中南部地区的城镇体系规划实践，采用网络模拟分析的方法来研究其城镇体系特征并给出优化策略的建议。第 9 章为前景与展望，对复杂性思想在城市规划领域的运用和发展提出新思考。

本书写作大纲由刘合林统一制定，全书由刘合林校核统稿。本书各章节作者如下：第 1 章为刘合林、解星；第 2 章为董玉萍、刘合林、曾霞；第 3 章为聂晶鑫、刘合林；第 4 章为刘合林；第 5 章为聂晶鑫、刘合林；第 6 章为刘合林；第 7 章为刘合林；第 8 章为聂晶鑫、刘合林、董玉萍；第 9 章为刘合林。对本书第

6 章和第 7 章有三点需要特别说明:第一,第 6 章和第 7 章涉及以南京市为案例的分析是以 2010 年南京市的相关数据为基础,文中所涉及的 2010—2020 年南京市文化创意产业发展时空过程的图片是计算机的模拟预测图。第二,有关这些图片的文字仅是对模拟预测结果进行的文本阐释,不涉及这些预测结果与 2010—2020 年真实情况的比对。第三,在模拟预测图中,南京市的行政区划以 2010 年为准。由于在计算机模型中默认设置了自 2010 年后“行政区划不发生调整”这样的假设,因此有关南京市 2010 年后发展情况的预测和文字解读不再考虑 2013 年南京市发生的行政区划调整因素。

因作者知识所限,本书中如有不妥之处,恳请相关领域的专家学者和本书的阅读者批评指正。书中可能出现的学术错误,也应归因于作者本人。

感谢一直以来支持我们进步的师长、同事与同行;感谢家人的陪伴、鼓励和付出;感谢东南大学出版社徐步政和孙惠玉编辑的策划、支持与鼓励,使得本书能够顺利完成;同时,感谢东南大学出版社的所有工作人员为本书的出版所付出的时间和精力,他们的严谨、勤奋是本书能够顺利、及时出版的根本保障。

刘合林

2023 年 9 月

目录

1 复杂性视野下的城市规划

1.1 现代城市规划理论的转变

1.1.1 从理性到有限理性

理性是指以理智判断、辨别真伪的能力和从理智上控制行为的能力。理性主义是现代哲学的起点，是近代科学形成和发展的基石(孙施文，1997)。客观地说，近现代城市规划的产生与发展，其关键在于规划过程中对理性思想的注重。例如，《雅典宪章》中所明确贯穿的理性主义思维。理性主义的出发点是人的理智，笛卡尔认为只有依据理性的方法才能获得真理(钱广华，1988)。虽然理性思想倡导的科学精神和科学方法依然是当今城市规划发展的重要支柱和方向，然而人的理智是带有阶段性局限的，必然受制于客观的现实背景。正如10次小组(Team10)对柯布西耶所主导的理想城市进行评价时所说的那样：理性主义所追求的是"一种高尚的、文雅的、诗意的、有纪律的、机械环境的机械社会，是具有严格等级的技术社会的优美城市"，完全用它来理解城市，显然是片面的和危险的。麦克劳林在1985年就曾经指出，"规划不只是一系列理性的过程，而且在某种程度上，它不可避免地是特定的政治、经济和社会历史背景的产物"。正如《马丘比丘宪章》中所说，现代科学的发展已经揭示出许多在因果框架中容纳不下的科学事实，因此，理性的事物并不等于正确的事物。面对一个不确定的世界，"可靠的规划要表明的，往往不是会发生什么，而是不会发生什么"(罗宾逊，1988)。而理性主义作为一种哲学思潮只承认理性的正确性，强调一切从理性出发，将非理性的因素排除在外，这是广泛适用于自然科学的机械思维方法。对于城市这个复杂的综合体，对于"规划"的预期性特征，"理性主义"显然是不能解决全部问题的。"理性主义"强调尽可能多地分析人们考察中所遇到的每一个困难(《雅典宪章》)，其思维模式遵循的是对事物的分解而不是综合，用之来覆盖城市规划的全部思维显然也是远远不够的。

人们把启蒙运动开启的现代理性称为"工具理性"，现代化的进程就是要以理性为工具，以全人类利益的名义对自然、社会、人的心灵和道德生活等各方面进行合理的安排和控制。如果将理性主义等同于技术理性，期望通过科学的量化手段达成社会系统的理性思想，则失之偏颇。

城市规划面对的对象领域是一个复杂的巨系统，在人类社会中统一性的概念不可能存在，也不可能靠某人或某几个人通过僵硬的技术手段推导得出，只能采用“有限理性”的态度，规划的本质理性内含在社会交往寻求理性的过程之中(Popper，1946)，而社会实践和公众参与是规划理性实现的前提。

1.1.2 从蓝图绘制到过程规划

现代城市规划由于严格地遵循理性主义认知世界的方法，它们从一开始就认为可以通过不断的认知来接近或达到城市的“理想状态”，它们的规划是城市未来的终极美好蓝图，是依据建筑学原则确立的不可更改的、完美的组合(孙施文，1997；霍尔，1985)。正如《雅典宪章》所认为的那样：城市规划的基本任务就是制定规划方案，在城市各功能分区之间建立“平衡状态”和“最合适的关系”，并“必须制定必要的法律以保证其实现”。

20 世纪 60 年代以后，系统思想和系统方法在城市规划领域中得到了广泛的运用，它特别强调城市规划的过程性和动态性。受系统论影响的《马丘比丘宪章》要求“城市规划师和政策制定者必须把城市看作在连续发展与变化过程中的一个结构体系”，并进一步提出“区域与城市规划是个动态过程，不仅要包括规划的制定，而且要包括规划的实施。这一过程应当能适应城市这个有机体的物质和文化的不断变化”。这标志着人们已经将城市规划看作一个不断模拟、实践、反馈、重新模拟的循环过程，认识到只有通过这样不间断的连续过程才能更有效地与城市系统相协同(孙施文，1997)。例如，布兰奇(Branch，1973)提出的“连续性城市规划”(continuous city planning)概念，是规划过程论的思想雏形。弗里德曼(Friedmann)所提出的“行动性规划”(action planning)认为，通过公共决策和政策制定得出的方案并不能在实际中得到很好的执行，为了使规划能够很好地执行，规划师应该是规划的管理者、“各种网络的缔造者”与联络者。

1.1.3 从单目标静态决策到多目标动态决策

单目标决策是指系统方案的选择取决于单个目标，或称单目标最优化。多目标决策即系统方案的选择取决于多个目标的满足程度，或称之为多目标最优化。单目标决策是只有一个决策目标的决策，而多目标决策方法则是从 20 世纪 70 年代中期发展起来的一种新的决策分析方法。

可以认为，蓝图规划为一种单目标静态决策的表现形式，其强调规划目标的唯一性和确定性，追求规划最终的理想状态，忽视发展过程中的协调，缺乏运行概念。这种思想方法曾经造就了空想社会主义大师，产生了乌托邦的理想。但是单目标静态决策的思想方法难以适应城市建设发展的需要,脱离实际。多目标动态决策则强调规划的阶段性和灵活性,认为城市规划并不是描绘一个城市发展的终极蓝图,而是一个通过规划手段进行必要调控,以实现向目标理想趋近的持续性的动态过程。多目标动态决策既强调城市规划工作的成果是一种动态过程的控制和引导方法,同时又强调城市规划管理的控制手段也是一种动态过程。

城市规划的目的是使城市在发展的各个阶段都能保持良性运转,因此城市规划实现从单目标决策到多目标决策,从静态决策到实时动态决策的转变,是城市规划更加科学合理地指导城市发展的必然转变。

1.2 城市规划中的复杂性思维

1.2.1 现代城市规划的社会性与政治性

在西方国家,现代城市规划的最早目标源于解决城市卫生问题和住房问题。因此,从源头来看,现代城市规划从一开始就不是一个简单的空间规划与设计问题。然而,受到工业革命以来技术进步的鼓舞,人们逐步认为技术能够解决城市发展过程中的各种问题,随之而生的是技术崇拜与技术导向的规划。这种思想趋势使得物质空间规划逐步转变成为规划的核心要点,而社会和政策属性则逐步退居其次,这就导致了以物质空间规划为主导的现代城市规划范式在很长一段时间内受到普遍推崇和施行,它也就是我们常说的工程式的城市规划。这种思维在我国 20 世纪 90 年代以前尤其明显。一方面,我国的城市规划以服务于大开发、大建设为基本目标,因此物质空间和蓝图绘制成为规划的核心内容;另一方面,我国的规划工作在 20 世纪 80 年代以前多脱胎于建筑学传统,因此我国的规划从最初就留下了深深的物质空间规划烙印。

然而,物质空间规划从社会、经济的角度来看,实际上是一种空间生产规划和经济利益分配规划。因此,这种物质空间规划的实施在土地私有的西方国家面临着种种困难,这是因为只有在各方利益群体的土地使用权、收益权等权益关系得到较好调和的条件下,相应的规划方案才能够得到通过和有效实施。随着社会主义市场经济体制的建立、转型和改革的深化,我国的土地所有权制度与土地使用权等相关制度则发生了一系列深刻变化,这种深刻的变化使得人们的权利意识日渐增强,因此我国的城市规划思维也逐步从纯粹的物质空间规划逐步转向利益协调和制度创新。在此思维影响下,规划过程的公众参与成为规划的重要一环。多个利益主体参与规划使得规划决策不再属于一个或少数几个精英群体的室内工作,而是涉及多个不同利益群体所构成的利益网络、关系网络和政治网络。内含于规划中的这种社会、政治网络体系及其协调就构成了规划的社会性与政治性。

此外，随着20世纪90年代可持续发展思想的倡导和传播，规划所关注的内容也逐步从纯粹的物质空间问题扩展到社会经济问题，再扩展到生态环境问题。主导规划的思维也从早期的空间安排布局思维转到空间开发管控思维，再转到以可持续发展为目标的发展导向思维。规划涉及利益主体的扩展、内容的泛化、深度的加强以及社会政治力量的介入，这使得规划的社会性和政治性进一步强化。在此背景下，规划的复杂性逐步被人们所认识和接受，人们开始尝试用新的规划思维和技术方法来予以应对。

1.2.2　复杂性理论启示下的规划理论转型

无论是在理论领域还是在实践领域，内容和对象的不断拓宽，使得规划要处理的空间要素、社会要素和时间要素等各类要素在数量上不断扩容。如果要素对象的数量能够被限定在一个相对有限的范围内，则规划理论家和规划师依然可以依靠大脑的直接逻辑思辨和传统的数理技术对这些对象要素做出科学合理的处理。然而，当一般人脑不能够对要素对象的数量进行直接计算处理时，人脑就需要借助其他外在的工具来辅助思考和处理相应的问题。但是，依据传统的规划思维和技术方法则很难处理此种情况下的规划问题：第一，这种数量上的累积增长，在某些关键节点会引起量变到质变的转换，也就是说所讨论的对象的性质、结构可能已经发生了变化，这种变化机制及其现象需要引入新的思考范式、技术工具才能得到有效的解释和把握；第二，随着要素对象数量的扩展，多要素之间的相互作用关系及其多重关系所带来的新现象和新结构也逐渐从一对一的相对线性关系（可以认为是无限接近线性）逐步转换到非线性关系（弱非线性关系累积放大效应），这种非线性关系通常很难通过逻辑思辨和传统数理技术直接给出有效解释。第三，这些要素本身亦可能处于不同的讨论层次上，从理论角度来讲它们处于不同的尺度上。要素在某个尺度内的互动和要素在不同尺度间的互动具有明显不同的逻辑和规则，这种逻辑和规则的多层次性、多样性决定了所要讨论问题的复杂性。此外，即使不考虑数量上的扩展，就规划的实践对象和研究对象——城市本身而言，其作为一种统一的时空存在，本身就具有显著的复杂性。在英国城市学家贝蒂（Batty，2009）看来，城市是一个不断变化发展的时空存在，这种变化具有三种重要特征：第一，时空连续性（continuity），即我们讨论问题不能将这种连续性切断，而当前的规划往往就是对某个时间断面上的城市进行的规划；第二，模式蜕变性（transformation），即在越过某些阈值后，这种变化可能从一种存在形式转换为另一种存在形式；第三，涌现性（emergence），即城市本身可能通过自组织产生全新的本质上的结构性变化。城市规划的失败，在很大程度上是由于对规划对象，即城市所具有的这些复杂性缺乏相应的认识和理解，或者对这些复杂性进行刻意的回避，从而使得所采用的思维范式或规划工具难以适应城市发展的复杂本质（赖世刚等，2009）。

事实上，规划的复杂性不仅源于其所涉及的对象，即城市（乡村）本身的复杂性，而且源于规划作为一种公共政策和公共事务过程所内含的复杂性。第一，作为一个过程，规划必然会涉及时间维度上的前后关系，那么我们如何从过去的经验生成有关规划对象的规律和规划依据，又如何对未来给出令人信服的科学见解，并且指导规划的制定？也许有人认为我们可以通过趋势外推和回归分析甚至是主观判断来完成这一目标。但是，我们使用过去所发生事情的逻辑和规律来推测未来事情的发展趋势和可能结果，其成立的基础是什么？第二，在规划的过程中必然涉及多个参与群体，如开发商、城市政府和城市居民等。那么，在规划过程中，每个群体的角色定位应该是什么？按照规划的精英主义思维，规划师掌握着有关城市的科学知识，应该赋予其独立制定规划方案的权力，其他群体只需要配合规划师的思想意志行事即可。然而，任何参与过规划实践的人都应该清楚，由于规划涉及空间利益的再分配，所涉及的城市居民不可能在自身利益受到损害时而无动于衷，同时认为获益者不需要付出任何成本。因此，规划过程必然是多个群体同时发声和争取自身利益的过程。那么，最终的规划将以谁的意见为准？有规划理论认为，我们可以通过沟通式规划来解决这个问题，并最终实现一个共同认可的解决方案。但是，从本质上来讲，不同群体之间是否真的存在某个共同的认知？即使有共同的认知，那么这个共同的认知是什么？这个共同的认知是否就一定能够带来共同认可的规划方案？第三，在规划的过程中，规划将以怎样的程序进行组织？很显然，在不同的政治体制条件下，组织的程序、模式和方法将是完全不同的。即使是在同一种政治体制下，社会、政治及文化的地域差异性必然带来某种程度上的组织差异性。同时，规划师的角色将如何定义？规划师到底是代表政府的利益、开发商的利益还是城市居民的利益？规划师真的能够做到如倡导性规划理论所认定的那样，以一个完全自由、独立和具有自我意志的个体来开展规划吗？在马克思主义和批判性规划理论看来，这显然是不现实的。第四，规划所给出的针对城市问题的解决方案，到底是主张依靠市场力量，还是政府力量，或者城市居民的自治力量（社会力量）来实现？这种选择的不同，必然带来差异巨大的规划方案，其所依据的理论逻辑和实践逻辑也必然各不相同。此外，规划作为一种公共政策，需要依靠相应的行政实体来推行实施，而行政实体往往对应着相对固定的空间边界，但在很多情况下，规划的空间对象可能是跨越这些实体行政边界的，有时候其所涉及的边界甚至是模糊不清的，基于领地的行政区划和基于功能关系的规划空间范围之间的这种非一致性，带来的结果就是规划的不确定性和不稳定性。第五，由于涉及政府的事权关系，因此在规划过程中不可避免地将会受到政治影响或者说被政治化，政府对规划的政治化倾向与城市居民对规划的去政治化态度之间存在着某种相互对立或相互错位的矛盾，这种矛盾性则进一步加大了规划过程的复杂性。

除了规划对象、规划过程的内在复杂性外，规划的理论和实践所依据的价值导向亦存在不确定性和复杂性。首先，规划既然是一种公共政策，其涉及公共权力的使用，那么其依据的法理基础是什么？按照一般的理解，认为规划的法理基础是为公共利益服务。那么，什么是公共利益？常见的说法是公共健康、可持续发展、社会福祉等。如果我们仔细推敲，会发现这些公共利益概念的内涵非常模糊，不同的群体对其意义的理解差异颇多，甚至存在相互矛盾的情况。这些概念的模糊性和公共利益概念的泛化，使得规划本身的法理依据存在多元解读性和可变性（Allmendinger，2017）。同时，即使承认这种公共利益，在现实的规划过程中，规划到底是以经济的绿色可持续发展为导向，还是以价值分配的公平性为依据，依然是变化不定甚至是难以调和的。如此种种情况表明，规划并不是在某种价值导向或者目标导向下，根据某些具体的约束条件来寻求最优解那么简单和直接。

正是上述这些盘根错节的问题使得规划变得非常复杂。因此，复杂性在规划的理论和实践中就构成了一种无法忽视的力量。尽管规划的复杂性难以被轻易理解和解决，但这并不表示我们要放弃对其进行探索，也并不是暗示我们要放弃思辨理性。如果我们采取早期的机械理性主义来理解规划，那么规划在我们的认知模型里和实践方法中就会变得非常简单，但是其带来的负面影响、矛盾及其面临的实施困难则是不言而喻的；如果我们采取基于交互理性来理解规划，那么由于这种交互而产生的有形、无形网络及其网络关系和逻辑所构成的总体则使得规划变得复杂起来。如果将这两者作为一把标尺的两端来描述规划，那么我们在标尺中的不同位置将决定我们采取的规划思想是接近于复杂性还是简单性（de Roo et al.，2010）。以复杂性思维为导向的规划理论和实践方法，其思想可以追溯到20世纪60年代的系统论，但与此时期不同的是，当前所主张的是一种全新的系统思想，即开放复杂自适应巨系统的思想。在这种思想的启发和引导下，经过近二三十年的发展，目前已经产生了一系列的方法工具来认知、理解和模拟复杂系统的复杂性和涌现性。

2　认识复杂性

2.1　涌现现象

自贝塔朗菲将"涌现"引入一般系统论后，其"整体大于部分之和"的新质性与自组织理论的结合，使得涌现现象逐渐成为复杂性科学研究的核心科学主题，复杂性研究实质上就是对涌现内部过程的研究（申红田，2010）。其中，最具代表性的以"涌现"观点研究复杂性的是美国的圣塔菲研究所（Santa Fe Institute，SFI），其在 20 世纪 90 年代中期已明确意识到复杂性研究"实质上就是一门关于突现（又译'涌现'）的科学……就是如何发现突现的基本法则"（沃尔德罗普，1997）。

2.1.1　系统论与还原论

系统论的基本思想最早由奥地利生物学家贝塔朗菲于 20 世纪 20 年代初提出，而系统论作为一门学科，则由贝塔朗菲于 20 世纪 40 年代创立，主要研究一切综合系统或子系统的一般模式、原则及其规律的理论体系（尹晓红，2009），诚如他所说："我们提出一门新的学科，称之为一般系统论，它的主题是阐述和推导一般来说适用于'系统'的各种原理。"（贝塔朗菲，1987）一般系统论认为，有机体都是以系统的方式存在的，系统具有整体性、关联性、动态性、有序性、终极性，并且系统通过"环境选择"和"自我选择"由简单向复杂、由低级向高级，向着更多等级层次和更加有序的方向进化（陈红兵，2008）。

系统论分为经典系统论阶段与现代系统论阶段两个发展阶段。其中，经典系统论是指早期刚刚创立起来的一般系统论，作为近代还原论（reductionism）的对立物而出现，主要研究整体和整体性问题，侧重用分析的方法来阐述系统存在和生长机制，缺少系统综合；现代系统论是近 20 年才提出来的一个概念，是对经典系统论新发展成果的综合，主要研究系统内部整体与部分的关系问题，是 20 世纪以来科学的分化与综合两种趋势相结合的产物，注重对系统发展变化总体机制和规律的探讨（常绍舜，2011）。

相较于经典系统论对于还原论的全盘否定态度，现代系统论在复杂性科学研究背景下认识到，一直以来起着重要作用的还原论思维方式并非一无是处，因为认识部分是构成认识整体的必要前提，而刚好还原论强调的是一种由里及表、由本质到现象的分析方法，主张从事物内部、从对构成事物组成要素的考察入手以探索事物的规律，但因它忽视了从整体上认识系统的重要性，使之真理性不完全。按照常绍舜(2008)的说法，“无论是系统论还是还原论，都是以整体与部分的关系作为客观基础的，都是整体与部分的辩证关系在方法论上的反映。还原论反映的是整体与部分的统一性，系统论反映的是整体与部分的对立性，还原论和系统论都只有局部真理性，应该将二者整合在一起”。因此，应采取辩证的态度对待还原论问题，正如钱学森明确指出那样(于景元，2011)，“我们所提倡的系统论，既不是整体论，也非还原论，而是整体论与还原论的辩证统一”，即既肯定还原论从组成部分上说明事物性质的方法的合理性(赵玲，2001)——“将认识对象拆分为不同层次的基本实体，把事物的整体性质归结为最低层次的基本实体的性质，用低层次的性质来解释较高层次和整体的性质，走从局部到整体的认识思维路线”，同时又要注意纠正其忽视事物整体的局限性。

2.1.2 从简单到复杂的涌现性

从古希腊的先哲们开始，简单性就一直是一个古老朴素的观念和信条，是科学追求的最高目标，无论是从本体论还是从认识论意义上来看都占绝对的统治地位(魏宏森，2003)。从早期的泰勒斯、赫拉克利特、德谟克利特、亚里士多德到后来的牛顿、莱布尼茨、拉普拉斯、奥卡姆、马赫、爱因斯坦等人，均认为“一切科学的伟大目标，即要从尽可能少的假设或者公理出发，通过逻辑的演绎，概括尽可能多的经验事实”(爱因斯坦，2009)，“所包含原理愈少的学术比那些包含更多附加原理的学术更有益”(亚里士多德，2003)，并从理论、实践角度来阐明简单性原则的有效性和正确性。

杨中楷等(2002)在对比简单性与复杂性思维方式、方法的差异性时，对简单性原则的特点进行了较为全面的概括，他们认为，第一，世界上的万事万物都是部分的集合，事物的本质不在它的整体中，而是由其他部分来决定的；第二，组成要素之间只有简单的线性关系，因此可以割断联系来研究部分；第三，事物的变化服从机械因果律，即一个原因必然决定一个结果，而这个结果作为原因又必然决定下一个结果，其初始原因乃是外力的“第一次推动”，变化过程中无任何偶然性发生；第四，事物的运动过程是可逆的，即不存在着“时间之矢”的问题，运动方程对时间的反馈是对称的，因此事物不会有演化的历史；第五，部分看来好(或坏)，整体就一定好或(坏)，采取的是一种“由细至总”的评价方式。从中不难看出，追求简单性其实是一种还原论的思维方法，是人类认识的一个阶段。随着人类认识水平的提高，科学的迅速发展，如热力学以概率的形式揭示了不确定性的存在，简单性观念和方法不断受到冲击。因此，简单性虽然仍是我们应追求的目标，但已不是唯一的目标，它仅仅是复杂性海洋中的一个孤岛而已（吴彤，2000）。

最早对简单性提出挑战的是宇宙演化和生物学领域（黄欣荣等，2005）。热寂说与宇宙生成演化实际情况的不一致性以及生物进化论与物理界定律及生物现实演化的相互矛盾性，使人们发现简单性思维的局限性。20 世纪初物理学的发展也充分暴露了还原法这种简单性思维的局限性，并有力地推动了系统思想的发展。此外，随着计算机的出现，科学家开始用计算机处理非线性方程，他们发现非线性系统中出现了他们从未想象到的奇怪绝妙的事情。如量子场论中的“孤粒子”能量脉冲、洛伦兹提出的“蝴蝶效应”等例子表明，在非线性系统中一切都是相互关联的，这种关联用简单性来解释就有些牵强。

复杂性科学是西方科学“从局部到整体”的认识思维局限的内在超越，是“进一步认识局部之间的联系，局部构成有机整体”新思维方式的自我发展。复杂性科学虽然出现了普利高津的耗散结构理论、哈肯的协同论、托姆的突变论、艾根的超循环理论、洛伦兹的混沌理论、曼德布罗特的分形理论等众多理论，但它们围绕的一个共同的主题是系统的自组织演化过程及其内在机理，并且其产生的根源均是非线性相互作用的结果。

吴彤（2000）指出，“非线性是系统复杂性产生和演化的动力学机制，是连接简单性与复杂性的桥梁”。他举例说，混沌和分形是复杂性在时间和空间上的形态，涨落和突变（涌现）是复杂性演化的内在根据，随机性和被冻结的偶然性是其在复杂性演化道路上的表现。谭长贵（2004）认为，非线性导致系统复杂性主要体现在涌现性与涨落两个方面。其中，涨落是指在系统局部范围内，子系统之间以及系统与环境之间随机形成的偏离系统整体状态的各种集体运动，它是描述系统的宏观状态参量对其平均值所做的微小变动，存在于一切真实系统中的固有属性，分为内涨落、外涨落、微涨落和巨涨落（武显微等，2005）。涌现性，是指用以描述复杂系统层级结构间整体宏观动态现象的概念，通常是由多个要素组成系统后，出现了单个要素所不具有的性质，是一种从简单子系统的相互作用中产生高度复杂的聚集行为的现象，这种性质只有在由低层次转向高层次时才会表现出来（赵建英，2005）。亚里士多德把涌现表述为“整体大于部分之和”（von Bertalanffy，1969），霍兰德（Holland，1988）把涌现表述为“多来自少”“复杂来自简单”。对于“涌现现象”更为直观的理解，可借用普利高津的一段话：“线性律与非线性律之间的一个明显的区别就是叠加性质有效还是无效，即在一个线性系统里两个不同因素的组合作用只是每个因素单独作用的简单叠加。但在非线性系统中，一个微小的因素能导致用它的幅值也无法衡量的戏剧性效果。”（赵凯荣，2001）上述“戏剧性效果”，即系统在非线性作用下所出现的涌现性特征。

综上所述，复杂性科学虽认为复杂系统自组织演化过程是因果决定性机制、随机性机制、目的性和意向性机制共同作用的结果(张志林等，2003)，但其并未改变"从局部到整体"的认识思维路线，只是认识到整体性、关系性对事物性质、存在状态与方式的重要性；其对复杂系统的自组织演化过程及规律的探讨，仍然立足于具体事物的实体性思维。同时，复杂性科学并未否定简单性原则中重视"逻辑推演、理性分析、数学思维"的科学范式，逐渐意识到旧认知方式的局限性及现实世界的随机性与非线性，通过探讨复杂系统的自组织演化机理，来增强新认识思维的创造性、形象性和整体性。

2.2 两个经典的复杂性问题

虽然现实生活中有很多复杂性问题，而且要解决复杂性问题往往难度极大，但这并不是说这些复杂性问题我们无法进行有效的探索和研究。相反，许多的复杂性问题不仅可以得到有效研究，而且可以使用非常严谨的数学工具来进行量化研究。本节通过两个经典的复杂性问题来阐述这个看法。

2.2.1 分形现象及其基础数理原理

有关于复杂性的一个经典例子就是关于一个国家的海岸线到底有多长的问题。根据我们的直觉，一个国家的海岸线长度应该是较为确定的，例如，在我国著名的地理学家任美锷(1992)主编的《中国自然地理纲要》中就明确提出我国的大陆海岸线长度(不包括岛屿岸线)达到 18 000 多 km。但是，从非常严格的角度来说，在没有严格的限定条件的约束下，这个数字是不可靠的。

事实上，英国科学家路易斯・弗莱・理查森(Lewis Fry Richardson)在 20 世纪 50 年代试图计算两个国家因共享边界而发动战争的可能性时发现，共享边界的两个国家对于共享边界的长度所做的记录存在较大差别；甚至是同一个国家在不同时代的文献中所记录的数值之间的差距也会非常明显，例如，英国对自己国家海岸线长度的记录。通过仔细研究，他发现在现实地理世界中的地理边界曲线的长度，跟人们所使用的测量标尺的长度(G)之间有直接关系。通过对南非、澳大利亚、英国西海岸的海岸线长度以及葡萄牙、德国的国土边界长度的研究，他提出了一个基于经验的公式，表述了地理边界曲线的长度 $L(G)$ 和所使用的测量标尺的长度之间的关系，该公式表述为 $L(G) = MG^{1-D}$ 。其中，M 是一个常量。D 与观测者在视觉上所感受到的地理边界的不规则程度有关，对于某个特定的地理边界而言，D 是一个统一的常量。如果某个地理边界曲线是一条严格的直线，那么 D 的取值就是 1。根据边界长度研究的结果，理查森给出了不同国家的边境线或海岸线对应的 D 的取值：英国西海岸的海岸线的 D 值为

1.25；葡萄牙和西班牙接壤的边境线的 D 值为 1.14；澳大利亚的海岸线的 D 值为 1.13；南非的海岸线的 D 值为 1.02。

那么这里的 D 从数理上来说到底是什么意思呢？其中理查森所说的视觉上的感受又如何来准确定义？视觉感受的数理基础是什么？以理查森的研究为基础，对这些问题进行更加深入系统研究的是美籍数学家伯努瓦·曼德尔布罗特（Benoit Mandelbrot）。1967 年，他在《自然》（*Science*）杂志发表了《英国的海岸线有多长？统计的自相似性与分数维》（Mandelbrot，1967）。在论文中，他开门见山地指出，海岸线的形状是高度复杂的曲线的典型例子。从统计意义上讲，海岸线的任何一个局部都可以看作海岸线整体的缩小的图像，该属性被称为“统计自相似性”。这种特性的存在，使得谈论这种曲线到底有多长没有任何意义。

为了说清楚 D 的意义，他做了如下推导：如果我们把一根线段平均分成 N 份（N 为正整数），相当于把线段分成 n^1 份，这些线段之间的相似率 $r(N)=1/n=1/N^{1/1}$；按照上述逻辑，如果我们要将一个长方形平均分成 N 份，则相当于要把长方形的长边、短边分别平均分成 n 份进行切割，此时长方形就被平均分成了 n^2 份，即 $N=n^2$。由于平分后得到的长方形是被平分的长方形的 $1/n^2$，因此此时的相似率 $r(N)=1/n=1/N^{1/2}$。类似的，对于立方体而言，要将其平均分成 N 份，相当于把其长、宽、高平均分成 n 份后进行切割，此时立方体被平均分成了 n^3 份，因此此时的相似率 $r(N)=1/n=1/N^{1/3}$。由此类推，在一般情况下，假设我们平分的对象的维度为 D，那么相似率的公式就可以写成 $r(N)=\dfrac{1}{N^{1/D}}$，将两边取对数就得到 $D=-\dfrac{\log N}{\log r(N)}$。

在更加一般的情况下，如果我们对正整数 N 的取值不加限定，那么根据该公式计算出来的 D 值不一定是正整数，而可能是分数。那么在数学上的这种分数维（fractional dimension）的现象表达的是什么意思呢？

为了回答这个问题，我们可以来看一下科赫曲线（Koch curve）的特征。如图 2-1 所示，第一步，我们得到一条长度为 l 的线段。第二步，我们将第一步得到的线段平均分成 3 份，并以中间一份为边，作一个等边三角形，由此得到 4 条线段，即相似率 r 为 1/3，相当于将线段平均分成了 4 份（$N=4$），每条线段的长度等于 $(1/3)^1 l$。如此重复操作，在第三步我们得到了16（$4^2=16$）条线段，每段线段的长度等于 $(1/3)^2 l$。在第四步我们将线段分成了 64 份（$N=4^3=64$），每段线段的长度等于 $(1/3)^3 l$。根据上文的公式，可以计算得到 D 值为 $\log 4/\log 3\approx 1.26$。$D$ 在这里的意思可以理解为科赫曲线是直线的 1.26 维上的一种呈现形式。

现在，我们来看一下曲线的长度问题。根据上文的分析，第 n 步得到的曲线长度 $l(n)=4^{n-1}\times(1/3)^{n-1}l=(4/3)^{n-1}l$。因此，可以看到，在 l 一定的条件下，当 n 趋于无穷大时，$l(n)$ 的取值将会无穷大。我们再回到理

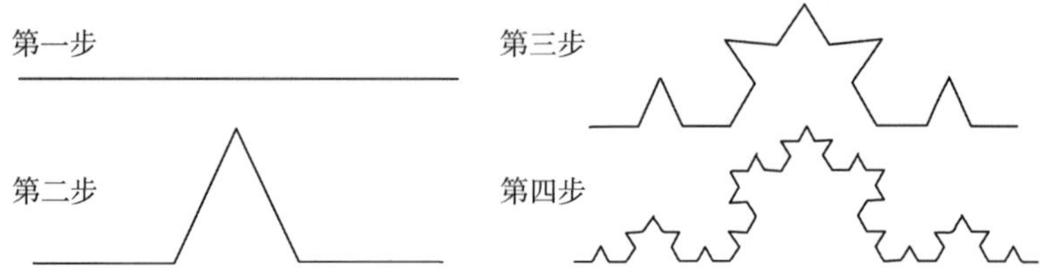

图 2-1　科赫曲线示意图

查森所研究的海岸线长度的问题上来理解为什么不同文献所记载的海岸线长度的差异巨大。我们可以看到,现实世界的海岸线曲折的特点非常明显。当我们乘坐飞机在高空中观察海岸线时,其形状具有某种曲折特点;当我们开车在某个海湾行驶的时候,我们同样可以看到类似的曲折特点;而当我们在某个海湾内部玩耍时,我们还是会看到类似的曲折特点。通过这种经验我们可以看到:第一,海岸线具有分形特点的自相似性,但没有如科赫曲线那么严格的自相似性,其自相似性是统计意义上的相似性(statistical self-similarity)。事实上,自然界中存在的许多分形现象,如山脊、河流、城市和村庄等,都是这种统计意义上的自相似性的表现。第二,在不同的尺度上观察,就相当于我们处在上文所涉及的不同水平的 n 值下所进行的观察。而理查森所谓的测量标尺的长度,也大概类似于在 n 值水平下对应的每条线段的长度,同时所谓的观测者在视觉上感受到的不规则程度则和 D 值有关,也就是海岸线的分形维数的大小。可以推测,对于不同的地理空间下的海岸线和不同的分析尺度下的海岸线而言,其 D 值应该有所不同。

2.2.2　混沌现象及其基础数理原理

在日常生活中,我们经常会说 A 和 B 是线性关系,而 C 和 D 是非线性关系。线性关系是还原论者所主张的一种关系类型,而非线性关系则是复杂系统论者所强调的一种关系,混沌现象则是非线性的一种典型表现。那么什么才是线性关系,什么才是非线性关系呢?为了说明这个问题以及理解什么是混沌现象,在这里借用生物学中的兔子繁殖(图 2-2)动态动力模型这个经典的例子(Michel et al.,2009)来说明这个问题。

首先,我们假设第 t 代兔子的数量 N_t 与其上一代[$(t-1)$代]兔子的数量 $N_{(t-1)}$ 之间的关系为 $N_t=2\times N_{(t-1)}$。也就是对于每一代来说,配对的 2 只兔子会繁殖留下 4 只兔子,然后配对的 2 只兔子会自然死亡。按照这样的关系,如果在基期年有 4 只兔子,并且我们将这 4 只兔子放在同一个园子里,那么第一年该园子里就有 8 只兔子,第二年该园子里就有 16 只兔子。而如果我们在基期年将这 4 只兔子分别放在两个园子里,每个园子里有 2 只兔子,那么第一年两个园子里还是依然共有 8 只兔子,第二年两个

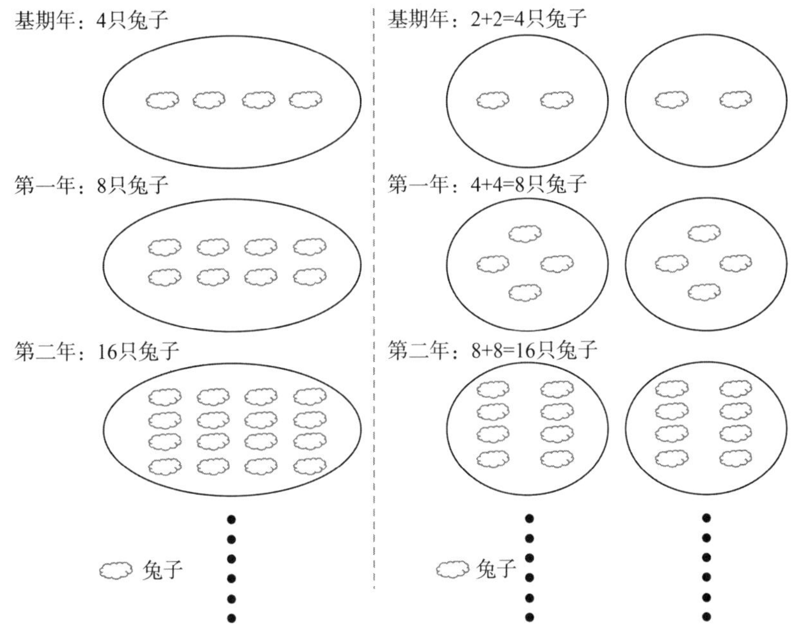

图 2-2　线性关系下的兔子繁殖示意图

园子里总共有 16 只兔子。也就是说，不管我们是否将兔子分开来饲养，最后我们得到的兔子数量都是不变的，即系统的兔子总数量这一属性等于两个子系统的兔子总量这个属性的线性加和。

现在，我们来看一下非线性的情况。在现实过程中，在研究兔子上下代之间的数量 N_t 关系的时候，两者之间除了受到出生率 R_{birth} 的影响，还应该受到死亡率 R_{death} 的影响。同时，考虑到环境容量的约束，一个空间里面最大允许的兔子数量应该有个上限值 K。因此对于任何一代 t 而言，其数量 N_t 一定小于 K。基于这样的考虑，我们可以把相邻两代之间的关系表述为 $N_{(t+1)}=(R_{\text{birth}}-R_{\text{death}})N_t-(R_{\text{birth}}-R_{\text{death}})N_t\times\dfrac{N_t}{K}$。

让我们假设基期年有 20 只兔子，出生率为 2，死亡率为 0.4，环境容量为 32。如果将这 20 只兔子放在一个园子里，那么根据该公式可以计算第一年该园子里的兔子数量为 12 只。而如果我们将 20 只兔子分别放在两个园子里，那么根据该公式，第一年两个园子里产生的兔子总量为 11＋11＝22 只(图 2-3)。这表明，在该案例中，将原来的系统划分为两个子系统后，并不能直接将两个子系统得到的兔子数量加和得到原系统的兔子数量。

实际上，产生这个问题的原因在于上下两代兔子的数量关系是非线性关系。如果我们将第二种情境下的相邻两代兔子的数量关系用函数曲线描述出来，那么可以发现 $N_{(t+1)}$ 和 N_t 之间存在着单峰值的非线性关系，具体来说就是抛物线关系(图 2-4 左图)。而在第一种情境下，相邻两代兔子的数量关系是一种线性关系，即直线关系(图 2-4 右图)。

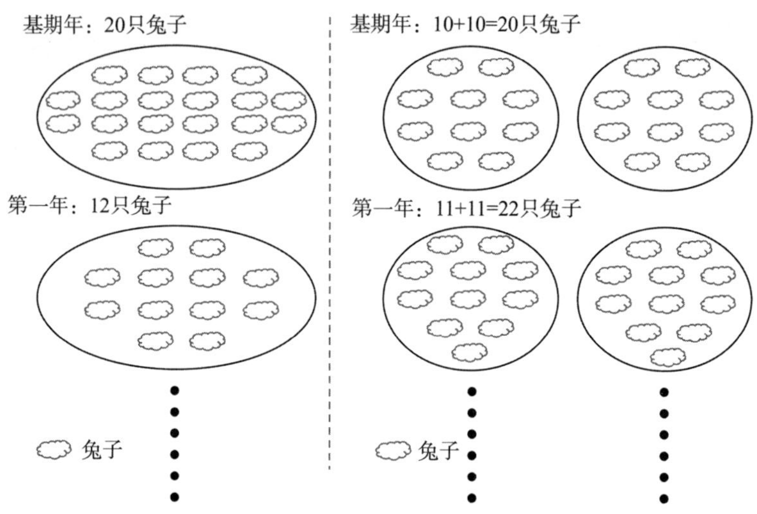

图 2-3　非线性关系下的兔子繁殖示意图

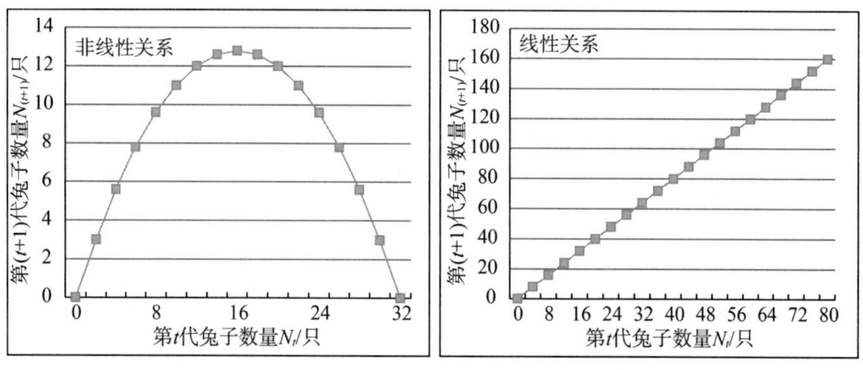

图 2-4　两种情境下相邻两代兔子数量之间的关系函数图

为了更好地理解混沌现象，我们对相邻两代兔子之间的数量关系的公式进行变换：$N_{(t+1)}=(R_{\text{birth}}-R_{\text{death}})N_t-(R_{\text{birth}}-R_{\text{death}})N_t\times\frac{N_t}{K}=(R_{\text{birth}}-R_{\text{death}})N_t\left(1-\frac{N_t}{K}\right)$。等式两边同时除以 K，得到 $\frac{N_{(t+1)}}{K}=(R_{\text{birth}}-R_{\text{death}})\frac{N_t}{K}\left(1-\frac{N_t}{K}\right)$。现在，将出生率和死亡率的差值，即自然增长率 $(R_{\text{birth}}-R_{\text{death}})$ 记为 R，将表述第 t 代兔子时环境承载兔子的比率 $\frac{N_t}{K}$ 记为 x_t，则该公式可以进一步简化为 $x_{(t+1)}=R\,x_t(1-x_t)$。从更一般的意义来说，该公式描述了某个系统的荷载比率 x_t 随着时间的变化而变化的关系，x_0 描述的则是系统的初始荷载比率(或者称之为系统的初始条件)，R 则描述的是该系统某个属性的变化幅度，是用于观察系统变化的控制变量。

另外，为了探索该系统荷载比率 x_t 随时间变化的特性，我们首先假设

$R=2$，然后假设初始条件 x_0 分别取值 0.2、0.4 和 0.99，然后将 x_t 和时间 t 的关系用图 2-5 表示。可以看到，在这三种情境下，x_t 最终都会收敛于 0.5，不同的是随着初始条件 x_0 的增大，其达到收敛状态的时间越长。如果假设 $R=3$，对 x_0 分别取 0.2、0.4 和 0.99 的情形再次计算 x_t 的取值并将结果描述在同一张图上，我们可以看到在这三种情境下，x_t 最终都会波动收敛于 0.65 附近，但这三种情境下的收敛所需的时间会随着 x_0 取值的增大而加长。可以看到，在上述六种情境下，x_t 随时间的变化具有较为明显的规律性和稳定性。

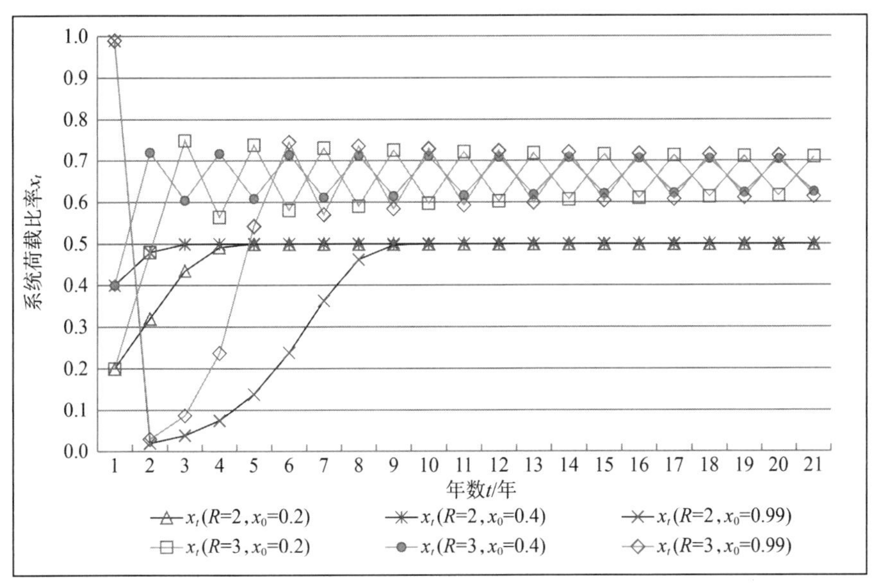

图 2-5　不同情境下系统荷载比率 x_t 随时间变化图（相对稳定的情景）

现在，让我们考虑另外一种情形。我们假设 R 的取值为 4，同时假设系统的初始条件 x_0 取 0.2，对 x_t 进行计算并将其用图描述出来。图 2-6 中带正方形的较淡的曲线描述了计算的结果。可以看到，在此情境下，x_t 的取值在值域(0,1)内大幅度变动，并没有呈现出明显的规律性。更为重要的是，如果我们依然保持 R 的取值为 4，但将初始条件 x_0 由 0.2 改成 0.200 000 000 1，即在原来的基础上加上一百亿分之一，然后再对 x_t 进行计算并将其也描述在图 2-6 中（带星号的较黑的曲线）。从图中可以非常清楚地看到，在 $t<28$ 之前，x_0 取 0.2 和 x_0 取 0.200 000 000 1 两种情境得到的 x_t 的值极其接近，达到了几乎可以忽略的程度。但是，正是这种细微的差别，造就了在后面两种情境下 x_t 的取值之间的巨大差异。如图 2-6 所示，在 $t>30$ 之后，x_0 取 0.2 和 x_0 取 0.200 000 000 1 两种情境所得到的 x_t 值之间的差别开始显现，在后期甚至出现了在 x_0 取 0.2 的情境下 x_t 值处于高峰值状态，而在 x_0 取 0.200 000 000 1 的情境下 x_t 值却正好处于低谷值状态。这种由于初始状态的极其微弱的改变而造成结果发生大幅度的改变，甚至是颠覆性的改变的这种现象，也就是所谓的混沌现象，这也是非线性关系条件下的一种常见现象。

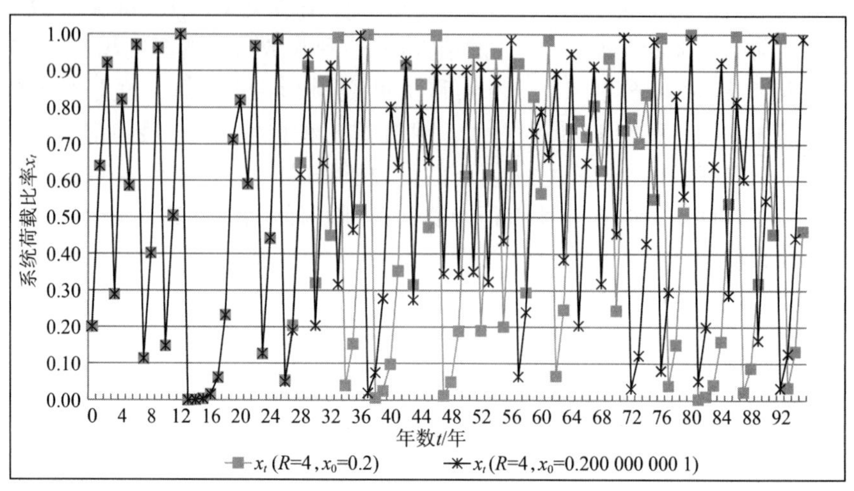

图 2-6 不同情境下系统荷载比率 x_t 随时间变化图(混沌现象的情景)

在现实生活中,在我们不了解前面所有介绍和推导过程的前提下,如果有人给我们一张类似图 2-6 的曲线图,让我们研究 x_t 随时间变化的规律,我们第一感觉应该是一筹莫展,因为仅通过直接观察,我们几乎看不出这些曲线有明显的规律性,而这也正是混沌现象的一个核心特点。但是,这是否就表示混沌现象不可研究了?在混沌现象中是否还有其他更加一般性的规律性?

为了回答这些问题,让我们再次回到图 2-5。当 R 的取值为 2 的时候,不管初始条件 x_0 取什么值,x_t 都收敛于一个值,即 0.5;而当 R 的取值为 3 的时候,不管初始条件 x_0 取什么值,x_t 表现出交替收敛于某两个值。事实上,通过计算我们可以发现,当 R 取值 3.1 和 3.3 时,不管初始条件 x_0 取什么值,x_t 趋向于收敛的两个值分别是{0.558 014 125,0.764 566 52}和{0.479 427 02,0.823 603 283}。而当 R 的取值为 3.5 时,不管初始条件 x_0 取什么值,x_t 趋向于收敛的四个数值为{0.500 884 21,0.874 997 264,0.382 819 683,0.826 940 707}。事实上,这里的规律是,当 R 的取值小于 3 的时候,x_t 的取值会收敛于某一个特定值 x_{v1},而当 R 的取值大于 3 而小于 3.449 49(大约值)时,x_t 的取值会收敛于某两个来回波动的特定值 $x_{(v2-1)}$ 和 $x_{(v2-1)}$。而当 R 的取值大于 3.449 49(大约值)而小于 3.544 09(大约值)时,x_t 的取值会收敛于某四个来回波动的特定值 $x_{(v4-1)}$,$x_{(v4-2)}$,$x_{(v4-3)}$ 和 $x_{(v4-4)}$。以此类推,直到 R 的取值等于 4 时,x_t 的取值不再发生收敛,而是出现混沌现象。在系统论中,这些收敛的固定值,我们称之为吸引子(attractor)。而在 R 取特定值会发生收敛点成倍增加的这个特点被称为分叉特性(bifurcation)。

为了直观地描述这个特点,我们可以将所有的 R 值与对应的吸引子的函数关系用图描述出来(图 2-7)。从图中可以很清晰地看到,发生分叉的相邻突变点对应在横轴上的相邻点之间的距离[$R_{(t+1)}-R_t$](t 表示第 t 个分叉变异点,$t\geqslant1$)随着 R 取值的增大而快速减小。现在,让我们定义 $RC=[R_{(t+1)}-R_t]/[R_{(t+2)}-R_{(t+1)}]$($RC$ 表示极限率,为参数 R 的差率)。通过计算 RC,爱德华·艾伯特·费根鲍姆(Edward Albert Feigenbaum)发现在 t 的定义域内,无论 t 取何值,RC 的取值都为一个约等于 4.669 201 6 的常数。更令人惊讶的是,对于所有的单峰函数关系来说,不管其参数取值如何,其吸引子 X 与控制变量 R 之间的关系都具有类似于图 2-7 这种分叉特性。同时,该函数所对应的 RC 值也等于常数 4.669 201 6,该常数也因此被称为费根鲍姆常数。混沌系统的分叉特性和费根鲍姆常数为我们理解现实世界中的混沌问题,如水流动态、空气运动和特定空间内密集人群的运动等,提供了坚实的数理基础。

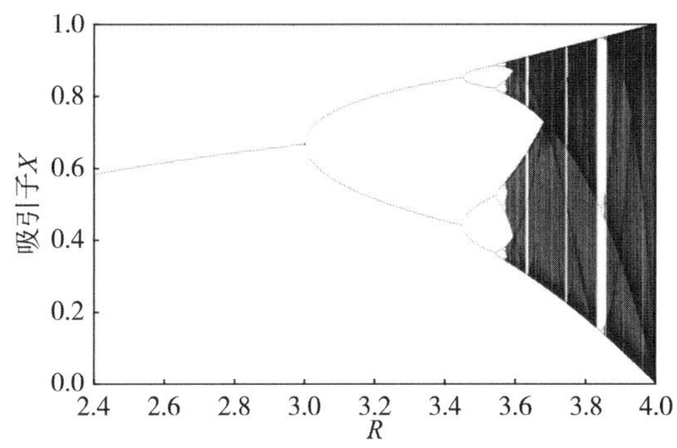

图 2-7　基于兔子繁殖案例的双叉变异图

2.3　城市规划中的一些典型复杂性问题

2.3.1　城市行为主体的区位行为

狭义来说,某事物的区位包括两层含义:一方面是指该事物的地理空间位置;另一方面是指该事物与其他事物的空间关系。区位活动是人类活动的最基本行为,可以说,社会、经济活动在地理空间上的每一个行为都可以视为一次区位选择行为。在城市社会、经济活动主体的区位选择过程中,影响区位选择的因素判断、区位行为的空间过程以及多层次行为主体的交互作用对区位选择的影响等都是城市规划中典型的复杂性问题。

城市社会、经济活动主体在进行区位选择的过程中,首先需要明确的是哪些区位要素必须纳入充分考虑。但是,不同类型的社会、经济活动主体在进行区位选择时的主要影响因素会存在较大差异。例如,传统的产业区位理论强调成本要素,如交通的便利性、获取原材料的邻近性等,而一些新兴的产业,如文化创意产业的区位选择除了交通可达性、休闲设施、文化公园等传统的“硬件”要素外,更多地强调“软件”要素,如区位所在场地的发展历史与进程、相应的社会网络特征、文化生活环境质量和政策环境等。此外，还需要注意的是，即使是同一种产业门类，甚至是某一个具体的企业，由于所涉及的产品环节不同，其所需要考虑的区位要素也会大有不同。比如，同样是电影业，制片公司可能需要更多地考虑制片各个环节所需要的器材、场地、阳光等；后期制作公司可能需要接近图像公司、音频公司密集的区域。同时，即使是同一个企业，在研究其区位选择活动时，还需考虑其规模和生产模式的不同，以及从事此项产业生产的人群和形式的多样性。

城市社会、经济主体的区位行为并不是在考虑清楚区位因素后就可以直接决定的，这是因为这些行为主体还处于一种多层次的社会交互网络之中，这种交互网络会在很大程度上对行为主体的初步决策形成重要影响。这种交互影响主要包括时间地理区位、城市利益主体与利益博弈、城市政策动态、城市发展战略和城市管理等。同时，作为这些交互的外部环境（条件），不同的社会、历史和文化背景以及不同的城市发展阶段对行为主体的塑造、约束和引导具有不可低估的作用。因此，社会、经济活动主体的区位行为实际上是一个处于开放系统中的不同个体的行为总体，要对其进行科学有效的分析，就需要认识到这种区位行为的层次性和复杂性，而如何建立多层次行为主体的互动机制及其解释模型和数理模型则最为关键。

2.3.2 城市交通组织优化问题

无论是区域交通系统规划，还是城市交通系统规划，其编制工作都是一个相当复杂的系统工程问题。城市中的很多交通组织优化方案由于多局限于局部研究而缺乏系统的研究和模拟，最终缺少严谨的科学支撑，而交通优化方案实施后并没有系统解决问题，只是在某种程度上缓解或转移了交通问题。在制定交通优化方案的过程中，需要研究优化方案是否与经济发展相适宜，研究交通网络中的局部与整体、动态与静态等相互关系问题，需要研究交通组织方案是否能适应不同发展阶段的要求，同时还需要研究优化方案是否结合了工程实际等问题。

首先，城市交通系统与城市经济社会发展是相互依存、相互制约的。城市交通系统直接为社会、经济、人民生活服务，交通系统的质量会影响城市社会经济的发展；同时，交通系统的发展又依赖于城市社会经济的发展水平。因此，城市交通组织优化需要服从于社会经济发展的总战略、总目标，服从于社会生产力分布的大格局。交通系统建设必须与所在区域或城市的社会经济发展各阶段目标相协调，并为当地的社会经济发展服务。由于城市的社会经济本身就是一个复杂的系统，因此城市交通组织如何与城市社会经济相适宜，促进城市社会经济可持续发展，使得城市交通组织最优化，则是一个非常系统化的复杂问题。

其次，对于城市交通组织的优化问题，我们不能局限于道路本身，而是应该考虑到城市交通是由交通工具和交通设施等构成的一个动态的、实时变化的网络体系，这个网络体系由于涉及人的行为，变得比一般的拓扑网络更加复杂。一般来说，交通运输网络由需求网络、组织网络、径路网络和设施网络四种网络结构组成，具有"开放性"复杂系统的网络化复合结构。城市交通组织的优化，最需要考虑的是区域尺度上的问题，必须综合考虑所在区域的铁路、公路、水路、航空、管道五大运输方式的优势与特点，宜陆则陆、宜水则水，形成优势互补、协调发展的综合运输网络。在此基础上，再对城市的交通系统进行统筹考虑，需要综合考虑步行、自行车、公共交通、私人小汽车、出租车等出行方式的优势与特点。这种尺度上的多层次性、对象上的多样性和模式的变化性决定了城市交通组织优化问题绝不是对理想的、处于静态的数学拓扑网络进行优化的问题。

最后，城市交通系统建设是一个长期发展的过程。一个合理的交通系统建设规划应包括远期发展战略规划、中期建设规划、近期项目建设计划三个层次，并满足"近期宜细、中期有准备、远期有设想"的要求。交通系统建设的长期性决定了交通系统规划必须具有"规划滚动"的可操作性，规划的滚动以规划的近远期相结合为前提。也就是说这种时间维度上的合理、有效的衔接是构成城市交通组织优化复杂性的重要元素之一。

2.3.3 城市中的场所营造问题

无论是北美的"新城市主义运动"，还是欧洲的"城市复兴运动"，都将"场所营造"放在极其重要的位置上。从"场所营造"的概念内涵出发，场所至少包括如下五个要点(程世丹，2007)：第一，场所营造为人提供了一种可认同的、具有归属感的场所；第二，场所营造强调创造具有吸引力的、特征鲜明的、有丰富内涵的环境；第三，场所营造鼓励人们的社会交往；第四，场所营造是一种多学科的活动，需要不同领域的共同努力；第五，场所营造是一个过程。可以看到，场所的营造，不仅涉及物理空间，而且涉及人类社会空间，更加重要的是其还涉及人的心理空间和情感空间，并且还是一个动态的、时时发生变化的空间。因此，不难想象，场所的营造问题是一个典型的复杂性问题。

第一，城市场所营造所涉及的构成要素复杂多样。成功的城市场所不是偶然产生的，必定具备适宜的条件。场所营造正是通过提供这些条件来促进活动、意象和形式的融合，营造具有场所感的城市环境。场所营造的构成要素主要包括公共空间、混合使用、步行环境、景观质量、地方文脉五个方面，其中的每一项条件都能够对场所感的营造产生积极的影响。一般认为，将这些方面都做到较高水平，就能从整体上提升场所的品质。但是，从复杂性的观点来看，好的单项要素的组合不一定就会产生整体上好的品质，即这些要素如何能够有效协同是场所营造中更为重要的维度之一。

第二，城市场所营造涉及的主体复杂。营造良好的城市场所，就必须充分地了解场所营造实施过程中的重要参与者，理解他们的动机、目标、作用和相互关系，以及他们为何会追求或被劝导提供更高“质量”的场所，其目的是建立政府部门主导的，各种相关参与力量相互沟通、积极协作的场所营造的实施机制。场所营造的实施涉及多个参与者，如政府部门主导、开发机构实施、设计团队支持、市民大众参与、联合实施机制等。由于所处的社会、经济地位不同，不同的参与者在场所营造的过程中所扮演的角色亦不相同，其评价场所的标准必然存在差异，他们所拥有的不同权力以及相互间的影响也意味着标准会在各参与者之间互相协调。此外，由于场所营造涉及使用者的主观感受、情感心理和日常生活行为，场所品质的好坏就具有了强烈的个体差异性，那么如何从这么多的个体差异中提炼和组织出共同的高品质要素成为关键，而这些高品质要素本身的抽象性、主观性和不确定性则进一步加强了场所营造的复杂性。

2.3.4 城市更新中的利益分配问题

城市更新是城市规划中的一项重要内容。一般来说，城市更新是一种将旧城里功能老化、布局不合理、已经不适应当前城市社会生活所需的地区做必要的、有计划改建的活动。城市更新会牵涉社会的诸多层面，主要参与主体包括地方政府、开发商、民众。参与主体在现有的城市建设中各自进行着正规或非正规的城市改造实践，三者之间既有合作也有冲突。在此过程中，既取得了一定的成效，也导致了一系列的问题，例如，城市规划失效、开发商违法和违规建设、民众抵抗等。而在这一切问题的背后，则是所涉及的各个主体在城市更新中的权力配置和利益分配发生了矛盾的外在体现。在城市更新过程中，最为重要的不是更新的方案图纸，而是如何进行一种制度安排或政策安排，使得这种权力和利益得到合理的配置，从而在解决城市建设问题的同时化解社会冲突和矛盾。

在各参与主体的权力和地位方面，参与主体之间的不平等关系非常显著。一般来说，在城市更新中，地方政府、开发商和民众都发挥了自身的角色力量并都采用了正规或非正规途径进行实践，但在我国当前的政治制度、规划制度和土地制度安排下，城市政府由于掌握了行政权力和对土地的管控权力而往往处于主导地位，开发商由于掌握了资本力量而在此过程中亦具有较强的主动权，城市居民则由于所掌握的能够参与议价的资源有限而处于相对弱势的地位。因此，在城市更新过程中，城市政府和开发商更容易通过正规的途径获得与城市空间相关的权力，而民众则更容易通过非正规的实践获得城市空间利益的再分配。

具体来说，地方政府通过行政权力、公信力和资金等作用力参与城市更新；开发商通过资金、技术、社会资源等参与城市更新；民众则通过自身的社会关系、各种中介机构、国家法律、外界舆论压力等形式来为自己的利益服务。在三方利益的博弈中，正规的城市空间划分更多地显示了地方政府对于空间的规划意图。地方政府由于掌握了城市建设大部分的决策权，因此在三者的作用关系中一直处于上位。而开发商则通过政企合作、政民合作的形式来参与城市更新。开发商借助于与地方政府的密切结合，同时与民众之间达成一种契约合作，其角色地位也能够得到强化。与以上二者相反，由于地方政府和开发商在此过程中处于优势地位，且容易形成合作联盟，因此，在自身预期利益得不到有效满足的情况下，民众多以非正规的方式来争取利益。

此外，在城市更新过程中，地方政府通过制定一系列的法规、政策来确立城市更新的规则。这些正规的法规、政策一般比较专业晦涩，同时语言本身的能指问题和因考虑自由裁量权等所带来的模糊性问题为地方政府、开发商、民众提供了为满足自身利益而有意曲解规则的契机，从而导致规则在实施过程中的异化。不仅仅只有民众借助规则来实现自己划分城市空间的非正规意图，地方政府和开发商也可能会在贯彻政策规则的条件下实施非正规的空间资源的划分。

因此，在城市更新过程中，利益分配实际上就是一种利益博弈，而该博弈过程却面临着博弈主体、博弈环境、博弈策略和博弈目标都具有不确定性的问题。在博弈主体方面，权力和资源的过度集中可能导致地方政府和开发商形成联盟而造成以两者博弈为主；民众是一个集体的概念，其包含了不同诉求的群体，因此民众既有可能作为一个统一的群体参与博弈，也有可能分化为多个群体参与博弈，且这些群体与另外两方还可能存在多种组合关系的可能性。在博弈条件方面，由于权力、资源等的差异性，三方在博弈过程中能够依据的信息和可供选择的博弈策略存在较大差异。而由于三个群体之间的根本诉求有所差异，因此三方博弈的目标可能不是为了得到某个方案，而是某些相互背离，甚至是相互矛盾的目标。所有的这些要素综合在一起，大大增加了城市更新过程中的不稳定性和随机性，从而使得城市更新中的利益分配问题趋于复杂化。

3 解决复杂性问题的基本理论方法

3.1 系统动力学

3.1.1 系统动力学

系统动力学(System Dynamics,SD)是由美国麻省理工学院的杰伊·赖特·福雷斯特(Jay Wright Forrester)教授于1956年创立的一门研究系统动态复杂性的科学(Forrester ,1958 ,1961)。它以反馈控制理论为基础,以计算机仿真技术为手段,主要用于研究复杂系统的结构、功能与动态行为之间的关系。系统动力学模型是一种因果机理性模型,它强调系统行为主要是由系统内部的机制决定的,擅长处理长期性和周期性的问题;在数据不足及某些参量难以量化时,以反馈环为基础依然可以做一些研究;擅长处理高阶次、非线性、时变的复杂问题(张波等,2010)。

20世纪50年代后期,系统动力学逐步发展成为一门新的学科领域。初期它主要被应用于工业企业管理,处理诸如生产与雇员情况的变动、市场股票与市场增长的不稳定性等问题。因此该学科早期也被称为"工业动力学"。20世纪60年代是系统动力学成长的重要时期,一批代表这一阶段理论与应用研究成果水平的论著问世。福雷斯特教授发表于1961年的《工业动力学》(*Industrial Dynamics*)是系统动力学的经典著作,它阐明了系统动力学的原理与典型应用。在随后的十多年里,系统动力学进入蓬勃发展时期,由罗马俱乐部提供财政支持,以梅多斯(Meadows)为首的国际研究小组所承担的世界模型研究课题,研究了世界范围内的人口、资源、工农业和环境污染诸因素的相互关系,以及产生的各种可能性后果。而以福雷斯特教授为首的美国国家模型研究小组,将美国的社会经济作为一个整体,成功地研究了通货膨胀和失业等社会经济问题,第一次从理论上阐述了经济学家长期争论不休的经济长波产生的机制。这一成就受到了西方的重视,也使系统动力学于20世纪80年代初在理论和应用研究两个方面都取得了飞跃式进展,进入了更成熟的阶段。目前系统动力学仍然处于蓬勃发展的状态,其自身的理论、方法和模型体系仍在深度和广度上发展进化。

系统动力学在研究复杂的非线性系统方面具有无可比拟的优势，已经被广泛应用于社会、经济、管理、资源环境等诸多领域，其中在库存控制和规模优化方面的应用最为广泛，在资源利用、城市发展、交通规划、结构优化、价格控制等方面的应用也较常见。在不同领域中，系统动力学应用所发挥的主要作用可归纳为预测、管理、优化与控制等(陈国卫等，2012)。在城市规划领域内，典型的应用包括城市群发展动力过程预测(赵璟等，2008)、城镇化水平预测(顾朝林等，2017)、城市发展政策制定(王晓鸣等，2009)、土地利用模拟(秦贤宏等，2009)、城市增长边界划定(苏伟忠等，2012)等。

3.1.2 系统动力学模型建模

利用系统动力学建模的目的在于研究系统的问题，加深对系统内部反馈结构与其动态行为关系的认识，从而改善系统行为。构建模型的基本出发点在于对系统特性的认知，讲求一个“明确”和三个“面向”。所谓一个“明确”，即明确目的；所谓三个“面向”，即面向问题、面向过程和面向应用。在此基础上，构成系统动力学模型的基本元素包含“流”(flow)与“元素”。“流”分为“实体流”(material flow)和“信息流”(information flow)；“元素”包括“状态变量”(level)，“速率”(rate)和“辅助变量”(auxiliary)。

系统动力学建模有三个重要组件：因果反馈图、流图和方程式。因果反馈图描述变量之间的因果关系，是系统动力学的重要工具；流图是帮助研究者用符号表达模型的复杂概念；系统动力学模型的结构主要由微分方程式所组成，每一个连接状态变量和速率的方程式即一个微分方程式，在系统动力学中以有限差分方程式来表示，再依时间步骤对各方程式进行求解，呈现出系统在各时间点的状态变化。

常见的系统动力学软件包括 Dynamo、Stella、Think、Powersim、Vensim 等。

一般来说，系统动力学建模分为以下几个步骤(图 3-1)(王其藩，2009)：

① 系统分析：用系统动力学的理论、原理和方法对被研究的对象进行系统的、全面的了解和调查分析。

② 系统的结构分析：划分系统层次与子块，确定总体与局部的反馈机制。

③ 建立定量的规范模型：运用绘图建模专用软件建立定量、规范的模型。

④ 模型模拟与政策分析：以系统动力学理论为指导，借助模型进行模拟与政策分析，进一步剖析系统以得到更多的信息，发现新的问题，然后反过来再修改模型。

⑤ 模型的检验与评估。

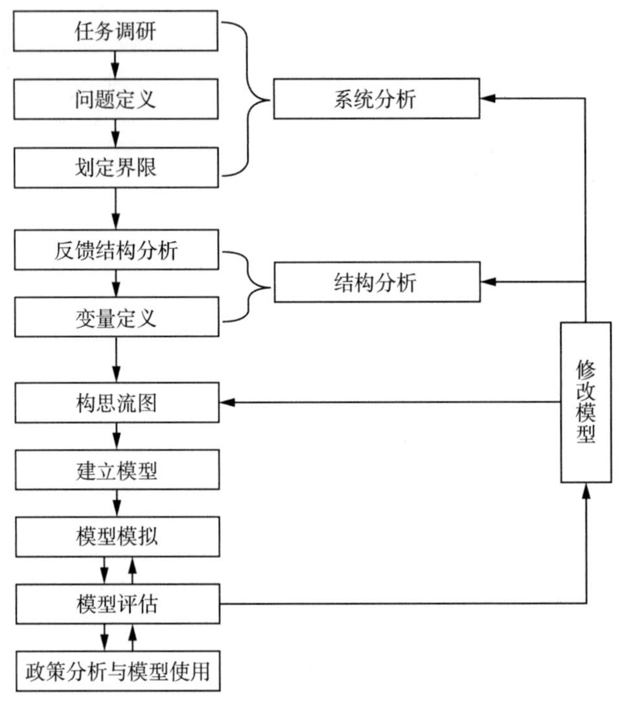

图 3-1　系统动力学解决问题的过程与步骤

3.2　可计算一般均衡

3.2.1　可计算一般均衡思想的发展

一般均衡理论的早期思想是由洛桑学派的瓦尔拉斯(Walras)等人在19世纪后期提出的与局部均衡理论相对应的理论，其基本思想(李洪心，2008)为："生产者根据利润最大化或成本最小化原则，在资源约束条件下进行最优投入决策，确定最优供给量；消费者根据效用最大化原则，在预算约束条件下进行最优支出决策，确定最优需求量；均衡价格使最优供给量与最优需求量相等，资源得到最合理的使用，消费者需求得到最大的满足，经济达到稳定的均衡状态。"

可计算一般均衡(Computable General Equilibrium，CGE)模型，顾名思义是以经济学一般均衡理论为架构而应用于实际社会的模型，是国际上流行的经济学和公共政策定量分析的一个主要工具(张欣，2010)。

一般认为，第一个具体应用的可计算一般均衡(CGE)模型是约翰森(Johansen)于1960年提出的。但是，在此之后，可计算一般均衡(CGE)模型的发展似乎出现了一段时间的中断，直到20世纪70年代都没有显著进步。在20世纪70年代，随着世界经济受到诸如能源价格或国际货币系统的突变、实际工资率的迅速提高等的冲击，加之计算技术的计算能力和数据处理能力的日益提高，可计算一般均衡（CGE）模型重新引起了人们的兴趣。经过近60年的发展，目前可计算一般均衡（CGE）模型已在世界上得到了广泛的应用，并逐渐发展成为应用经济学的一个分支。

可计算一般均衡（CGE）模型的应用，旨在分析众多变量的经济影响。一般来说，该模型涉及的外生变量可能包括：税收、公共支出和社会保险支付；关税和其他对国际贸易的干预；国际商品价格和利率；工资决定机制和工会行为；矿物的探明储量和可开采性以及环境政策和技术等。可计算一般均衡（CGE）模型可以对多个区域的发展情况进行多个时期的分析。通过多区域分析，可计算一般均衡（CGE）模型有助于理解国家内部和国家之间的区域问题。前者如省级政府的税收和支出活动会对国家经济发展有什么影响，后者如贸易壁垒对全球经济发展有何影响，再比如还能对减少全球温室气体排放的不同方法对经济的影响进行比较分析。可计算一般均衡（CGE）模型可以处理动态问题，这有助于拓宽和深化所有已知的问题，甚至可以从事预测事务。20世纪80年代以来，处理可计算一般均衡（CGE）模型的计算工具逐渐推出，包括通用数学建模系统（General Algebraic Modeling System，GAMS）、一般均衡建模工具包（General Equilibrium Modeling Package，GEMPACK）和一般均衡数学编程系统（Mathematical Programming System for General Equilibrium，MPSGE）等，其中通用数学建模系统（GAMS）的应用最为广泛。

3.2.2 可计算一般均衡模型的结构特点

在可计算一般均衡（CGE）模型中，它所分析的基本经济单元是生产者、消费者、政府和对外的经济活动。

1）生产行为

在可计算一般均衡（CGE）模型中，生产者力求在生产条件和资源约束之下实现其利润优化。这是一种次优解（sub-optimal）。与生产者相关的有两类方程：一类是描述性方程，如生产者的生产过程、中间生产过程等；另一类是优化条件方程。在许多可计算一般均衡（CGE）模型中，假设生产者行为可以用柯布—道格拉斯生产函数或不变替代弹性（Constant Elasticity of Substitution，CES）方程来描述。

2）消费行为

消费行为也包括了描述性方程和优化条件方程。消费者优化问题的实质是在预算约束条件下选择商品（包括服务、投资以及休闲）的最佳组合，以实现尽可能高的效益。

3）政府行为

一般来说，政府的作用首先是制定有关政策。在可计算一般均衡（CEG）模型中通常将这作为政府变量。同时，政府也是消费者。政府的收入来自税和费。政府开支包括各项公共事业、转移支付与政策性补贴。

4）对外贸易

在可计算一般均衡（CGE）模型中，通常按照不变转换弹性转换（Constant Elasticity of Transformation，CET）方程来描述为了优化出口产品利润，把国内产品在国内市场和出口之间进行优化分配的过程，或用阿明顿（Armington）方程来描述为了实现最低成本把进口产品与国内产品进行优化组合的过程。

5）市场均衡

一般来说，在可计算一般均衡（CGE）模型中，市场均衡及预算均衡包括如下几个方面（图 3-2）：

① 产品市场均衡。该均衡不仅要求在数量上均衡，而且要求在价值上均衡。

② 要素市场均衡。该均衡主要是劳动力市场均衡，假定劳动力无条件迁移，不存在迁移的制度障碍。

③ 资本市场均衡。该均衡即指投资＝储蓄。

④ 政府预算均衡。该均衡即指政府收入－政府开支＝预算赤字。

⑤ 居民收支平衡。居民收入的来源是工资及存款利息，居民收支平衡即意味着居民收入－支出＝节余。

⑥ 国际市场均衡。在该均衡中，外贸出超表现为外国资本流入，外贸入超表现为本国资本流出。

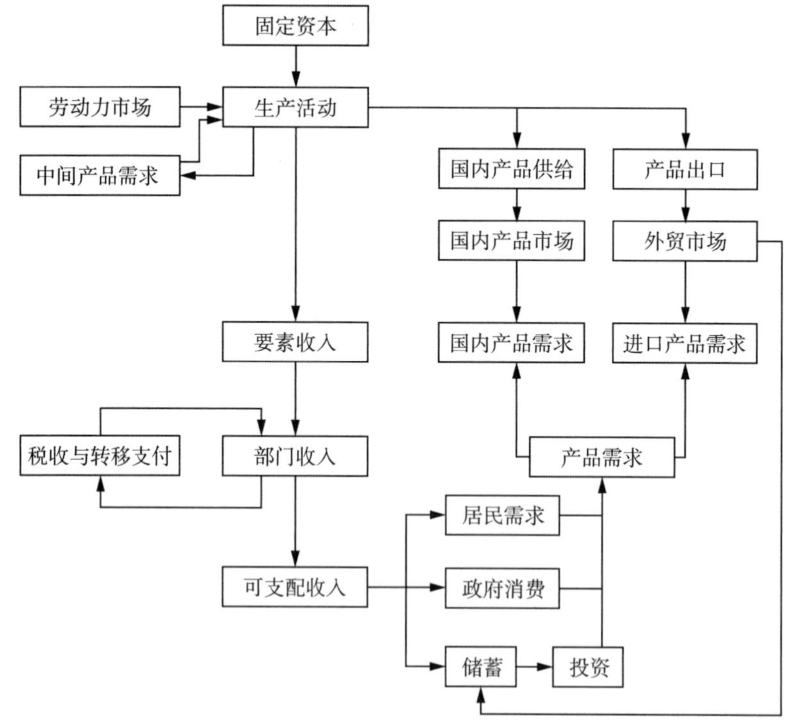

图 3-2 可计算一般均衡（CGE）模型的结构示例

3.2.3 可计算一般均衡模型的应用领域

可计算一般均衡(CGE)模型在学术研究和政府政策研究中得到了广泛的应用。总体来说,它主要被应用于探讨进口自由化、出口补贴、国外因素变动、财税政策、能源政策和汇率政策等政策或外生变量变动的效果。可计算一般均衡(CGE)模型最重要的成功在于它在经济的各个组成部分之间建立起了数量联系,使我们能够考察来自经济某一部分的扰动对另一部分的影响。对于投入产出模型来讲,它所强调的是产业的投入产出联系或关联效应。而可计算一般均衡(CGE)模型则在整个经济约束范围内把各经济部门和产业联系起来,从而超越了投入产出模型。这些约束包括:对于政府预算赤字规模的约束;对于贸易逆差的约束;对于劳动、资本和土地的约束;对于生态环境(如空气和水的质量)的约束等。与规划领域相关的应用可以包括城市增长模拟(沈体雁,2006)与用地需求预测(曹立伟,2012)、产业布局评估(金艳鸣等,2012)、气候变化评估(王灿等,2003)等方面。总体来说,目前在我国将该模型运用到规划领域的实际研究或与实践的相关研究还偏少。

3.2.4 可计算一般均衡模型的优势与局限

与投入产出模型、线性规划模型、宏观经济计量模型等其他经济模型相比,可计算一般均衡(CGE)模型具有以下特点:① 模型中有多个相互作用的主体和多个市场;② 主体行为由优化条件推出;③ 模型并非优化某一计划者的目标函数,而是确定一种分权均衡;④ 通常有非常详细的部门划分;⑤ 可用于多种政策分析。

同时,可计算一般均衡(CGE)模型也存在一些缺陷。首先,由于可计算一般均衡(CGE)模型的运行需要大量数据,为了降低对数据的需求,大多数可计算一般均衡(CGE)模型通过采用对某单一年度的基准数据集进行校准来得到必要的数据,这样就使得可计算一般均衡(CGE)模型对基准年度的数据非常敏感。其次,可计算一般均衡(CGE)模型的动态处理机制还有待进一步完善。目前,可计算一般均衡(CGE)模型大多采用递推动态处理机制,这类动态机制被认为在短期模型中具有合理性,但对于长期模型而言则显得不够合理。

3.3 元胞自动机

3.3.1 元胞自动机的发展与应用

元胞自动机(Cellular Automata,CA)是计算机之父约翰·冯·诺依曼(John von Neumann)于 1948 年提出的，最初用于模拟生命系统所特有的自复制现象，是描述自然界复杂现象的简化数学模型(von Neumann，1966)。元胞自动机的定义是多元的：数学上将其视为一个时间离散的数学模型；物理学上将其视为离散的、无穷维的动力学系统；计算机领域则将其视为人工智能(Artifical Intelligence，AI)的分支，在并行计算方向具有潜力。

元胞自动机是由元胞(格子)、元胞空间(网络)、邻居(邻近元胞 r)、元胞演化规则(状态变换函数)和元胞状态(S_1，S_2，S_3，…，S_k)组成(图3-3)。可见，元胞自动机是由一个大量简单元素、简单链接、简单规则、有限状态和局域相互作用所组成的信息处理系统。其中，元胞是元胞自动机的最基本组成部分，分布在离散的一维、二维或多维欧氏空间的网格上；元胞空间是元胞所分布的空间上的网格点的集合，二维的元胞空间通常分为三角形、四方形、六边形三种网格排列(图 3-4)。

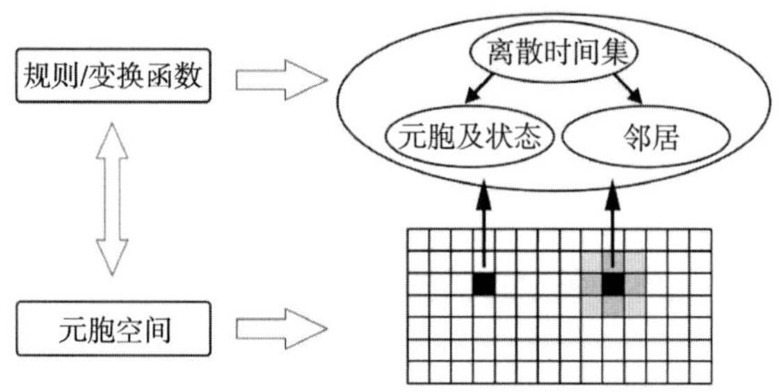

图 3-3　元胞自动机构成示意图

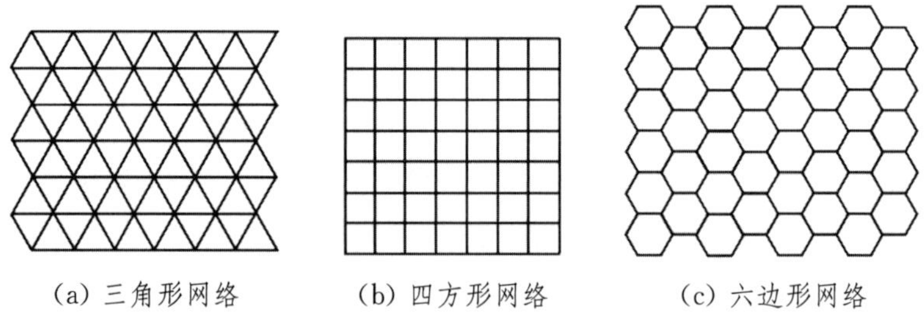

(a) 三角形网络　(b) 四方形网络　(c) 六边形网络

图 3-4　二维元胞自动机的三种网格划分

某一元胞状态更新所要搜索的空间域叫作该元胞的邻居，一维元胞自动机中通常以半径 r 来确定邻居，二维元胞自动机常用的邻居类型包括冯·诺依曼型、摩尔(Moore)型、扩展的摩尔型(图 3-5)；此外，为了将“动态”引入系统，需要加入演化规则。演化规则根据元胞当前状态及其邻居状态确定下一时刻该元胞状态的动力学函数，它可以记为 f：$s_i^{t+1}=f(s_i^t, s_N^t)$，$s_i^{t+1}$ 为元胞 i 在 $t+1$ 时刻的状态组合，s_i^t 为元胞 i 在 t 时刻的状态组合，s_N^t 为 t 时刻的邻居状态组合，f 为元胞自动机的局部映射或局部规则(谢惠民，1994)。演化规则是事先给出的用来约束元胞自动机状态的条件集合，其设计是元胞自动机分析过程的核心。

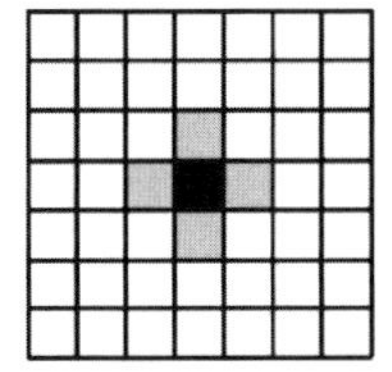
(a) 冯·诺依曼型

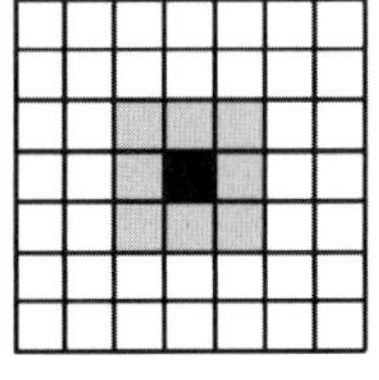
(b) 摩尔型

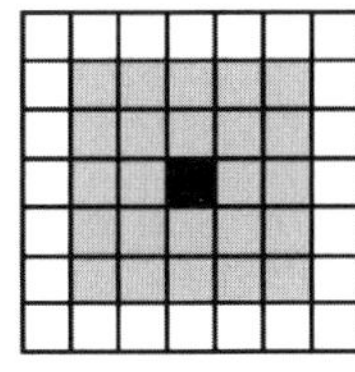
(c) 扩展的摩尔型

图 3-5　二维元胞自动机的常用邻居类型

从元胞自动机的构成及其规则上分析发现，标准的元胞自动机应具有以下几个特征（谢惠民，1994；李才伟，1997）：

① 同质性、齐性：同质性反映在元胞空间内的每个元胞的变化都服从相同的元胞自动机规则，或称之为转换函数；齐性指的是元胞的分布 s 方式相同，大小、形状相同，空间分布规则整齐。

② 空间离散：元胞分布在按照一定规则划分的离散的元胞空间上。

③ 时间离散：系统的演化是按照等间隔时间分步进行的，t 时刻的状态构形只对其下一时刻，即 $t+1$ 时刻的状态构形产生影响。

④ 状态离散有限：元胞自动机的状态只能取有限（k）个离散值（s_1，s_2，…，s_k）。相对于连续状态的动力系统，它不需要经过粗粒化处理就能转化为符号序列。

⑤ 同步计算（并行性）：各个元胞在时刻 t_i+1 的状态变化是独立的行为，相互没有任何影响。若将元胞自动机的构形变化看成对数据或信息的计算或处理，则元胞自动机的处理是同步进行的，特别适合于并行计算。

⑥ 时空局部性：每一个元胞的下一时刻 t_i+1 的状态，取决于其周围半径为 r 的邻域（或者其他形式邻居规则定义下的邻域）中的元胞的当前时刻 t_i 的状态，即所谓时间、空间的局部性。

⑦ 维数高：在动力系统中一般将变量的个数称为维数。从这个角度来看，由于任何完备元胞自动机的元胞空间是定义在一维、二维或多维空间上的无限集，每个元胞的状态便是这个动力学系统的变量，也元胞自动机是一类无穷维动力系统，也可以说维数高是元胞自动机研究中的一个特点。

元胞自动机是计算机科学和多种学科共同发展与交叉的结果，元胞自动机已成为模拟复杂现象的一个不可缺少的重要工具。元胞自动机的优势主要表现为：适合于非结构化问题的信息处理和系统建模；在模拟仿真中没有误差累积；不需要预先离散化；采用并行操作；元胞相互作用的局域性（李学伟等，2013）。作为一种计算工具，元胞自动机可以用于快速计算、计算复杂性的替换模式、模式识别和开展独立的公式化模型计算；作为模拟实际物理现象的模型，其被广泛运用于社会学、生物学、生态学、信息科学、计算机科学、数学、物理学、化学、地理学、环境学、军事学等众多领域，并取得了丰硕成果(段晓东等,2012)。元胞自动机在城市规划领域具有重要的应用价值和广阔的应用前景,主要应用包括基准发展趋势模拟、现状评估分析、方案模拟与优选等(黎夏等,2007)。

3.3.2 元胞自动机模型的建模方法

元胞自动机模型是模拟复杂结构和过程的一种新的计算机模型,主要采用现代系统分析思想,即系统元胞化思想作为应用基础。元胞自动机模型认为系统的复杂性存在于元素的组合与相互作用中,因此其就是一种众多元素在简单规则的相互作用下,形成各种各样复杂系统的模型。元胞自动机模型的特点可归纳为模拟实际复杂系统的抽象性、实现环境交互的适应性、根据内部相互作用形成自发秩序的自组织性三个方面。

元胞自动机采用自下而上的自组织建模方法一般包括如下四步:

1) 确定被研究系统的性质

在该步骤中,需要确认三个问题:第一,系统是不是一个自组织系统。系统内部只有本地交互因素的自组织系统具有相对稳定性,这将有利于整个系统的整体分析。第二,确定系统是一个静态还是一个动态系统。确定系统是动态还是静态是一个涉及系统模型的重要因素。因为静态系统和动态系统的建模是完全不同的,静态系统的内部结构是稳定的,而动态系统是不稳定的,但可能其系统特性是收敛的。第三,确定系统是一维、二维还是三维或多维系统。系统的状态与系统的维数关系密切,同时维数不同的元胞自动机方法的应用也不同。此外,维数也是确定演化规则的基本要素,只有确定系统维数后,才能考虑设置怎样的基本规则,规定某一元胞是受线性影响,还是受非线性或复合影响。

2) 对系统进行格状分割

这个过程的关键是将整个系统分割成无数个小个体,并将个体分类抽象成元胞,而且每个元胞应具有可选状态。当取定初始状态进行分析时,一定要注意每个元胞与其他元胞的相互作用,即选定中心元胞和相互作用的邻居元胞数。对系统进行格状分割后,便确定了元胞以及元胞空间($n \times n$)的网格。网格的大小视具体情况而定。

3) 确定元胞的初始状态

初始状态是指已经确定的、经过划分的各元胞的演化初始值。预先给出的初始状态正如不同的棋子布局,是影响之后元胞自动机分析的源头。元胞自动机的初始状态可以是布尔值或者是一段连续变量值,关键是应注意其初始状态要具有代表性与全面性。

4) 确定系统的演化规则

在确定元胞规则时,要考虑以下三个方面的内容:第一,元胞邻居。一般在用元胞自动机进行分析时都要确定元胞的邻居形式,也就是元胞对哪些相邻元胞状态的刺激进行响应,影响的范围如何。第二,元胞响应及属性。本地元胞下一时刻的状态受到其邻居元胞状态及自身状态的影响，这种响应可能是在多重状态响应及多重属性叠加下产生的，这便需要对每一种响应和属性关系做出综合。第三，元胞规则的时间和空间的处理。元胞的响应动作与时空相关，因而系统最终演化的状态也与时空有关。

3.3.3 应用于空间研究的局限

如前所述，元胞自动机在地理与城市规划领域具有广泛的应用，并取得了可观的成果。但是也应当认识到，标准元胞自动机模型在地理空间模拟中具有一定的局限（罗平等，2010）。首先，用基于几何特性的邻居关系来描述地理空间局部的相关关系，忽视了局部空间关系中的属性特征的表达，使得局部空间关系的真实性在一定程度上丢失。其次，元胞自动机源自理论数学的研究，因此元胞空间是典型的几何空间。元胞空间的介质是均质分布的，根据局部演化规则和局部空间关系描述，最终表达出整体的空间关系。但真实的地理空间系统是异质性的空间，不同空间单元之间的连接关系也是非均质的，依靠标准元胞自动机模拟流动要素的方式、速度、强度等性质与真实的社会空间系统存在差异，因此整体的空间关系表达也存在失真的问题。总的来说，由于这种局限的存在，在地理、城市规划领域应用元胞自动机模型的时候需要进行针对性的优化，改善演化规则，减少模型模拟的失真情景，提高研究的实践应用可借鉴性。

3.4 基因算法（遗传算法）

3.4.1 遗传算法的发展

遗传算法（Genetic Algorithms，GA）是模拟生物在自然环境中的遗传和进化过程而形成的一种自适应全局优化概率搜索算法，是进化算法的一种（周明等，1999）。基于对生物遗传和进化过程的计算机模拟，遗传算法使得各种人工系统具有优良的自适应能力和优化能力。遗传算法借鉴的生物学基础就是生物的遗传和进化。它最早由美国密歇根大学的约翰·霍兰德（John H. Holland）教授于 1975 年在他的专著《自然界与人工系统中的适应：理论分析及其在生物控制和人工智能中的应用》中首先提出的，起源于 20 世纪 60 年代对自然和人工自适应系统的研究（Holland，1962，1975）。20 世纪 70 年代德容（de Jong，1975）基于遗传算法的思想在计算机上进行了大量的纯数值函数优化计算实验；80 年代戈德堡（Goldberg，1989）在一系列研究工作的基础上进行归纳总结，形成了遗传算法的基本框架。遗传算法作为一种有效的全局搜索方法，从产生至今其应用领域不断拓展，比如工程设计、制造业、人工智能、计算机科学、生物工程、自动控制、社会科学、商业和金融等（李敏强等，2002）。目前，遗传算法在城市规划领域主要与其他模型集成使用，一般应用于土地用途配置（袁满等，2014）、空间结构优化（于卓等，2008）、城市交通流的预测与分配（杨新敏，2002）、市政管网优化（余青原等，2011）、创新型城市评价（李敏强等，2002）等方面。

3.4.2 遗传算法的构成要素与基本流程

遗传算法的运行涉及五大要素：参数编码、初始群体的设定、适应度函数的设计、遗传操作的设计和控制参数的设定。通用的遗传算法的工作流程和结构形式是由戈德堡首次提出，一般称之为规范遗传算法（Canonical GA，CGA）或标准遗传算法（Standard GA，SGA）。在实践应用中，人们往往结合问题的特征和领域知识对标准遗传算法（SGA）进行各种改变，形成了各种各样具体的遗传算法（GA），使得遗传算法（GA）具备求解不同类型优化问题的能力，以及具备强大的全局搜索能力。

基本遗传算法有四个构成要素，具体如下：

① 染色体编码方法。使用固定长度的二进制符号串来表示群体中的个体，其等位基因是由二值符号集{0,1}组成。

② 个体适应度评价。基本遗传算法按与个体适应度成正比的概率来决定当前群体中每个个体遗传到下一代群体中的机会多少。

③ 遗传算子。基本遗传算子包括选择计算、交叉计算、变异计算。

④ 基本遗传算法的运行参数。基本遗传算法有下述四个运行参数需要提前设定：

M：群体大小，即群体中所含个体的数量，一般取值为20—100个。

T：遗传运算的终止进化代数，一般取值为100—500个。

P_c：交叉概念，一般取值为0.4—0.99。

P_m：变异概念，一般取值为0.000 1—0.1。

遗传算法的运行过程为一个典型的迭代过程，简单遗传算法遵循以下基本流程（图3-6）：

① 选择编码策略，把参数集合 X 和域转换为位串结构空间 S；

② 定义适应值函数 $f(X)$；

③ 确定遗传策略，包括选择群体大小 n，选择、交叉、变异方法，以及确定交叉概率 p_c、变异概率 p_m 等遗传参数；

④ 随机初始化生成群体 P；

⑤ 计算群体中个体位串解码后的适应值 $f(X)$；

⑥ 按照遗传策略，运用选择、交叉和变异算子作用于群体，形成下一代群体；

⑦ 判断群体性能是否满足某一指标，或者是否已完成预定迭代次数，不满足则返回步⑥，或者修改遗传策略再返回步骤⑥。

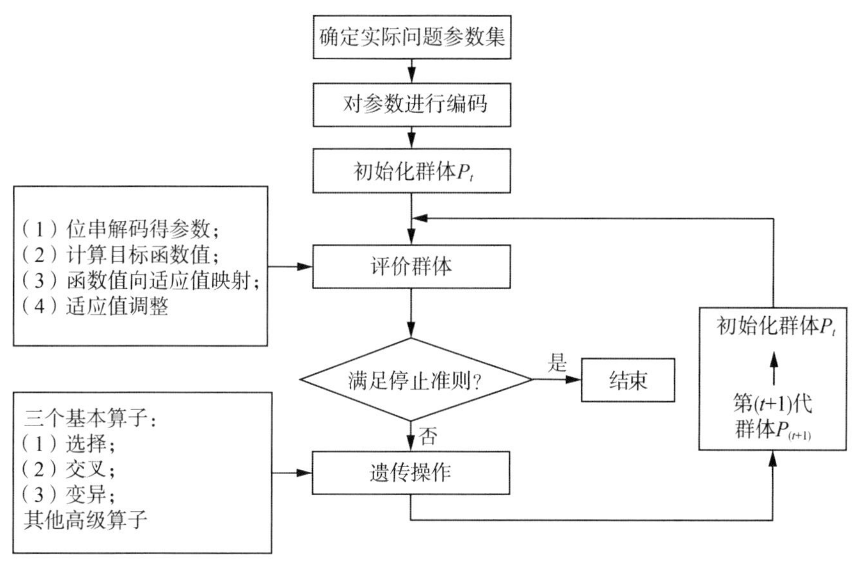

图 3-6　简单遗传算法基本流程框图

3.4.3　遗传算法的特点

相比于其他优化算法,遗传算法主要有如下特点:① 遗传算法以决策变量的编码作为运算对象,对于一些无数值概念或很难有数值概念,而只有代码概念的优化问题而言,编码处理方式具有独特的优越性;② 遗传算法直接以目标函数值作为搜索信息,无需目标函数的导数值等其他一些辅助信息,可提高搜索效率;③ 遗传算法同时使用多个搜索点的搜索信息,具有隐含的并行搜索特性;④ 遗传算法使用概念搜索技术,加强了搜索过程的灵活性。

但是遗传算法也存在以下不足:① 适应性度量函数是预先定义好的,因此遗传算法中的自然选择机制并非真正的自然选择,而是人工选择;② 只考虑生物之间的竞争,而没有考虑生物之间协作的可能性,真实情况是竞争与协作并存的协同演化过程;③ 复制与杂交机制相对来说过于简单。

3.5　分形理论与城市分形

3.5.1　分形理论的建立

分形(fractal)理论来源于现代数学的一个分支——新的几何学,其本质却是一种新的世界观和方法论,为动力系统的混沌理论提供了强有力的描述工具,被视为一种重要的系统理论。上文已经提到,分形的概念是由美籍数学家伯努瓦·曼德尔布罗特(Benoit Mandelbrot)首先提出的,他把这些部分与整体以某种方式相似的形体称为分形。1975 年，他创立了分形几何学(fractal geometry)，在此基础上，形成了研究分形性质及其应用的科学，称之为分形理论。分形理论揭示世界的局部可能在一定条件下，在某些过程中，或在某一方面(行为、方式、形态、功能、信息、性质、物质、能量、时空等)可以表现出与整体的相似性，认为空间维数的变化既可以是离散的也可以是连续的，能够拓展认知世界的视野。

分形图形是通过对其自身进行成比例缩小复制而成的，局部与整体相似。分形集合的基本性质包括自相似性、无标度性与自仿射性(朱华等，2011)。自相似性指的是分形对象的局部经放大后与整体相似的一种性质。分形形体中的自相似性可以是精确的相似、近似的相似，也可以是统计意义上的相似。标准的自相似分形是数学上的抽象，迭代生成无限精细的结构，如科赫(Koch)雪花曲线、谢尔宾斯基(Sierpinski)地毯曲线等(图 3-7)。这种有规分形只是少数，绝大部分分形是统计意义上的无规分形。无标度性指的是在分形对象上任选一个局部区域对其进行放大或缩小，它的形态、复杂程度、不规则性等均不发生变化的特性。自仿射性是自相似性的一种拓展和延伸。如果局部到整体在各个方向上的变换比率是相同的，那么就是自相似变换；而不一定相同则称之为自仿射性变换。

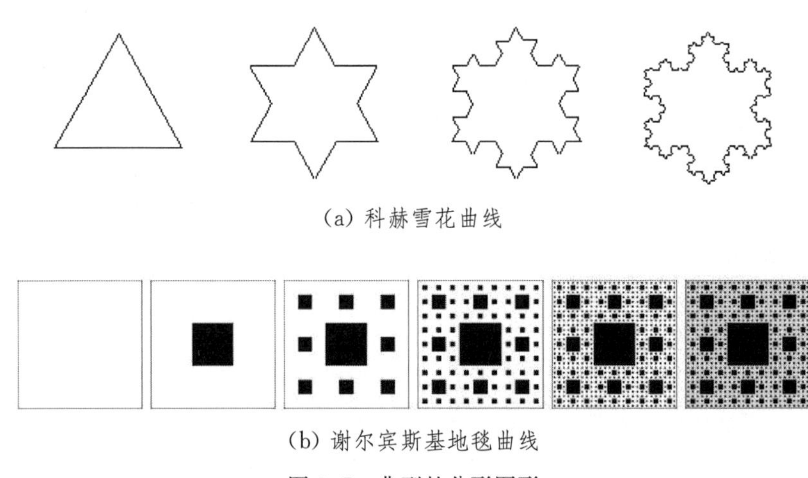

(a) 科赫雪花曲线
(b) 谢尔宾斯基地毯曲线

图 3-7　典型的分形图形

分维，又称分形维或分数维，是分形的定量表征和基本参数，通常用分数或带小数点的数来表示。迄今为止，人们使用的维数通常具有两种意义，分别是欧氏空间中的四个维数与一个动力系统中所含的变量个数。欧氏几何中用整数维来描述对象，点为零维，直线为一维，平面为二维，空间为三维，这就是拓扑维数。然而，这种传统的维数观无法描述几何图形的动态变化，即分形图形的维数。为此，数学家豪斯多夫(Hausdoff)在 1919 年提出了连续空间的概念，也就是空间维数是可以连续变化的，它可以是整数也可以是分数，称之为豪斯多夫维数，记作 Df，一般的表达式为 $K=L^{Df}$，也写作 $K=(1/L)^{-Df}$，取对数并整理得 $Df=\ln K/\ln L$，其中 L 为某客体沿其每个独立方向扩大的倍数，K 为得到的新客体是原客体的倍数。显然，Df 在一般情况下是一个分数。因此，曼德尔布罗特也把分形定义为豪斯多夫维数大于或等于拓扑维数的集合。为了准备测度分形图形的维数，人们陆续创造了不同的测量方法，如相似维数、盒计数维数、容量维数、关联维数、信息维数等等。众多算法的发明也凸显出分形测度的复杂性，因为没有一种方法对任何分形对象都适用。

从分析事物的视角方面来看，分形论从部分出发确立了部分依赖于整体的性质，沿着微观到宏观的方向展开。分形论打破了整体与部分之间的隔膜，找到了部分过渡到整体的媒介和桥梁，即整体与部分之间的相似，使人们对整体与部分的关系的思维方法由线性进展到非线性的阶段，并同系统论一起共同揭示了整体与部分之间多层面、多视角、多维度的联系方式。

作为一种认知世界的新视野，分形理论在自然科学、工程技术、社会经济和文化艺术等诸多领域都有应用。由信息、时间、能力、功能等"量"组成的具有自相似的对象称之为分形行为。分形行为的研究对分析复杂现象具有独特的优势，能够揭示不同现象中的非线性特征；自然界与科学实验中的分形行为包括闪电、台风路径、海岸线轮廓、城镇分布、时间序列信号等等，人类思维和社会活动中的分形行为包括行政管理结构、城镇分布模式、自组织管理行为等；分形图形在社会生活中的装饰设计、建筑设计、天线设计等领域中的应用也十分广泛；分形维数可以被应用于海岸线测量、城镇边界测度、交通网络结构、材料断口、股票变化等方面；分形图形生产技术在植物模拟、图像压缩、电影场景设计等方面均有应用；此外，分形在公司设置与管理方面也有应用。

3.5.2 城市分形研究

在分形理论的创立之初，曼德尔布罗特就曾探讨过城市位序—规模分布的分数维性质。1991 年，巴蒂(Batty，1991)发表的《作为分形的城市：模拟生长与形态》一文，标志着分形城市概念的萌芽。1994 年，弗兰克豪泽(Frankhauser，1994)发表了专题《城市结构的分形性质》，"分形城市"正式成为自组织城市领域的一个专门术语。分形城市最初主要是研究城市形态和结构，随着研究的深入，逐渐向内细化到城市建筑(Crompton，2001，2002)，向外拓展了区域城市体系(刘继生等，2000；陈彦光，2008)。由此，分形城市的概念蕴含了三个层次：城市建筑分形的微观层次、城市形态分形的中观层次、城市体系分形的宏观层次(陈彦光，2005)。分形城市的主要研究内容包括城市的边界线、城市的网络(运输网、公交、郊区铁路、排污设施)、城市土地使用的形态、城市形态与城市增长、城市化的空间过程、城市规模分布和城市体系等等方面。对于分形城市的研究，分形维数仍然是最为重要的指标之一，一般使用半径维数与具有可比性的城市形态维数来描绘。

国内关于城市的分形研究始于20世纪90年代，发展到今天其主要研究内容可归纳为以下方面：区域城镇体系、城市空间形态、交通网络分形、城市规划设计以及分维数影响因子等(刘继生等，2000；田达睿等，2014)。不同于西方在研究方法和成果表现形式上更侧重于形态类比和计算机模拟(实验)分析，国内则着重于数学演绎和模型的建立(刘继生等，2000)。总而言之，分形方法适合于刻画城市、城市群体的空间形态与空间过程，有助于寻找符合多准则的空间结构，在一定程度上弥补了传统城市模型的不足。

分形是城市矛盾运动的结果，为我们解决城市演化的各种矛盾提供了切入点。在城市规划中应用分形方法对城市进行分形优化是顺应城市自组织规律、调节的可能途径之一。分形结构可以协调功能分区与有机组织的矛盾，解决城市生态环境与用地紧张的对立问题(陈彦光，2005)。基于分形理论的角度，可以从三个层次进行规划调控：在宏观层面，考察区域、城市交通网络与空间分布，对城市体系的优化调整具有指导意义；事实上，当前城镇体系规划中关于城镇规模结构、等级结构的方法都蕴含着一定的分形思想。在中观层面，对应城市形态和内部结构层次，分形城市在维度上是分维的，因此必须拥有大量的绿地等公共开敞空间，否则城市变为二维，就破坏了城市的自组织形态(表3-1)。所谓微观，是指城市建筑设计，不同建筑的组合决定着居民的生活感受与城市景观，现代建筑缺乏分形意味着对独特风景构成(picturesque composition)的兴趣的匮乏(Crompton，2002)。遗憾的是，分形规划与设计理论目前还是一种发展性的理论，理论基础和技术方法尚不成熟，相关的探索性研究推进比较缓慢，对复杂规划问题的解答能力有待进一步验证。

表3-1　分形城市与城市规划的要素

领域	分形要素	分形城市	规划	备注
空间	形态(form)	城市结构	形态规划	确定型，运筹层次
时间	机遇(chance)	城市演化	动态协调	随机型，预测层次
信息	维数(dimension)	城市信息	生态优化	测度型，判断层次

3.6　多智能体模拟

3.6.1　智能体与多智能体系统

智能体的英文是agent，意为代理人、代理商，学术上尚没有统一的严格定义。根据伍尔德里奇等人(Wooldridge et al.，1995)的经典定义可知，智能体一般具有但不限于以下四个方面的特征：

第一，自治性。拥有对自身动作的控制，它从自身状态中生成相应的动作行为，大多数情况是在没有人的情景下行动。

第二，反应性。智能体能够感知环境变化，并在适当的时间对这个新信息做出反应。

第三，主动性。除了感知环境变化外，智能体追逐个体目标，并发起主动行为，表现出一些不是直接由环境触发的活动。

第四，社会性。与其他智能体的沟通能力是软件智能体定义的基础能力。

主体的智能特征是通过它的行为表现出来的。智能体的行为一般可以划分为三个步骤，即感知、慎思和行动。感知是作为主体的输入，行动是作为主体的输出，慎思将输入转变为输出（Michel et al.，2009）。此外，智能体还有一个特殊的行为能力——通信能力。根据智能体智能的层次性，可以分为反映型智能体、慎思型智能体、复合型智能体三种类型（史忠植，1998）（图 3-8）。

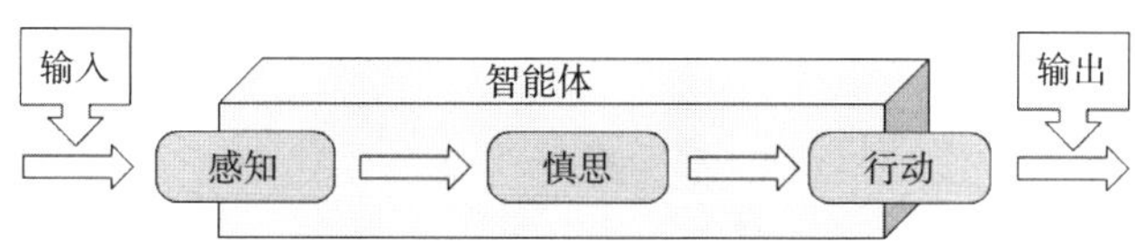

图 3-8　主体行为的步骤分解

多智能体系统（Multi-Agent System，MAS）起源于分布式人工智能、基于个体的建模和软件主体等多个方向的研究探索。20 世纪 80 年代后期，多智能体系统的一般性理论就已初步形成。在概念上，多智能体系统"首先是一个概念模型，定义了主体、主体行为、主体与环境的交互和主体间的交互；其次，多智能体系统是一个以计算机仿真为工具的实验系统，它通过仿真达到分析、理解、调节和设计源系统的目标"（张军，2013）。多智能体系统是分布式人工智能的热点课题。它采用自下而上的建模思路，这有别于传统的自上而下的建模思想。它的核心思想是通过反映个体结构功能的局部细节模型与全局表现之间的循环反馈和校正，研究局部的细节变化如何导致复杂的全局行为。多智能体系统中个体与整体的关系如图 3-9 所示（Langton，1995）。多智能体系统具有以下特性：有限视角，即每

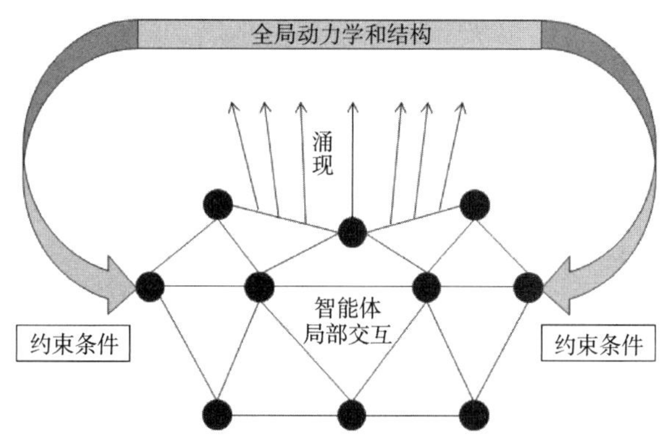

图 3-9　多智能体系统个体与整体的关系

个智能体都有解决问题的不完全信息，或只具备有限能力；不同的单个智能体通过通信进行交互，不同智能体之间可能存在复杂的关系；系统内部的交互性和系统整体的封装性；没有系统全局控制，数据是分散存储和处理的，没有系统级的数据集中处理结构；计算过程是异步、并发或并行的。

3.6.2 多智能体建模的基本技术流程

多智能体系统实际上是对社会智能的一种抽象，许多现实世界中的群体都具有这些特征。正如人类的群体协作能力要远远强于个人的能力一样，多智能体系统具有比单个智能体更高的智能性，因此也就具有更好的问题求解能力。多智能体系统的标准结构由多个相对独立的智能体组成，每个智能体至少可以影响环境的一部分，并被环境所影响，同时这些智能体之间也存在复杂的交互关系(图 3-10)。

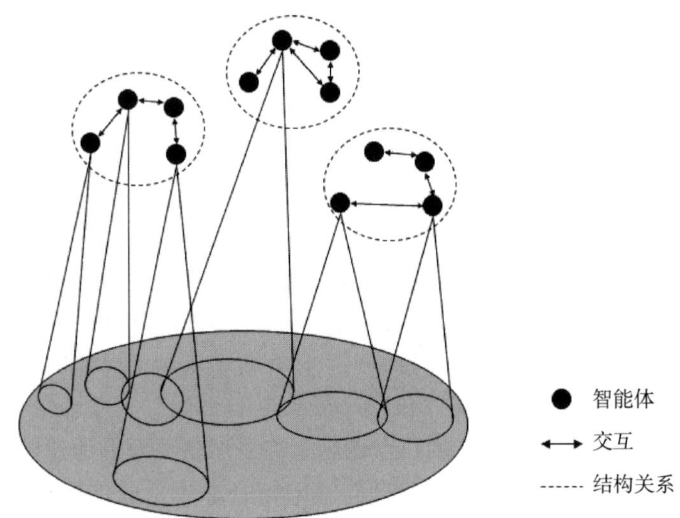

图 3-10　多智能体系统的标准结构

一般来说，多智能体模型由以下几个部分构成(崔铁军等，2016)：

① 环境，通常是一个空间；

② 对象集合，这些对象可能在某个时刻中的某个位置与其他对象进行联系；

③ 智能体集合，表示某些特殊的、在系统中处于活动状态的对象，它包含于对象集合之中；

④ 关系集合，对象(包括智能体)通过关系与其他智能体发生联系；

⑤ 操作集合，使得智能体具有感知、生产、状态转换以及操纵操作集合中对象的能力；

⑥ 领域规则，由实施操作集中的动作以及对环境的反应作用组成。

多智能体模拟模型根据研究问题所需的系统局部细节、智能体的反映规则和各种局部行为就可以构造出具有复杂系统的结构和功能的系统模型。多智能体模拟模型的一般性步骤可以分为如下几点(廖守亿等,2015)(图 3-11):

① 目标系统复杂性特征与仿真需求分析。明确建模与仿真的目标,确定系统的边界,分析系统中实体的形式化表达方式,定义评价机制并确定数据表现方式。

② 合理选择抽象层次。层次结构是复杂系统的固有结构,为了确保抽象层次选择的合理,必须准确把握建模目标与实现目标所需要模拟的系统信息与信息量。抽象层次的选择是一个循环迭代的过程,合理的方法包括分解、聚合与综合。

③ 信息流分析。对信息进行分类,确定不同信息的流动方式,定义不同种类信息的交互规则。

④ 对智能体进行建模。按照实体功能的不同进行不同的智能体抽象。

⑤ 分布智能体。大规模复杂系统的仿真必须建立在分布仿真环境上,为此需要合理地把基于智能体的模型分布到多个节点计算机上,分布并行环境恰好体现了多智能体的并行性。

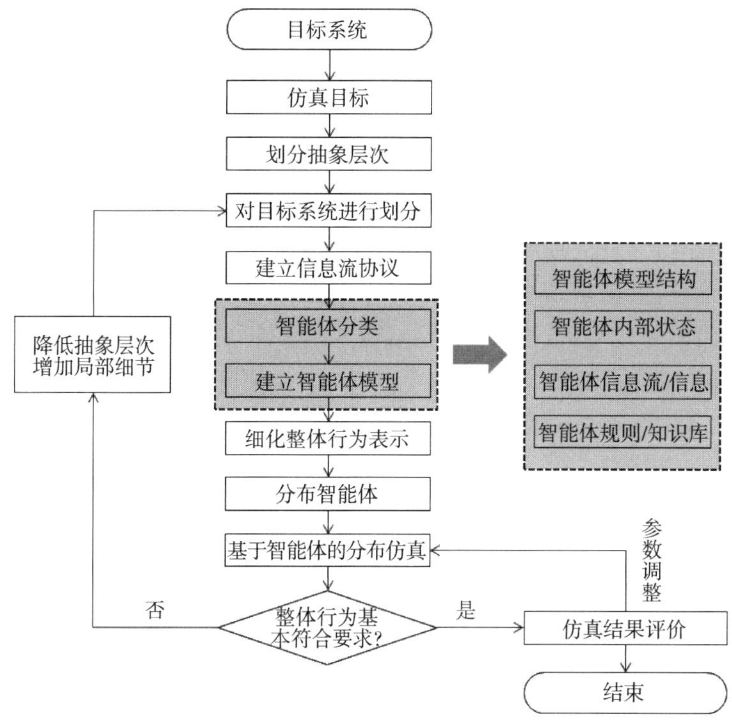

图 3-11 多智能体模拟模型建模的基本技术流程

基于多智能体的仿真模拟软件比较多,相对有影响力的有美国西北大学网络学习和计算机建模中心的 NetLogo、美国麻省理工学院媒体实验室的 StarLogo、美国芝加哥大学社会科学计算实验室开发研制的 Repast、美国艾奥瓦州立大学的麦克法德齐思(McFadzean)、斯图尔特(Stewart)和特斯法西森(Tesfatsion)开发的商业网络博弈实验室(TNG Lab)、意大利都灵大学皮埃特罗·泰尔纳(Pietro Terna)开发的企业仿真项目 jES、美国布鲁金斯研究所迈尔斯·帕克(Miles Parker)开发的 Ascape、美国桑塔费研究所的 Swarm。

3.6.3 多智能体模型的应用与不足

随着网络与计算机技术的飞速进步,多智能体的理论和技术与许多其他领域相互借鉴和融合,得到了广泛的应用,并成为人工智能甚至计算机科学的研究热点。目前,多智能体模型在电力系统控制、交通控制、城市交通控制、军事系统仿真、分布式地理信息系统、智能网络教学、电子商务、生产调度等等领域都有广泛应用(张秋花等,2007)。其中,与城市规划领域关系最为密切的是地理系统中对于多智能体模型的应用。多智能体模型是研究地理系统的天然工具(黎夏等,2007),已经被广泛应用于土地利用模拟(刘小平等,2006)、空间选址(张鸿辉等,2012)、就业与居住演化(李少英等,2013)等等,对城市规划决策辅助具有重要意义,而该模型在城市规划领域的研究还为数不多,基本集中在宏观城市发展和公共设施布局等几个有限的方向(刘润姣等,2016)。

不可忽视的是,有关智能体的研究仍然存在诸多需要解决的问题。关于多智能体理论与方法论本身的研究还有待深入,很多问题还没有形成统一的认识与规范的描述;目前多数的仿真技术平台主要以单机的形式运行,还不足以支持大规模复杂系统的分布仿真,不支持以自然环境为基础的环境的描述;特别是在模型的可重用性以及互操作性上考虑不多,模拟结果的可验证性不足。

3.7 人工智能与深度学习

3.7.1 人工智能及机器学习

随着阿尔法狗(AlphaGo)以不败的姿态战胜一众人类围棋高手,人工智能的话题再一次令世人瞩目。人工智能是当前科学技术中的一门前沿科学。1956 年,一群计算机科学家在达特茅斯会议(Dartmouth Conferences)上提出了“人工智能”的概念,作为该会议的东道主和发起人之一的麦卡锡(McCarthy)也由此被称为“人工智能之父”。人工智能是相对于人的自然智能而言,即通过人工的方法和技术,研制智能机器或智能系统来模仿、延伸和扩展人的智能,实现智能行为和“机器思维”活动,解决需要人类专家才能处理的问题(王宏生等,2009)。目前,学界分别从类人行为方法、类人思维方法、理性思维方法、理性行为方法角度去定义人工智能，不论从何种角度出发，人工智能的长期目标均是实现达到人类智力水平的人工智能(史忠植，2016)。人工智能的发展经历了孕育期，人工智能基础技术的研究和形成、发展和实用化阶段，知识工程与专家系统、智能体的兴起等阶段(王宏生等，2009；史忠植，2016)。当前，人工智能研究的途径主要有以符号处理为核心的方法、以网络连接为主的连接机制方法和以感知与动作为主的行为主义方法等，不同方法的集成与综合是人工智能研究的趋势。由于所涉及的知识领域浩繁，人工智能在哲学和认知科学、数学、心理学、计算机科学、控制论、博弈、定理证明、语言和图像理解、机器学习、专家系统和分布式人工智能多个方面具有研究前景(图 3-12)。在具体的应用上，人工智能以系统预测、故障诊断、路径规划、信息检索为主。前文提及的多智能体模拟、遗产算法、元胞自动机在某种程度上都可视为人工智能方法。

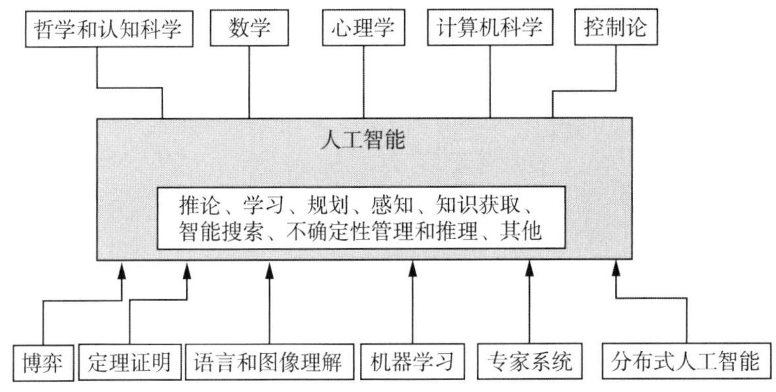

图 3-12　人工智能的研究与应用

机器学习是人工智能的一个核心研究领域，是计算机具有智能的根本途径。学习的基本形式是知识获取和技能求精，因而机器学习被认为是计算机利用经验改善系统自身性能的行为。机器学习的过程，也就是一种信息处理的过程，是根据环境输入的信息，通过学习环节来获得新的知识存入知识库，以便改进学习系统的能力和效率。一个简单的学习模型包括四个部分：环境、学习单元、知识库和执行单元(图 3-13)。其中，环境既可以是系统工作的对象，也可以包括工作对象和外界条件，环境所提供的信息的水平与质量对学习系统具有很大影响。学习单元处理环境所提供的信息，相当于各种学习算法。知识库的形式与内容同样影响着学习系统、知识库的形式，即知识的表现形式，一般包括特征向量、谓词演算、产生式规则、过程、关于列表的语言函数(LISP 函数)、数字多项式、语义网络和框架。执行单元行为的改善是学习单元的目的，执行单元的复杂性、反馈和透明度都对学习单元有影响。从环境中获得经验，到学习单元获得结果，这个过程可以分为三种基本的推理策略：归纳、演绎和类比(图 3-14)。不同的策略衍生出不同的机器学习算法类型,按照学习策略表示可以分为机械式学习、指导式学习、演绎学习、类比学习、基于解释的学习、归纳学习;按照应用领域可以分为代数表达式参数、决策树、形式文法、产生式规则、图和网络等多种类型。

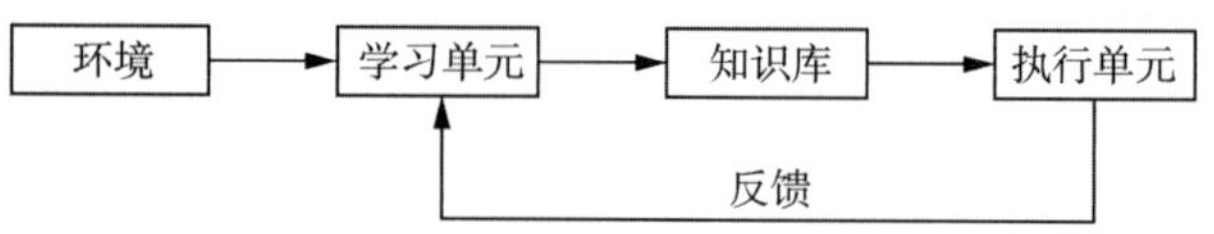

图 3-13　学习系统的基本结构

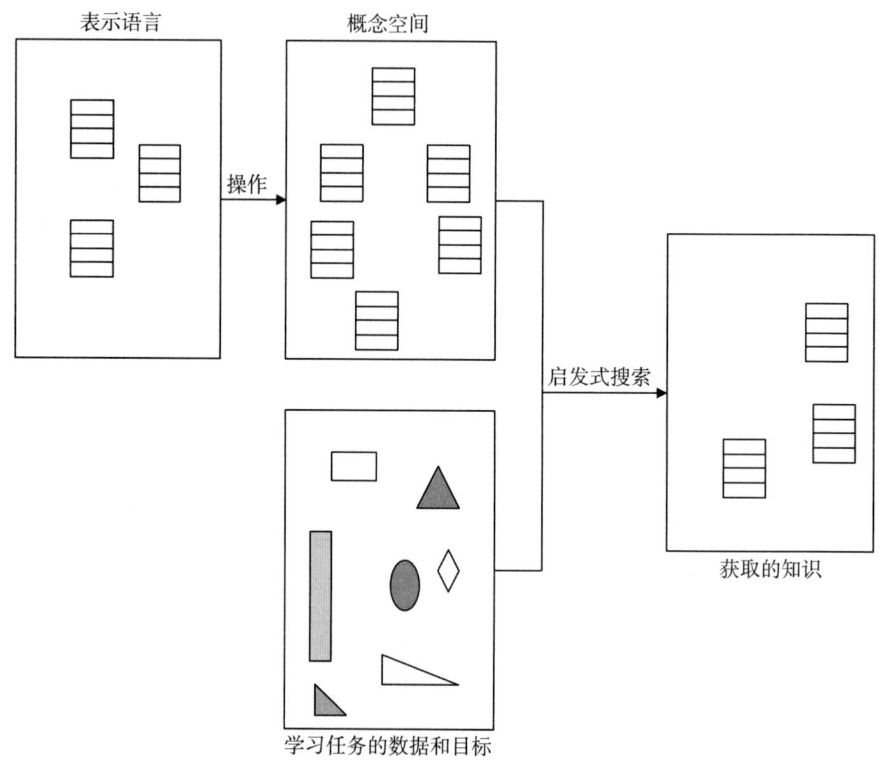

图 3-14　基于符号机器学习的一般框架

3.7.2　深度学习的兴起与初步应用

深度学习是机器学习研究中的一个新的领域,最早由加拿大多伦多大学教授杰弗里·辛顿(Geoffrey Hinton)等人于 2006 年提出。它是一种通过多层表示来对数据之间的复杂关系进行建模的算法。高层的特征和概念取决于底层的特征和概念,这样的分层特征叫作深层,其中大多数模型都基于无监督的学习表示(这是 2012 年 3 月维基百科对深度学习的定义)。其中,高层具有两个重要特征,包含了多层或多阶非线性信息处理的模型，以及连续的更高、更抽象层中的监督或无监督学习特征表示的方法（邓力等，2016）。根据使用目的和方式，深度学习的典型结构包括自动编码器、稀疏编码、受限玻尔兹曼机、生成型深度结构模型——深度置信网络、区分型深度结构模型——卷积神经网络（张自力，2016）。根据处理方法结构和技术不同的应用领域，深度学习可以分为三类：无监督或生成式学习的深度网络、有监督学习的深度网络、混合深度网络（邓力等，2016）。

在麦肯锡最新的研究报告《人工智能是如何给企业带来价值的？》中提出，深度学习获得了最多的技术投资，反映出资本市场对该技术的前景看好（图 3-15）。深度学习已经成功应用于计算机领域的众多应用中，诸如计算机视觉、语音识别、语音搜索、语言与图像的特征编码、语义话语分类、自然语言理解、手写识别等等。微软、谷歌、百度等大型互联网公司在深度学习领域的语音识别、图像识别、自然语言处理等方面取得了惊人成就，使得深度学习的价值与广泛应用前景凸显。值得注意的是，深度学习仍是一项新兴技术，还有大量的探索工作需要开展，未来在金融、医疗、交通、零售、安全等传统行业将发挥巨大的潜能。

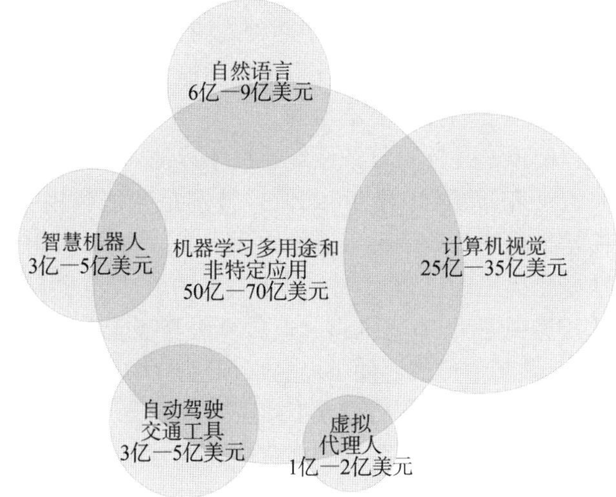

图 3-15　2016 年按技术类别划分的人工智能公司的外部投资

注：估算投资额包括年度风险资本（Venture Capital，VC）投资额、私募股权（Private Equity，PE）投资额以及企业并购（Mergers and Acquisitions，M&A）所获得的投资额。本估算基于公开的投资数据，并且假定所有注册交易在核算年度内完成。

有人工智能专家估计，到 2050 年时，有 50％的领域可能实现强人工智能；到 2075 年时，这一可能性将上升到 90％。目前，尽管谷歌公司开发的阿尔法狗（AlphaGo）这样的人工智能系统还处于弱人工智能水平，但足以轻松战胜人类，由此可以想象未来人工智能将会给人类社会带来更加深刻的变革。对于城市规划领域而言，借助人工智能技术提升规划决策与管理的科学性与智能化具有广阔的前景，对构筑更加美好的人居环境也意义非凡。目前，将人工智能方法引进规划研究中的探索正在进行之中。例如，刘浏主持的“城室”工作室（现苏州城室科技有限公司）尝试利用深度学习的方法来对互联网照片进行分析，从而感知城市的空间意象以及风貌特征，并进行了可操作性的应用。

3.8 多技术集成

3.8.1 多技术集成的应用

集成，是一种从整体系统论引进的舶来品，是以整个系统为有机主体的主要思想及方法。在当前城市化进程高速发展的时期，这是个普及与重视集成的时代，不同学科的目光都集中在集成这个系统有机体上。所谓集成，就是一些孤立的事物或元素通过某种方式改变原有的分散状态并集中在一起产生联系，从而构成一个有机整体的过程。对于复杂的非线性系统或是高维对象而言，前述的种种分析复杂性问题的技术方法或多或少都有自身的局限，单一地使用某一种技术方法往往难以获得理想的处理效果，因而多技术集成就成为解决复杂问题的新的突破口。面向城市规划中的复杂性问题，多技术集成指的是把单一技术看作孤立的原体，在明确一定的城乡规划目标下，将城乡规划过程中两种或两种以上的单项技术方法通过相互之间的合理搭配而获得具有统一整体功能的技术群体的创造方法，达到单个技术解决不了的技术需求目的。

智能集成建模理论是针对复杂系统建模集成的一种尝试，旨在探讨如何将多种建模方法相集成（王雅琳，2001），特别是智能建模方法的集成。智能集成建模是指将两种或两种以上的方法，按一定的方式进行集成后用于实际对象抽象化描述的过程，其中，以上这些方法中至少有一种为人工智能、神经网络、模糊逻辑、专家推理和遗传算法等智能方法。集成的形式复杂多变，存在六种基本形式：并联补集成、加权并集成、串联集成、模型嵌套集成、结构网络化集成、部分方法替代集成。基于以上六种基本集成形式，通过组合和嵌套，可以获得各种智能集成建模方法。

在城市规划及其相关领域，关于技术集成的探索一直在进行之中。例如，系统动力学与元胞自动机的结合（何春阳等，2005；秦贤宏等，2009）、多智能体与遗传算法的结合（袁满等，2014）、多智能体与元胞自动机的结合（黎夏等，2006，2007，2009）、可计算一般均衡（CGE）模型与地理信息系统（Geographic Information System，GIS）的结合（沈体雁，2006）等等，值得注意的是当前的尝试主要以两个技术的集成为主，更加系统有机的技术集成框架还有待深入研究。

3.8.2 多智能体与元胞自动机的集成

当前城市研究领域技术集成应用最为成熟的当数多智能体与元胞自动机的整合，不仅学术研究成果丰富，而且中山大学黎夏等（2007，2009）还开发了技术集成平台——地理模拟优化系统(Geographical Simulation and Optimization System,GeoSOS),推进了多智能体与元胞自动机的深度集成。下面就多智能体与元胞自动机的集成进行简单介绍。

在地理空间研究中空间是必不可少的,如何在多智能体系统中引入空间概念是空间多智能体必须解决的问题。而元胞自动机具有天然的空间自组织性,能与遥感及地理信息系统(GIS)数据无缝衔接,这正是多智能体系统所缺乏的(黎夏等,2007)。将二者结合起来,使其既具有元胞自动机的自组织性又兼顾了多智能体系统不同主体的复杂空间决策行为,为复杂空间系统的模拟提供了新的思路。在集成了元胞自动机与多智能体系统的模型中,多智能体被用于模拟空间决策实体,不同决策者之间的决策行为相互影响,并与所处的环境发生强烈的反馈作用,元胞自动机模型会影响空间变化的过程。

地理信息系统(GIS)自 20 世纪 60 年代以来已经成为空间相关研究最重要的工具,但随着研究的深入其时空分析能力的不足日益凸显。将地理信息系统(GIS)与多智能体与元胞自动机等时空动态分析模型进行有机集成,地理信息系统(GIS)能够为动态分析提供大量的空间信息与优秀的空间数据处理平台,并利用自身强大的可视化功能及时显示和反馈多智能体系统在各种情景下的模拟情形与计算结果。此外,地理信息系统(GIS)还能对模拟结果做进一步的空间分析。三者的结合既提高了地理信息系统(GIS)的时空分析能力,也扩展了多智能体、元胞自动机等动态模拟系统的空间表达能力,为空间研究提供了更为全面的技术工具平台。

三者有效的集成首先源自智能体与元胞自动机中的元胞共同占据相同的规则网格,其中元胞布满整个网格,智能体则由决策实体的特征决定而对应地分布于网格的各处。与此同时,这种规则的网格与地理信息系统(GIS)中的栅格数据统一起来,成为不同系统间数据转化分析的链接点;而地理信息系统(GIS)矢量数据则用于表达智能体与智能体之间、智能体与环境之间的互动关系。自此,地理信息系统(GIS)与多智能体、元胞自动机等有效的集成起来,形成了完整的空间分析平台。

4 多智能体模拟技术的理论基础

4.1 多智能体模拟技术的历史背景

以牛顿力学为标志性成就的近代自然科学的发展、完善及其在生活实践中的成功应用，极大地鼓舞了人类对于自然规律探索和认知的信心，也使得数学、物理等纯粹的自然科学得到了快速的发展，且占据了科学领域的统治地位。同时，受到奥卡姆剃刀（Occam's razor）原理的深刻影响，科学界普遍认为一个好的、有效的理论，其表述形式必然是简单和直观的，其表达的原理必然是容易证伪的。在上述科学发展现实和科学理念的交织影响下，基于复杂观念的理论的发展在很长一段时间内都较为缓慢；同时，我们还可以看到在人文社会科学领域，许多理论的发展都表现出明显借鉴自然科学理论的痕迹。

到20世纪50年代，上述这种思想在以研究地理空间为主要内容的地理科学、城市科学等领域的影响依然根深蒂固。特别是随着数字计算技术的发展，人们普遍认识到使用数字计算模型来描述地理与社会过程的可能性。为了借鉴来自物理学和生物学等自然科学的一些理论，在地理学尤其是人文地理学的理论发展过程中，地理空间的异质性和人群的内在异质性往往有意或无意地被同一化，即将空间、人群等当作同质的整体，从而大大简化了理论模型的表达，并被物理、生物等领域的相关理论借鉴与运用。

毫无疑问，基于这样的理论思想来研究人地关系取得了巨大的进展，包括中心地理论、重力模型、区位理论等。但是，基于人们的普遍认识，在现实生活中，社会群体之间和群体内部的异质性是非常显著的，并且这也是形成各种社会问题的根源之一；同时，正是地理空间的异质性造就了丰富多样的地理现象以及因之而起的人文现象。基于这样一种现实，人们意识到有必要将研究的视角从全体转向个体，从宏观转向微观。特别是20世纪70年代在系统理论领域开始出现的"新三论"（耗散结构论、协同论、突变论）对这一思想的转变起到了推波助澜的作用。与此同时，复杂性理论的发展，则为这样一种从整体到个体、从宏观到微观的研究范式转型提供了强有力的思想支撑。

一旦不再将社会人群当作一个同质的总体，而是将其理解成由一个个具有独立特质的个体的互动所组成的网络系统，那么多智能体模拟技术的核心概念之一——"智能体"也就随之而生。所谓"智能体"，就是社会中各不相同的行为主体或者利益主体，他们之间的相互作用关系构成了一种复杂的网络系统。在宏观层面上来看，这种微观层面上的相互作用可能会产生一种基于涌现的新现象与新特征。同时，这些互动的空间环境，也就构成了多智能体模拟技术中所谓的"环境"，即多智能体活动的物理空间。

可以看到，多智能体模拟技术需要以大量的个体属性特征数据为支撑，需要以高性能的计算机器为平台。从 20 世纪 70 年代的多智能体模拟技术的逐步出现到 90 年代计算机技术得到了飞速的发展，为遥感和地理信息系统技术的发展提供了基本条件，而该领域的发展则为地理空间数据的收集、存储和应用提供了强有力的支撑，这又为多智能体模拟技术中"环境"要素的描述提供了强有力的数据基础。2000 年以后，计算机的计算能力、图形图像的处理能力和数据存储技术的发展进一步加速；与此同时，在 2010 年后，物联网的快速崛起，大数据技术尤其是地理大数据技术的发展和运用，则使得基于社会个体的数据达到了前所未有的丰富程度，这就为我们探索"智能体"的特征提供了新的技术支撑。至此，多智能体模拟技术以一种全新的姿态，与大数据技术、3S 技术[即地理信息系统(GIS)、遥感(Remote Sensing，RS)、全球定位系统(Global Positioning System，GPS)的统称和集成]以及人工智能技术深度融合，迎来了一个新的发展高潮，其应用领域也不断得到扩展，如城市交通模拟分析、气候变化模拟、自然灾难模拟预测、室内人流模拟分析、资本流动网络分析、国际人口迁移模拟、流行病扩散模式与路径模拟及防控机制探索等。

4.2 多智能体模拟模型的一般结构

4.2.1 经典的谢林模型

为了理解多智能体模拟模型的一般结构，我们先来看一个经典的多智能体模拟模型——谢林模型(Schelling's model)。谢林模型由美国经济学家托马斯·谢林(Thomas Schelling)在 1971 年提出，它描述的实际上是城市社会空间分异现象及其形成机制(Schelling，1971)。该模型要回答的基本问题是，在城市空间中为什么不同种族或者不同收入的群体最终会形成相互隔离的空间社区。基于一些基本的观察，谢林模型给出的回答非常简单，即一个人倾向于和自己具有相似种族或相似社会地位、背景等的人居住在一起。我们暂且把和自己种族或社会地位、背景等不相似的人称为"陌生人"，而把和自己具有相似种族或社会地位、背景的人称为"熟人"。只有当一个人周围人群中的"熟人"达到一定的比例时，这个个体才有安全感和舒适感。反之，如果一个人周围人群中的陌生人数量超过了某一比例，那么该个体就会感到不安全和不舒适。城市社会空间分异现象的产生正是受到这样一个简单机制的驱动。

为了说明这个问题，谢林在其 1971 年发表的论文中给出了简单的多智能体模拟模型。为了说明该多智能体模拟模型的基本情况，在这里我们借用威伦斯基等人（Wilensky et al.，2006）在 2006 年使用仿真模拟软件 NetLogo 开发的谢林模型（对原模型略有改动）来进行阐述。

在该模型中，假设城市中的居住空间由整齐排列的 51 行×51 列的嵌块组成，即总共有 2 601 个嵌块可供城市居民居住。在模型中的城市居民按照其种族类型分成两种，即白人和黑人。同时，假设每个嵌块可以居住一个居民。如果某个嵌块由白人居住，则将该嵌块记为灰色；如果某个嵌块由黑人居住，则将该嵌块记为黑色；如果某个嵌块处于空置状态，则将该嵌块记为白色。由于谢林认为城市居住空间分异现象产生的机制在于城市居民作为一个个体能够接受周围不同种族的比例是有限度的，因此在模型中设置了一个控制变量，即与自己具有类似种族的人群占自己周围人群的百分比，该变量表达了城市居民所要求的在其周围需要出现的相似种族的比例阈值，我们将其记为 p。其中，这里所谓的周围的范围，是指与该嵌块相邻的 8 个嵌块。而在模型运行过程中的基本规则实际上类似于一个行为指南的集合，我们将其记为 R，具体内容如下：对于某一个居民来说，当其周围出现的相似种族的比例低于 p 时，那么该居民将继续保持迁移状态，直到其周围出现的相似种族的比例高于 p。

图 4-1 展示了谢林模型的模拟结果（初始设定白人和黑人居民总计 2 000 个）。其中，图 4-1 中的(a)图展示了该模型运行前的初始状态，也就是黑人和白人随机分布在所模拟的城市居民空间中。在模型运行前，我们通过设置不同的 p 值从而制造不同的情景。图 4-1 中的(b)图、(c)图和(d)图分别代表了 p 值取 37.5%、50%和 75%时，城市居民达到稳定后的空间分布情况。从中可以看到，在上述三种情境下，城市居民都出现了明显的空间集聚。与此同时，我们可以看到，在上述三种情境下，随着 p 值的增大，城市居民空间集聚的规模也会随之增大。此外，我们还可以看到，即使是在 p 等于 37.5%的情境下（相当于在 8 个邻居里面，至少有 3 个邻居是和自己同种族的）也是如此。也就是说，即使我们要求身边的熟人只占少数，城市居民依然还是会表现出空间分异的特征。

通过这样一个简单的多智能体模拟模型，谢林一方面论证了自己的理论假设，另一方面也通过这个方法，明确了不同的 p 值将如何影响城市居民居住空间分异的程度。也就是说，我们通过调控 p 值，可以对城市居住的空间分异程度进行改善，这无疑为规划的介入提供了较为科学的决策参考依据。

（a）城市居民随机分布的初始状态

（b）控制阈值等于 37.5%时的最终模拟结果

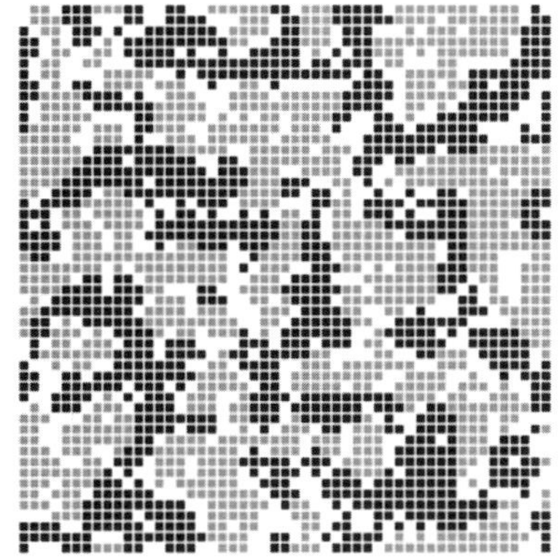

（c）控制阈值等于 50%时的最终模拟结果

（d）控制阈值等于 75%时的最终模拟结果

图 4-1　谢林模型在不同情境下的模拟结果

4.2.2　多智能体模拟模型的基本构成要素

一般来说，一个多智能体模拟模型包括三个基本构成要素：行为主体（agent），条件—行为规则（condition-action rule）与行为环境（environment）（表 4-1）。

根据具体研究问题所涉及尺度的不同，行为主体到底如何界定会有所不同。例如，我们要研究全国高校设置城乡规划专业的院系的相互交流情况，如果我们只关心将不同高校的城乡规划院系作为一个整体的交流情况，那么我们就可以将院系作为一个行为主体；但是，如果我们认为全国高校设置城乡规划专业的院系的交流包括许多个维度，如老师之间的交流、学生之间的交流以及师生之间的交流等，那么我们就需要将行为主体界定为单个的老师和学生。在多智能体模拟技术中，表述这种差异的术语是行为主体粒度（agent-granularity）。通常情况下，每个行为主体都具有各自不同的特征属性，同时其具有主观能动性，在模型中会根据外部环境和条件变动采取因条件而异的行动。这些行动可以指向各种类似于现实生活

表 4-1　多智能体模拟模型中的基本构成要素

<table>
<tr><th>基本要素</th><th colspan="2">意义</th></tr>
<tr><td>行为主体</td><td colspan="2">模型中相互作用并采取具体行动的各类相关个体或群体</td></tr>
<tr><td rowspan="2">行为环境</td><td rowspan="2">模型中的行为主体发生相互作用并采取行动的外部环境</td><td>在模型中，如果该外部环境只包含非物理空间的环境，如社会环境、经济环境等，则叫作空间隐性环境</td></tr>
<tr><td>在模型中，如果该外部环境是包括了具体物理空间的环境，则叫作空间显性环境</td></tr>
<tr><td>行为规则</td><td colspan="2">各类行为主体在行为环境中相互作用并采取行动所遵循的规定和原则</td></tr>
</table>

中的各种行为能力，如记忆能力、学习能力、空间移动能力和信息交换能力等。在上文描述的谢林模型中，行为主体有两个：单个的黑人和单个的白人。

条件—行为规则，通常也称“行为规则”，表示行为主体在模型中采取各种行动时所依据的最根本、最直接的行为规范。具体来说，行为规则包括两项基本要素：规定的条件以及满足该条件后所应该采取的行动。在上文的谢林模型中，限定行为规则的控制变量就是 p，对应的行为规则就是，当行为主体周围出现的相似种族的比例低于 p 时，那么该行为主体将会继续保持迁移。

行为环境，可以理解为所有行为主体相互作用并采取行动所依赖的外部环境条件。需要注意的是，行为主体既可以与其他行为主体发生互动，也可以对其所依赖的外部环境条件发生互动，同时自己还可以采取各种行动。也就是说，行为主体既可能改变自己，也可能改变别人，同时还可能改变环境。一般来说，在多智能体模拟模型中，其行为环境可以分成“空间显性”(spatially explicit)与“空间隐性”(spatially implicit)两种。空间隐性环境，可以指由多个行为主体所形成的网络空间、知识空间或技术空间，以及其发生互动和采取行动的外部社会、经济等宏观背景。在空间隐性模型中，行为主体处于地理空间的什么位置对于行为主体的行动和模型本身来说没有任何影响。相反，空间显性环境是指地理空间(如城市土地、区域的区位等)，模型中所有行为主体的地理空间位置对于其行为来说都具有一定的影响，因此需要充分考虑两者的关联关系，也就是说行为主体的空间位置对于模型来说具有重要意义(Crooks et al.，2012)。就上文的谢林模型来看，其属于空间显性模型，其行为环境也就是城市的居住空间，即 2 601个嵌块所组成的空间。

因此，在进行基于多智能体建模时，首先需要明确模型所涉及的行为主体，然后通过已知的科学规律或通过社会调查、数据分析等来确定这些行为主体的行为规则，最后还需要确定这些行为主体的活动是否和地理空间环境具有密切关系，从而确立其是空间显性模型还是空间隐性模型。

4.3 多智能体模拟模型的一般建模过程

如图4-2所示，多智能体模拟模型的一般建模过程包括四个基本步骤：问题识别、模型设计、模型实现和模型的有效性检验。其中问题识别是其他各步骤的基础，通过问题识别，可以廓清模型的模拟约束边界，明确其中可能涉及的行为主体以及通过模型要回答的主要问题。模型设计主要涉及四大板块，即行为主体设计、行为规则设计、行为环境设计和互动逻辑框架设计。模型实现即选择合适的建模平台将模型设计转变为模拟模型，概括来说包括了输入模块实现、过程模块实现和输出模块实现。模型的有效性检验包括模型调校（model calibration）、模型校核（model verification）与模型验证（model validation）。下面对各个步骤进行详细阐述。

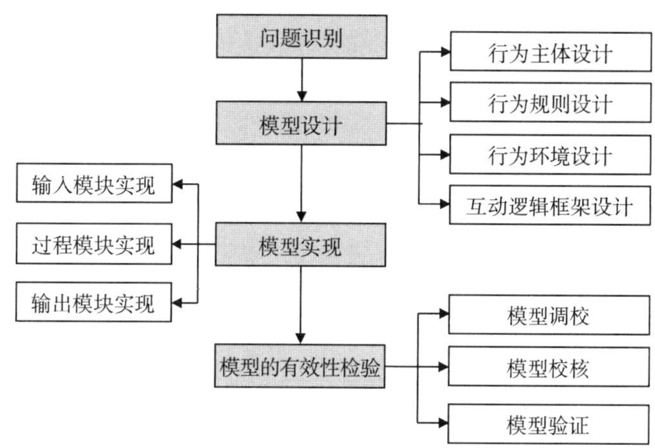

图4-2　多智能体模拟模型建模的一般步骤

4.3.1 问题识别

建立模型是为了使用较为简练的语言来更好地理解现实世界，解决现实问题。因此，和其他建立模型的过程类似，建立多智能体模拟模型首先需要明确所针对的具体问题，其次是使用该模型要达到什么样的目的。根据所针对的具体问题的不同，我们可以将其大概分成两类：一类表现为对已有的一些经典理论进行模拟重复和验证。比如说，在城市地理学中有经典的中心地理论模型，为了重复和验证该模型，我们可以建立一个空间显性的多智能体模拟模型，基于不同的规则（如基于市场规则）来研究在均质的地理空间中，市场行为主体到底在哪些地点集聚，其集聚的规模大小分布如何，从而研究并验证该中心地理论。

另一类表现为对现实生活中的具体现象或者过程进行模拟，对模拟结果进行总结分析，并提出新的理论或者结论。比如说，在现实生活中，我们发现最近在城市中出现了文化创意产业，此类产业在城市中的空间区位选择表现出了跟传统产业（经典区位理论讨论的产业门类）不一样的特点，那么我们如何描述这些新的特点、解释这些新的特点并对未来的发展做出一定的预判。在这种情况下，我们就需要先对文化创意产业进行社会调查，研究这些产业的区位行为的基本规则，然后在空间显性模型环境下，对这些产业的区位行为和相互作用进行模拟，通过情景分析来研究不同控制变量对结果的影响，进而总结其形成机制并预判未来发展趋势。

在明确上述问题的基础上，还需要梳理模型中可能用到的理论和采取的假设，从而为后续的模型设计提供基础依据。清晰地识别所需要研究的问题是模型设计的基础，因为只有在问题明确的前提条件下，我们才有可能有的放矢地来研究模型中所涉及的可能主体是哪些，它们可能会发生哪些相互作用，模型是空间显性还是空间隐性，模型的输入端所需要考虑哪些要素，模型输出端所要求的内容和具体表达形式是什么。

4.3.2 模型设计

总体来说，模型设计包括四个方面：行为主体设计、行为规则设计、行为环境设计和互动逻辑框架设计（表 4-2）。

表 4-2 谢林模型的模型设计（不包括互动逻辑框架设计）

设计类型	基本内容
行为主体设计	行为主体为居民，其基本属性包括种族和心情
行为规则设计	设定行为主体的周围范围为 8 个相邻嵌块，以 P_t 表示 t 时间某行为主体周围与自己相似的居民的人数，如果 $P_t < p$ 则该行为主体将在 $t+1$ 时间继续迁移，直到 $P_{t+n} \geqslant p$
行为环境设计	空间显性环境由 51 行×51 列的嵌块组成，构成城市居住空间

就行为主体设计而言，需要明确两个基本内容，即行为主体的种类和各行为主体的属性集。所谓行为主体的种类，也就是需要明确在模型中到底包括哪几种行为主体，如在谢林模型中包括了一种行为主体，即居民。在这里需要注意的是模型中行为主体的种类数量和行为主体的数量的差别。以上文所述的谢林模型为例，其行为主体的种类数量为 1 种，其行为主体的数量为 2 000 个，其中这 2 000 个行为主体根据肤色分成了黑人居民和白人居民。在行为主体的属性集方面，根据属性的不同可以将其分成两种子集，其中一种可以称之为基本属性集，如在谢林模型中，无论是黑人居民还是白人居民，都有一个反映其心情的属性，该属性在某个具体的时间点上的取值和其周围出现的相似种族的比例有关。另一种行为主体属性可以称之为智能水平属性，该属性反映了行为主体类人的基本水平，如

模型是否具有记忆能力、学习能力、移动能力和建立关系的能力等。在上文所述的谢林模型中，两种行为主体都没有这些类似的能力。也就是说，行为主体当前行为所取得的经验和结果对其下一步所采取的行动不构成启示或警示作用。

行为规则设计就是设定行为主体和行为环境在整个模型的运行过程中所要遵循的行动规则。从行为主体的作用对象来看，行为主体的行为规则可以包括三类：第一类是行为主体自己采取行动的规则，如空间移动是所遵循的规则；第二类是某一个行为主体和其他行为主体发生互动时所遵循的规则；第三类是行为主体和行为环境之间互动时所遵循的规则。就行为环境而言，其行为规则包括两类：一类是其对行为主体产生作用所遵循的规则；另一类是自身随时间的演化规则。行为规则往往由两个部分构成：第一部分为条件，第二部分为具体行为。两者形成对应关系，即某个条件对应着某个行为。当行为主体或行为环境的某个属性达到了所设定的条件时，相应的行为主体或行为环境将执行该条件下所设定的行为。例如，在上文所述的谢林模型中，当某个居民（黑人或者白人）周围相似人群的比例小于 p 值时，该居民将保持迁移；当该居民周围相似人群的比例大于或者等于 p 值时，其将定居下来。

在进行行为环境设计时，首先需要明确模型中要使用的环境到底是隐性环境还是显性环境。如果是隐性环境，则关注的重点不是地理空间的设计，而应该是一些抽象空间的设计，如社会网络空间、宏观经济环境或者社会制度等。而如果是显性环境，则需要确定地理空间的大小、空间嵌块粒度等。与此同时，还需要对行为环境的属性进行设计。例如，在空间显性模型中，需要设定每个嵌块所包含的属性。上文所述的谢林模型属于空间显性模型，其每个嵌块代表了一个居住空间，其属性之一就是表征其被占用状态（是否被居民所居住）。

在确定了上述所有设计内容后，还需要将行为主体、行为环境和行为规则之间的逻辑关系进行梳理，建立行为主体之间、行为主体与环境之间的互动逻辑关系框架，从而将模拟的对象或过程形成多层次、多尺度的互动系统。该互动系统是将现实的现象或过程语言转换成基于计算机的多智能体模拟模型代码的基础。此过程被称为模型的互动逻辑框架设计过程。

4.3.3 模型实现

模型实现，就是要将模型设计转化为具体的计算机模拟模型。根据模型各组成部分的功能差异，可以将模型实现分成输入模块的模型实现、过程模块的模型实现和输出模块的模型实现。

在输入模块方面，总体来说需要解决的是两个核心问题：第一个问题是要通过计算机代码来实现模型系统初始状态的控制变量的设置。

例如，需要确认表征系统初始状态的有哪几个变量，这些变量的取值范围是什么，是否允许模型用户对其进行调节等。如图 4-3 所示，"number"变量就是模型的原始条件控制变量，它控制了谢林模型原始状态下有多少黑人居民和白人居民。第二个问题是要通过计算机代码来实现对模型运行过程的控制变量的设置。通常来说，这些控制变量与行为主体行为规则中的条件设置具有密切关系。在谢林模型中的过程控制变量是"%-similar-wanted"（相似种族聚居倾向概率）。输入模块通常也是直接面对用户的模块，其外在表现为模型图形用户界面（Graphical User Interface，GUI）的一部分（图 4-3）。

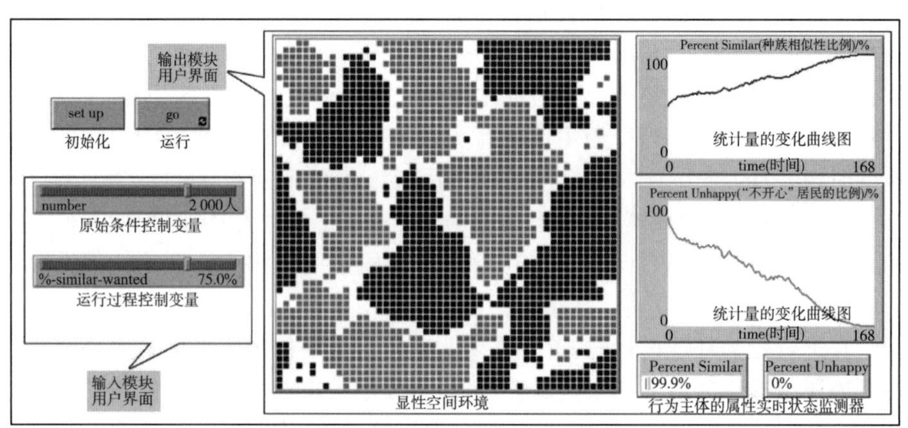

图 4-3　谢林模型的图形用户界面示意图

过程模块一般来说属于模型最内核的部分，从该模块的名称就可以看出，其是对模型中各类行为主体之间、行为主体与行为环境之间相互作用过程的模拟实现。该部分多以代码的形式呈现，不会表现在图形用户界面上，因此一般来说用户不会直接与之发生互动接触。如图 4-4 所示，过程代码由代码段[to go ... end]组成，其调用了三个重要的过程函数，分别为 move-unhappy-turtles（"不开心"居民的迁居）、update-turtles（更新居民设定）和 update-globals（更新全局变量）。可以看到，这三个过程函数非内置默认函数，是建模者根据模型设计写的函数。

虽然这些代码与模型使用者不直接发生互动，但是模型的运行实际上就是这些过程代码的运行，而其运行的结果就会通过输出模块呈现出来。输出模块的作用就是根据需要，将描述模型运行状态和运行结果的相关数据呈现给模型的使用者。如图 4-3 中的右边部分均为输出模块的用户界面。其中处于中间的由黑、白、灰嵌块构成的正方形空间表述了模型运行后居住空间分异的情况；右边的两个曲线图记录了模型运行过程中的每一个时间点满足了居民所要求的 P 值的居民人数的百分比以及全体居民中不开心的居民人数的百分比。右下角的行为主体的属性实时状态监测器则是向模型使用者实时报告有关模型的某些统计量的即时取值。

```
to go
  if all? turtles [ happy? ] [ stop ]
  move-unhappy-turtles
  update-turtles
  update-globals
  tick
end

to move-unhappy-turtles
  ask turtles with [ not happy? ]
    [ find-new-spot ]
end

to find-new-spot
  rt random-float 360
  fd random-float 10
  if any? other turtles-here
    [ find-new-spot ]
  setxy pxcor pycor
end

to update-turtles
  ask turtles [
    set similar-nearby count (turtles-on neighbors)
      with [color = [color] of myself]

    set total-nearby count (turtles-on neighbors)

    set happy? similar-nearby >= ( %-similar-wanted * total-nearby / 100 )
  ]
end

to update-globals
  let similar-neighbors sum [similar-nearby] of turtles
  let total-neighbors sum [total-nearby] of turtles
  set percent-similar (similar-neighbors / total-neighbors) * 100
  set percent-unhappy (count turtles with [not happy?]) / (count turtles) * 100
end
```

图 4-4　谢林模型的过程代码示意图

4.3.4　模型的有效性检验

多智能体模拟模型在研究复杂社会、经济等问题时所呈现出来的优势使其很快得到了广泛的发展和应用。与此同时，计算机计算能力和存储能力的快速发展，也为大规模、多尺度的综合性多智能体模拟模型的发展提供了支撑。随着多智能体建模技术的不断发展和广泛应用，针对不同的应用场景，不同的学者和机构不断推出各自建立的多智能体模型。伴随这一发展趋势的一个核心问题是，我们如何确保这些模型的准确性和有效性(Louie et al.，2008)。也就是说，在不能确认多智能体模拟模型的准确性和有效性之前，我们不可将其应用于具体的问题分析，也不可将其用于支持具体的政治决策。

为了解决这个问题，学者们提出了模型检验的概念。从总体上看，模型的有效性检验包括三个基本内容：模型调校、模型校核和模型验证。

模型调校通常是根据研究的实际情况来确定模型中各行为主体相互作用时所涉及的运算函数的参数取值问题，例如，如果我们在多智能体模拟模型中使用了经典的城市引力模型 $I_{ij}=\frac{(W_i P_i)(W_j P_j)}{(D_{ij})^b}$ 来描述城市间的相互作用关系，那么我们就需要分别确定城市 i 的人口规模 P_i 的权重 W_i 和城市 j 的人口规模 P_j 的权重 W_j，同时，我们还需要通过模型调校来确定表述空间距离摩擦作用的指数 b 的取值，另外，D_{ij} 表示城市 i 与 j 之间的空间距离。这样的一个过程被称为模型调校的过程。

通常也有学者将模型调校作为一个相对独立的过程，而将模型校核和模型验证统称为模型的有效性检验。到今天为止，尚未形成一种能够被广泛应用和认可的模型有效性检验的范式或标准，并且模型有效性检验所指的具体内涵在目前依然处于争论不休的状态。根据劳（Law，2006）的看法，“模型校核”是指要验证从真实世界抽象得出的概念模型和假设条件（assumption document）是否正确无误地被编译成计算机程序（computer program）。而“模型验证”则是指建立的多智能体模拟模型是否根据研究问题的需要准确地反映和代表了真实世界的真实系统。

在进行模型的有效性检验过程中，部分学者倾向于将“模型校核”和“模型验证”两个概念分开使用，避免因其合并而带来的概念混乱（Crooks et al.，2008）。但是，也有学者认为两者都属于模型的有效性检验，根据所验证内容的不同，可以将其分成“内部有效性检验”（internal validation）和“外部有效性检验”（external validation）。在这一总体框架下，“内部有效性检验”大概相当于上文所述的“模型校核”，而“外部有效性检验”则相当于上文所述的“模型验证”（Ngo et al.，2012；Amblard et al.，2007）（图 4-5）。

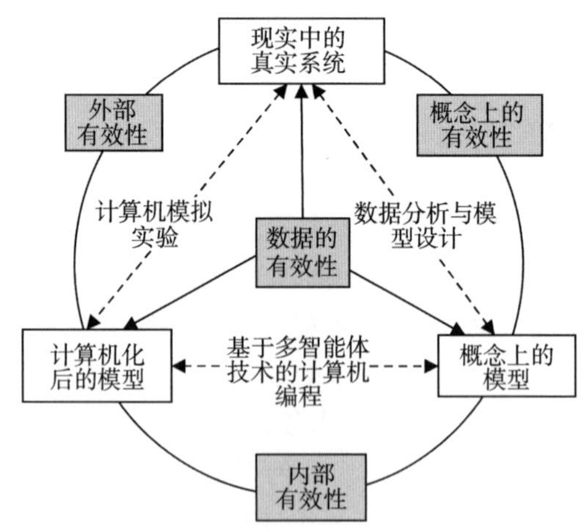

图 4-5　模型有效性检验的要素构成关系

总体来说，“内部有效性检验”着眼于模型自身的代码语言、逻辑、模块之间关系的检查校核。该部分的检验工作实际上贯穿于建模（从模型设计到模型有效性检验）的全过程，而不是等到编程结束后才开始

(Balci,1998)。例如,在开始将概念模型转换成计算机化模型的过程中(编程的过程),就可以采取“分治算法”(divide-and-conquer approach)、“对各程序模块进行动态可视化”(visualise the program by animation)和“逐步观察和对比运行结果”(advance the simulation clock event by event)等方法避免模型有效性受损(Chung,2004)。“外部有效性检验”则以翔实的现实调查数据和资料为依据,研究经过参数调校和内部有效性检验后的模型的模拟结果是否能够在规定的误差范围内与真实世界的观察数据保持一致。

4.4 描述多智能体模拟模型的协议框架

多智能体模拟技术的快速发展和推广,使得在建模者、模型使用者以及来自不同领域的学者之间开展有关模型的讨论和交流变得十分必要。但是,由于多智能体模拟模型往往处理的是复杂系统或复杂现象,不同模型中所涉及的行为主体可能极为不同,既有可能是细菌,也有可能是人类;在讨论的问题尺度上也可能差距巨大,既有可能是分子级别上的分子运动问题,也有可能是城市尺度上的城市间相互作用问题。而即使处理的是同一尺度上相类似的问题,如城市中的人群流动问题,由于不同的建模者所关心的内容有所差异,其针对流动人群所设置的属性集也可能千差万别。与此同时,对于空间显性模型来说,根据不同的研究尺度要求,其行为环境的粒度也可能相距甚远。此外,对于模型动态过程的描述,类似于讲一个故事,有无数种叙述方式,由此造成的结果要么显得冗长不堪,要么晦涩难懂。此外,多智能体模拟模型具有复杂系统的特点,其中的动态模拟过程往往包含了大量的随机过程,这种随机过程使得模型的结果往往很难按照自然科学的要求可以完全重复试验,这一方面增大了模型交流的困难程度,另一方面又削弱了模型的科学可信度。

所有这些问题的存在,使得建模者对模型的描述往往属于一种基于个体喜好的临时行为,无基本范式和标准可依。基于这样的一些现实,有学者通过研究分析来自不同领域的多智能体模拟模型,提出有必要建立一种通用的描述多智能体模拟模型的框架,从而有助于增强多智能体模拟技术的科学性和可信度。目前,在多智能体模拟领域,尚未形成统一的多智能体模拟模型的交流标准框架。但是,当前较为常用且得到一定程度认可的一个协议框架是 ODD 协议框架(Grimm et al.,2006;Railsback,2001)。所谓 ODD,即概览(overview)、设计概念(design concepts)和细节(details)的简称。建模者在向其他群体描述和解释模型时,需要按照上述三项内容来描述多智能体模拟模型。该协议框架包括了七个基本要素,表 4-3 对此进行了简要叙述。

表 4-3 ODD 协议框架及其七个基本要素

ODD	ODD 要素	需要明确回答的问题
概览(overview)	目的	模型要实现的目的是什么
	行为主体、状态变量和尺度	模型中包括哪些构成实体？这些实体由什么变量或属性来描述？模型的时间、空间分辨率是什么，广度是什么
	过程概览及时间设定	在模型中各个实体要做什么事，其顺序如何？各个实体的状态变量值什么时候会更新？在模型中，时间是如何模拟的？是离散型的时间，还是连续性的时间，还是两者的结合
设计概念(design concepts)	10 个设计概念	在建模过程中，这 10 个设计概念是如何考虑的
细节(details)	初始化	模型的初始状态是什么？比如说，时间 $t=0$ 时模型的状态是什么
	输入数据	模型的运行需要输入哪些数据？比如说使用了哪些外部的文件，或者说是使用了哪些其他人开发的程序模块
	子模型	在概览中所列的各个子模型具体代表了什么过程？各个子模型所涉及的参数、维度和参考值是什么？各个子模型是如何设计和选择的，是如何进行检验的，是如何参数化的

首先，在进行模型描述时，需要给出有关模型的概览。所谓概览，也就是首先需要对模型做概括性叙述，这类似于一般学术论文的摘要。通过这些信息，读者就可以了解模型的基本信息，进而决定是否需要进一步来了解模型。具体来说，就是要明确模型的目的，模型中所涉及的各类实体，这些实体的基本属性以及模型的尺度。除此以外，还需要交代清楚各个实体要素之间是如何相互作用的，其状态将会发生什么变化，以及每一步所代表的时间跨度等。

其次，需要详细阐述模型中的“设计概念”。所谓设计概念，即关系模型具体设计细节的一组设计要素。根据该 ODD 协议框架，此环节需要对 10 个“设计概念”进行详细的叙述。

最后，如果模型使用者需要更深入地了解模型，则可以关注模型的细节。所谓细节，包括了三个方面的内容：模型的初始化、模型的输入数据和模型保护的子模型的情况。所谓初始化，也就是表述了模型初始时刻(如时间 $t=0$)的状态。输入数据则反映了模型中需要模型使用者输入的数据以及其他可能的外界模块等的具体情况。子模型则是要交代清楚模型中表述不同情形的行为过程所对应的子模型是什么，这些模型的参数、所涉及的维度以及规则中使用的条件限定阈值是什么等。

关于 10 个“设计概念”，表 4-4 对其进行了概括总结。特别需要指出的是，在模型中一定要分清楚哪些输出结果属于涌现现象，哪些输出结果属于建模者的预设而必定产生的结果。在实际操作过程中，两者往往容易混淆。比如说，现在要研究一个城市的人口结构变动。如果在模型初始就设定外来人口的性别比例为 1∶1，那么在其他条件不变的情况下，模型最终的外来人口中的男女性别比例也将大约是 1∶1。这种输出的情况我们认为其属于建模者前置设定而产生的现象。但是，如果这些外来人口迁入城市后，其由于受到就业机会、收入期待等方面的影响（比如某城市在一段时间内是以纺织业为主，一段时间后城市产业升级，由纺织业转变为汽车零部件产业，这种转变将影响不同性别人口的就业，从而影响其迁移），在经过多轮适应性互动后，该城市外来人口的比例可能就不是 1∶1 这个相对固定的值，而是会随着其他方面要素的变动而变动。这种情况，我们称之为涌现现象带来的结果。

另外，还需要对涉及行为主体智能水平的三个关键设计概念做出详细叙述。这三个设计概念是学习、预测和感知。其中的学习是指要交代清楚行为主体是否具有学习能力，是否能够根据过去的自身经验来改变自己的行动策略。预测是指需要明确行为主体是否具有根据自身的行为选择来预测其可能带来的各种后果的能力，以及具体是如何实现的。感知是指需要明确阐述行为主体对全系统所涉及的各种信息是否全部知晓，为什么会这样以及知晓的条件和途径是什么。对这些设计概念的清晰阐述，将有助于其他模型用户快速了解模型中行为主体的智能化水平。

需要说明的是，并不是所有的多智能体模拟模型都会包含这 10 个设计概念，因此对于一些不包含的设计概念可以不用具体论述，其他模型使用者将默认模型中不具备这些概念内容。但是，有四个设计概念是绝大多数的多智能体模拟模型所必须具有的，它们分别是涌现、互动、随机性和结果观测。其中涌现是复杂系统的一个基本特征，也是使用多智能体模拟技术来描述这种现象的一大优势；互动是涌现的基础，是复杂系统各个子系统自适应的过程；随机性反映的是多智能体模拟模型中所涉及的不确定性过程的情况；结果观测是模拟结果的表现内容和形式，是模型检验的模拟数据基础。

表 4-4　ODD 协议框架下的 10 个设计概念及其基本内容

设计概念	基本内容
涌现(emergence)	由行为主体的自适应行为而发生的涌现现象的主要输出结果有哪些？另外还有哪些输出结果是受到建模者的前置设定而非涌现现象产生的
适应(adaption)	作为对自身特征和周围环境的一种响应，行为主体改变行为所依据的规则是什么？这种适应性特征是否是为了增加达成某些目标或者获得某种成功的概率

续表 4-4

设计概念	基本内容
目标(objectives)	如果行为主体的适应行为是为了达到某些目标,那么这些目标具体是什么,使用了什么指数来对其进行测度?比如使用了经济学中的“效用”指数
学习(learning)	行为主体在模型运行过程中是否具有学习的能力,即是否会根据自己的经验来改变自己的行为规则?如果会,那这种改变是如何实现的
预测(prediction)	行为主体是否对自己的决策和行动可能带来的后果有预测能力?表述这种预测能力的模型是什么?模型中设定的假设或“策略集”是什么
感知(sensing)	行为主体在模型中能够感知哪些信息(包括自己的属性、环境属性以及其他行为主体的属性等)?这些信息在适应性决策时是如何使用的?它们获得信息的方式是否进行了模拟和限定,还是说认定它们无条件地知道某些信息
互动(interaction)	在模型中,行为主体之间是如何进行(直接或间接的)互动的?行为主体和行为环境之间是如何互动的
随机性(stochasticity)	在模型中,哪些过程是被设定为随机过程的?为什么要如此设置
集体性(collectives)	由某些行为主体组成的集体(比如说学校、家庭)是否会影响到个体(比如说学生、孩子)的行为或者被个体的行为所影响?这种集体是系统涌现的结果还是预设的结果
结果观测(observation)	我们将从模型中观察哪些模式特征和数据以便于我们来理解、验证和分析模型?这些模式特征和数据是如何收集的

4.5 多智能体模拟模型的开发平台

多智能体模拟技术的发展既依赖于计算机数据处理能力的发展,也依赖于计算机编程语言的发展。多智能体模拟模型的建立,必须依靠计算机及计算机编程语言才能实现。从多智能体模拟模型的逻辑架构来看,一般的多智能体模拟模型开发平台都采用了面向对象编程(object-oriented programming,OOP)的语言结构。编写代码具有一定的专业性,对没有经过相关编程训练的群体来说,要很快学会一种多智能体模拟建模语言还是具有一定难度的。但是,对于并不熟悉计算机编程业务而在人文社会科学研究中又经常需要用到此类方法的专家学者来说,选择一种合适的多智能体模拟模型开发平台/软件就显得非常重要。

根据所研究的具体问题以及建模者本身的建模经验、时间、经费条件等的不同，选择何种建模平台/软件也不尽相同。一般来说，建模平台/软件的选择需要考虑如下问题：模型的复杂程度、编程软件所采用的语言、模型所涉及的行为主体的数量、行为主体之间的互动强度、模型中空间要素的重要性及其管理、可能获得的技术支持等。常用的适合建立空间显性的多智能体模拟模型的软件有七个，分别是 Swarm，MASON，Repast，StarLogo，NetLogo，AgentSheets 和 AnyLogic（Crooks et al.，2012）。

对这七种不同的多智能体建模软件的特点，表 4-5 进行了比较。由于规划领域的主要研究和分析对象为空间，因此软件是否能够提供与地理信息系统（GIS）进行对接的工具就成为我们选择的一个关键因素。从表中可以看到，具有对接地理信息系统（GIS）内置模块的软件包括 MASON，Repast 和 NetLogo。需要指出的是，在 AnyLogic 环境下，通过建模者的自主开发亦可以实现与地理信息系统（GIS）平台的对接，但对于编程所涉及的相关知识掌握不足的编程者而言，其使用的友好性会受到很大影响。

NetLogo 是一款非商业软件，不要求建模者具有很高的编程经验和编程能力，并且在科学研究中被广泛应用。同时，NetLogo 的开发机构美国的西北大学（Northwestern University）对 NetLogo 保持持续更新，提供强大的技术支持，长期发布丰富且非常专业的相关文献、资料供使用者学习（Grimm et al.，2012）。虽然 NetLogo 在模型的运行速度上不够理想，且对于包含巨量行为主体的大模型的支撑能力有限，也不支持分布式计算处理，但是，和其他软件平台相比，NetLogo 建模平台除了上文所列的优点外，还包括如下三个突出优点：

第一，NetLogo 开发了能够导入并处理地理信息系统（GIS）数据（shape 格式文件）的扩展模块，这就使得建模者能够非常容易将现实的城市和区域空间环境与多智能体模拟模型进行结合，从而建立基于实际地理空间的空间显性模型。

第二，NetLogo 既包含了一系列处理表格、行列式等数学计算问题的内置函数，又整合了图表、表格以及监视器等输出工具，并提供了部分统计功能。这些都方便建模者根据需要来定制和输出预期的统计图形和统计表格。

第三，NetLogo 提供了大量的模型数据库，既包括具有启蒙教育功能的相对简单的模型，又包括一些已经公开发表在同行评议杂志上的相对复杂的模型成果。模型使用者可以对这些模型的代码进行认真研习，从其中学习到许多基于 NetLogo 平台的建模技巧。

表 4-5　七种不同多智能体建模软件的基本特征比较

类别	Swarm	MASON	Repast	StarLogo	NetLogo	AgentSheets	AnyLogic
软件授权许可	通用公共许可	通用公共许可	通用公共许可	免费	免费	免费	私有版权
模型归档	比较一般	正在改善，但是比较有限	比较有限	较好	好	较好	好
用户基础	正在缩减	正在增加	大	较小	大	中间水平	大
建模语言	面向对象的 C 语言、Java 语言	Java 语言	Java 语言、Python 语言	专有脚本	NetLogo 语言（类 Java 语言）	专有脚本	专有脚本
运行速度	中间水平	最快	快	中间水平	中间水平	中间水平	中间水平
图形用户界面开发支持能力	很有限	好	好	一般	非常容易实现	一般	一般
内置电影和动画制作能力	没有	有	有	有	有	有	有
是否支持系统化的实验	只有部分支持	是	是	部分支持	是	是	是
学习和编程容易程度	比较难	中间难度	中间难度	易学	易学	零基础要求	中间难度
安装容易程度	差	中间难度	中间难度	不用安装，在网页浏览器上操作	容易	容易	容易
有无对接地理信息系统(GIS)的内置模块	无	有	有	无	有	无	无

注：通用公共许可，英文为 General Public License(GPL)，是指力图保障用户分享和修改某程序全部版本的权利——确保自由软件对于其用户来说是自由的，具体请参见 GNU 操作系统与自由软件运动网站。

5 NetLogo 多智能体模拟建模平台

5.1 NetLogo 简介

NetLogo 是一款开源的免费软件。软件的官方网站(美国西北大学网络学习和计算机建模中心网站)对其的定义是:"NetLogo 是模拟自然现象和社会现象的一个可编程的建模环境。"具体来讲,NetLogo 适用于随着时间的推移演变的复杂系统建模。研究人员可以利用成百上千地独立运行的"智能体"发出指令,使得探究微观层面的个体行为与宏观模式之间的联系成为可能。下面将详细介绍多智能体建模平台 NetLogo 的发展过程、操作界面与编程语言。

NetLogo 的主要功能有以下七个方面:

1) 建模

NetLogo 模型的基本假设是将空间划分为网格,每个网格是一个静态的智能体(agent),多个移动智能体(agent)分布在二维空间中,每个智能体(agent)自主行动,所有主体并行异步更新,整个系统随着时间的推进而动态变化。主体的行为用编程语言定制,NetLogo 中的编程语言是一种 Logo 语言,支持主体操作和并发运行。

2) 仿真运行控制

NetLogo 可以采用命令行方式或通过可视化控件进行仿真控制。在命令行窗口可以直接输入命令,另外提供了可视化控件来实现仿真控制,进行仿真初始化、启动、停止、调整仿真运行速度等。除此之外,还提供了一组控件,如开关、滑动条、选择器等,用来修改模型中的全局变量,实现仿真参数的修改。

3) 仿真输出

NetLogo 提供了多种手段实现仿真运行监视和结果输出。在主界面中有一个视图(view)区域显示整个空间上所有智能体(agent)的动态变化,可以进行二维/三维(2D/3D)显示,在三维(3D)视图中可以进行平移、旋转、缩放等操作。另外可以对模型中的任何变量、表达式进行监视,可以实现曲线/直方图等图形输出,或将变量写入数据文件。

4）实验管理

NetLogo 提供了一个实验管理工具“行为空间”（behavior space），通过设定仿真参数的变化范围、步长、输出数据等，实现对参数空间的抽样或穷举，自动管理仿真运行，并记录结果。

5）系统动力学仿真

系统动力学是一类应用广泛的社会经济系统仿真方法，但与多智能体仿真有不同的建模思想。NetLogo 可以直接进行系统动力学建模仿真。

6）参与式仿真

NetLogo 提供了一个分布式仿真工具 HubNet，实现模型服务器和客户端之间的通信。多个参与者可以通过计算机或计算器分别控制仿真系统的一部分，实现参与式仿真（participatory simulation）。

7）模型库

NetLogo 收集了许多复杂系统的经典模型，涵盖数学、物理、化学、生物、计算机、经济、社会等许多领域。这些模型可以直接运行，例子中的文档对模型进行了解释，为可能的扩展提供了建议。研究人员可以通过阅读经典实例的程序代码来学习建模技术，或在研究相关问题时以此为基础进行扩展或修改，大大减少了技术难度和工作量。

5.1.1 NetLogo 的发展历程

NetLogo 是由乌里·威伦斯基（Uri Wilensky）在 1999 年发起，由美国西北大学网络学习和计算机建模中心负责持续开发，目的是为科学研究和教育提供易用且强大（称为“low threshold, no ceiling”）的计算机辅助工具。NetLogo 是一系列源自 StarLogo 的多智能体建模语言的下一代，在基于 StarLogoT 产品的基础上增加了许多显著的特征，并重新设计了编程语言与用户界面。

作为一个免费的下载、开放源码软件，截至 2020 年 8 月 18 日，NetLogo 版本共经历了 6 代，更新了 20 余次。目前，新版的 NetLogo 版本为 6.1.1 版本，发布于 2019 年 9 月 26 日（下载地址为美国西北大学网络学习和计算机建模中心网站）。从 3.0 版本开始，每一代版本的更新都较之前版本有一定有幅度的性能提升，且都会增加新的扩展并扩大模型库。在 6.1.1 版本中，优化了运行速度，修改了 Python 和 R 等扩展模块结构，优化了文档存储结构，增加了部分示例模型，同时修复了上一版本的部分软件错误。

5.1.2 NetLogo 的编程语言

编程语言，是用来定义计算机程序的形式语言，是人与计算机之间传递信息的媒介。一种计算机语言让程序员能够准确地定义计算机所需要使用的数据，并精确地定义在不同情况下所应当采取的行动。电脑所做的每一次动作、每一个步骤，都是按照已经用计算机语言编好的程序来执行的，程序是计算机要执行的指令的集合，而程序全部都是用我们所掌握的语言来编写的。所以人们要控制计算机一定要通过计算机语言向计算机发出命令。计算机程序设计语言的发展，经历了从机器语言、汇编语言到高级语言的历程。目前通用的编程语言有两种形式：汇编语言和高级语言。每一门计算机程序设计语言都是有针对性的，同时也具有其局限性，需要根据工作目标进行适当选取。主要的编程语言如表 5-1 所示。

表 5-1　主要编程语言一览表

语言名称	简介
C	简洁紧凑、运算符丰富、数据结构丰富的结构式语言
C++	面向对象的程序设计语言
Java	一个支持网络计算的面向对象的程序设计语言
BASIC	直译式的编程语言，一种设计给初学者使用的程序设计语言
C#	微软公司发布的一种面向对象的高级程序设计语言
Python	一种面向对象的解释性的计算机程序设计语言
Ruby	面向对象的简便快捷的编程语言

NetLogo 起源于最初的 Logo 语言。Logo 语言是 LISP 语言家族成员，是在 20 世纪 60 年代末由以数学家、计算机科学家和教育家西摩・佩珀特(Seymour Papert)为首的一个科学家团体发明。Logo 语言包含大量的图形功能，初衷在于为学校的孩子设计一个可用的编程工具。在 Logo 语言衍生的众多软件中，NetLogo 是使用最广泛的一个。Logo 语言家族包括米切尔・雷斯尼克(Mitchel Resnick)的 StarLogo，雷斯尼克基于 Logo 语言置入了多智能体与嵌块。这些功能都被目前的 NetLogo 继承下来。同时 NetLogo 还增加了一些广义的“智能体”(如嵌块和链接)，作为一组自然分组的主体，也称之为主体集合。NetLogo 是用 Java 和 Scala 语言编写的，内置了 Java 安装程序。

如前所述，Java 是一种面向对象的编程语言。面向对象程序设计方法的基本思想是使用对象、类、继承、封装、多态等基本概念来进行程序设计。面向对象的开发过程其实就是不断地创建对象、使用对象、指挥对象做事情。设计的过程其实就是在管理和维护对象之间的关系。因而，NetLogo 也是一款面向对象建模的软件。

5.1.3　NetLogo 的基本构架

上文已经提到，在进行多智能体模拟模型设计的时候，涉及三个非常核心内容的设计，分别是行为主体、行为规则和行为环境(表 5-2)。在

NetLogo 中，默认的行为主体为“海龟”（turtle），它代表一个行为主体类型（agent class）。当然，如果在模型中有不止一种的行为主体类型，那么所有的行为主体类型的总集合也都属于“海龟”。在行为规则方面，则需要根据实际需要，通过利用 NetLogo 中的内置函数，如“移动”（move-to）、“孵化”（hatch）和“跳跃”（jump）等函数的组合来实现。在行为环境方面，如果是空间隐性模型，则建模者可以根据需要进行定义。如果是空间显性模型，则可以利用 NetLogo 中的“世界”（world）来表示具体的地理空间，如城市、国家等。在 NetLogo 中，“世界”是一个二维空间，由许多嵌块（patch）阵列组成。

表 5-2　NetLogo 中多智能体模拟建模的相关概念

<table>
<tr><th colspan="2">基于多智能体建模
（Agent-Based Modeling，ABM）的一般概念</th><th>在 NetLogo 中的相应概念</th></tr>
<tr><td colspan="2">行为主体</td><td>“海龟”（turtle）</td></tr>
<tr><td colspan="2">行为规则</td><td>根据实际需要，使用 NetLogo 中的内置函数来实现</td></tr>
<tr><td rowspan="2">行为环境</td><td>空间隐性</td><td>建模者根据需要自己设置</td></tr>
<tr><td>空间显性</td><td>由许多“嵌块”（patch）组成的“世界”（world），可以用来表达城市空间等</td></tr>
</table>

在 NetLogo 中，除了海龟、嵌块外，还有两个重要的概念：链接（link）和观察者（observer）。当模型系统中的实体之间存在相互联系的时候，则可以用链接来表示这种关系的方向、大小、强度以及链接的两端所连接的实体等。观察者类似于“上帝”，是俯视所有事情的一个全局主体，能够执行指令获取世界中的部分或整体的状态信息，甚至控制世界。所有的主体都能够接受指令并做出响应，不同行为主体的行为是并行发生的。

图 5-1 对上述几个主要要素的关系进行了简要描述。每个嵌块是一块固定的正方形“地面”（ground），这些嵌块的拓扑组合形成了二维的世界。海龟是可以在这个世界里自由移动的主体，需要在建立模型时进行创建。链接依托于海龟而存在，用于连接不同的海龟主体，它可以是有向的，也可以是无向的。

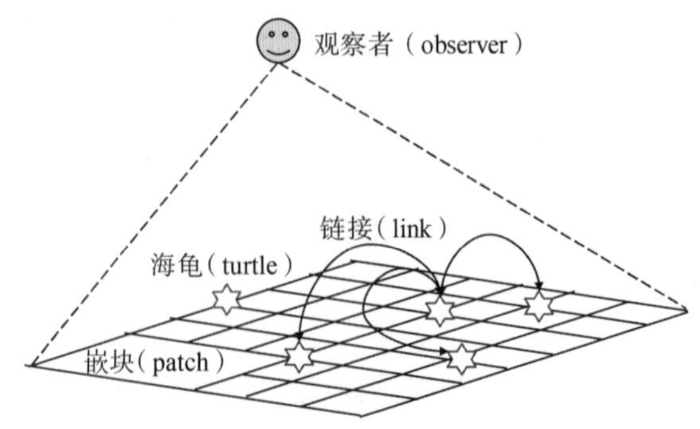

图 5-1　NetLogo 中几个主要要素的关系

作为行为主体的海龟，其空间位置主要通过二维坐标来得到表达，而这些坐标的建立是以“嵌块”组成的世界平面为基础来进行描述的。每一个嵌块都有一个对应的坐标(pxcor，pycor)，均为整数值，表示的是与处于原点(0，0)的嵌块的单位距离(嵌块的个数)，因此世界就类似于一个平面坐标系。处于原点坐标(0，0)处的嵌块被称为原点(origin)嵌块。在默认情况下，NetLogo 二维世界的水平、垂直坐标范围为(−16，16)。因此，默认情况下的世界由 1 089(33×33)个整齐排列的嵌块组成。对于可以自由移动的海龟而言，NetLogo 中的空间是连续的，因此海龟的坐标(xcor，ycor)不必是整数。链接本身没有坐标，它依赖于海龟存在，链接的端头连接着一个海龟，一旦海龟死亡，连接它的链接也会消失掉。

在空间坐标的基础上，世界的拓扑结构决定了行为主体(即海龟的集合，统称为 turtles)活动的边界。NetLogo 世界有四种拓扑类型：环面(torus)、盒子(box)、垂直回绕(vertical cylinder)和水平回绕(horizontal cylinder)(表 5-3)。环面在两个方向都回绕，即世界的上下边界连在一起，左右边界连在一起。因此如果海龟移出右边界就会出现在左边界，与上边界和下边界的关系也是如此。盒子类型表示在两个方向都不回绕，世界是有界的，因此海龟没法移出边界。需要注意的是，在边界上的嵌块少于 8 个邻居：在四角上的只有 3 个邻居，其他的则有 5 个邻居。水平或垂直回绕只在一个方向回绕，而另一个方向不回绕。水平柱面是垂直回绕，即上下边界相连，而左右不连。垂直柱面与此相反，是水平回绕，即左右边界相连，但上下边界不连。在 NetLogo 中，可以右键点击世界，在弹出的窗口中打开或关闭横轴(X 轴)、纵轴(Y 轴)轴方向的回绕设定拓扑。在默认情况下，嵌块组成的世界是一个环面。

表 5-3　世界的四种拓扑类型及其特点

拓扑类型	特点
环面	上边界与下边界相连接，左边界与右边界相连接。因此，行为主体可以越过四个边界。例如，越过上边界后直接从下边界的相对应位置进入下边界
盒子	四个边界为封闭状态，行为主体无法越过任何边界
垂直回绕	上边界和下边界相连接，左边界与右边界分别封闭。行为主体可以越过上下边界，不可以越过左右边界
水平回绕	左边界和右边界相连接，上边界与下边界分别封闭。行为主体可以越过左右边界，不可以越过上下边界

以上就是 NetLogo 的基本构成框架，所有的模拟仿真模型都是基于这样的一个逻辑架构。仿真过程是通过不断重复执行某个程序模块(程序模块是指被定义为一个单一的新命令的一系列 NetLogo 命令的集合)实现的。在通常情况下，模型都由两个程序模块构成：模型初始化模块与互动过程模块。模拟模型的运行需要先执行初始化模块后再执行互动过程模块。

5.2 NetLogo 的用户界面

在 Windows 系统中，安装好 NetLogo 应用程序后可以双击使其运行。程序运行成功后会出现如图 5-2 所示的用户主界面。其中方框 1 内包含的是菜单栏，包括“文件”“编辑”“工具”“缩放”“标签页”“帮助”六个菜单选项，每个菜单选项下面又包括若干个子菜单。

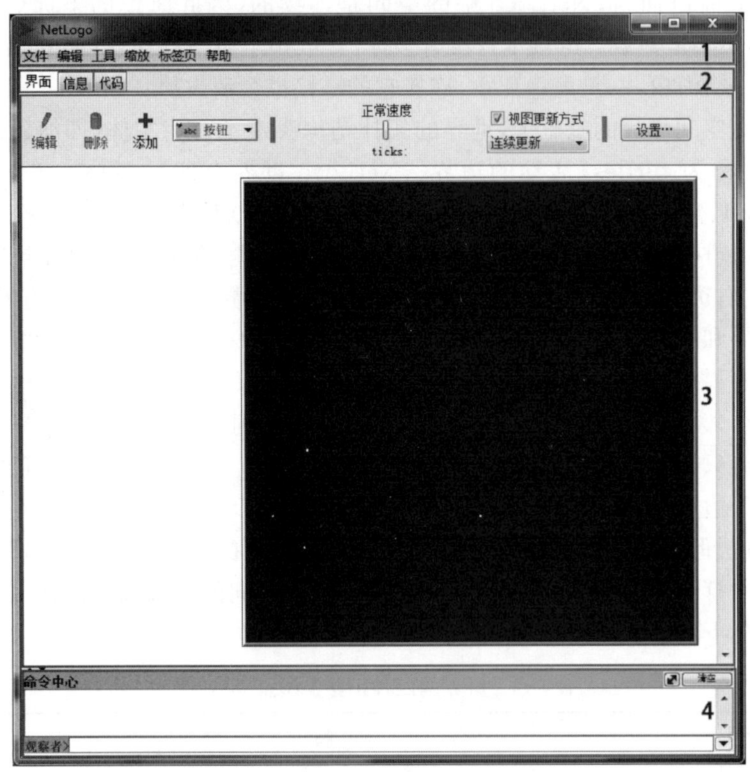

图 5-2 NetLogo 6.1.1 版本启动界面示意图

方框 2 内包含的是工具标签栏，包括“界面”“信息”“代码”三个工具标签，而三个工具标签又分别指向了三个工作场景。其中，“界面”工具标签对应的是建模者制作模型输出工具的图形工作场景，同时也是模型建成后模型用户使用模型时的用户界面场景。“信息”工具标签对应的是编辑有关多智能体模拟模型目的、特征等信息的工作场景。“代码”工具标签对应的是建模者在建模过程中撰写代码的工作场景。

方框 3 是“界面”工具标签所对应的工作场景的情况。其中的黑色“方块”就是前文所言的“世界”，默认情况下由 1 089(33×33)个整齐排列的嵌块组成，在其上面右键点击选择“编辑”可以对“世界”的相关属性进行修改。点击“设置”按钮，同样也可以对“世界”的相关属性进行修改(图 5-3)。

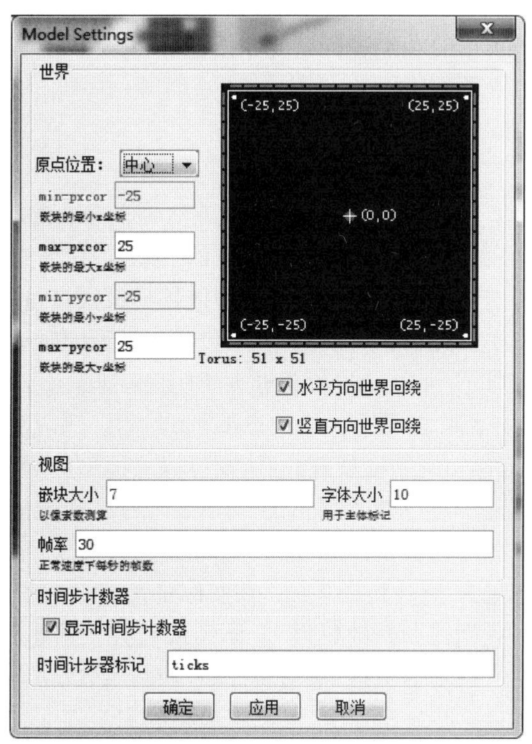

图 5-3 “世界”属性修改对话框示意图

通过“添加”“编辑”“删除”按钮可以在此工作环境下添加、编辑或删除建模过程中所需要的“按钮”等各类参数工具。在模型中，时间由时间计步器(ticks)变量来记录，1 个 tick 相当于模型的 1 步。当选中“视图更新方式”时，可以拉动时间计步器(ticks)上方的滑块，从而调节模型的运行速度和输出内容的更新速度。此外，还可以选择更新的方式，即“按时间步更新”和“连续更新”。

方框 4 是“命令中心”工作台。在这里无论是模型建模者还是模型用户，都可以在“观察者”那一行输入 NetLogo 的一些内置命令函数，从而实时监测模型的运行情况，这对于开展模型的“内部有效性检验”十分有用。所有输入的命令函数及其返回的函数值都会被记录在“命令中心”下放的空白方框里。实际上，用鼠标左键点击“观察者”会弹出“观察者”“海龟集”“嵌块集”“链接集”，表示所输入的命令将由谁来执行。前文已经提到，“观察者”可以对所有对象发出命令。因此，当选择“观察者”时，可以要求任何对象执行所对应的命令。但是，如果选择的是“海龟集”时，则所输入的命令只有属于“海龟集”的行为主体才会执行该命令。

5.3 菜单栏

和其他一般的软件类似，在 NetLogo 中也包括了一系列的菜单，通过这些菜单，用户可以根据需要执行各类操作。下面将对 NetLogo 菜单栏所包括的 6 个子菜单的功能进行简要介绍。

5.3.1 文件菜单

文件菜单包含了 12 个子菜单/命令，表 5-4 对其各自的功能进行了简要的概括与总结。下面将对其中几个非常关键的子菜单/命令进行简要的阐述。

NetLogo 的安装包包含了大量的多智能体模拟模型，这些模型全部被放置在"模型库"中，点击菜单"模型库"后将弹出模型库对话框，以"资源管理器"的形式罗列了 NetLogo 所提供的所有模型索引，包括样例模型(sample models)、课程模型(curricular models)和代码样例(code examples)等。选择相应的模型打开后，则可以对模型的用户界面、模型信息和代码进行研究学习，这非常有助于初学者理解多智能体模拟模型的建模原理并掌握一些编程小技巧。

"导出"菜单包含了 7 个子命令。在实际的教学、科研工作中，此部分功能非常重要。我们在和其他建模者、学生或研究人员进行交流时，需要提供有关模型的一些基本信息，如模型界面、控制参数、输出结果以及模型代码等内容。通过这些导出命令，可以将模型的用户界面、"世界"(world)和"图"(plot)所输出的结果导出为图片文件；也可以将这些图片文件背后的数据文件导出存储为可以被电子表格软件 Excel 等读取和编辑的逗号分隔值(Comma-Separated Values，CSV)数据文件。使用这些数据文件，我们可以对输出的图片进行重绘和美化，从而满足相关研究报告和论文出版的图片要求。

"导入"菜单包含了 5 个子命令。其中，"导入世界"命令类似于 NetLogo 中的命令函数"import-world"的作用，其作用是将"导出世界"命令所保存的文件全部加载到模型中，该命令有助于我们重复基于情景模拟所得到的各种结果，并可以在此基础上对模型进行复原和加工。"导入嵌块颜色"的功能类似于命令函数"import-pcolors"的功能，其作用是打开一个图片文件，在保持原图片文件高宽比的基础上，将图片按照中心对齐的原则置于"世界"之上，并且使得其覆盖的嵌块获得其相应像素的颜色值，此时该嵌块的颜色值使用的是 NetLogo 中的颜色表示系统，如 pcolor＝35.1。"导入 RGB 嵌块颜色"的功能与"导入嵌块颜色"类似，但是其对应的命令函数为 import-pcolors-rgb，其所记录的嵌块颜色的格式使用的是 RGB 颜色系统，如 pcolor＝[204 211 170]。"导入图片"对应的命令函数是"import-drawing"，其作用是将一张图片导入"世界"中，并采取与"导入 RGB 嵌块颜色"相同的方式将图片按中心对齐的方式显示在世界中。需要注意的是，世界中的嵌块无法感知这张图片的相关颜色信息，也就是下面被覆盖的嵌块不会继承相应像素的颜色，图片只是用来展示而已。由于 NetLogo 模型本身图片绘制和处理能力较弱，因此，在实际的模型编程过程中，这些图片内容的导入将有助于丰富模型的表现力，使其更加直观和易懂。例如，可以导入电路板照片，并在模型中模拟电子在电路板线路上的流动情况。

表 5-4 文件菜单的各个子菜单/命令的功能

子菜单/命令		功能
新建		创建一个新模型
打开		在计算机上打开任何一个模型
模型库		演示模型的集合，是学习、探索模型的宝贵资源
最近的文件		便于回访最近打开的文件
保存		保存当前模型
另存为		使用一个其他的名字来保存当前模型
上传到模型社区		创建社区账户，参与模型讨论和评析
另存为网页版		用来保存一个 html 格式的网页，其中以 Java "applet"(用 Java 语言编写的小应用程序)嵌入你的模型
导出	世界	保存"世界"所有变量、海龟和嵌块的当前状态、画图、绘图、输出区域和随机状态信息到一个文件
	绘图数据	将绘图中的数据保存到文件
	全部绘图数据	将所有绘图中的数据保存到文件
	视图	将当前"世界"视图[二维(2D)或三维(3D)]作为图片保存到文件 (png 格式)
	界面	将当前界面页作为图片保存 (png 格式)
	输出结果	将"输出区"的内容或命令中心的输出部分保存到文件
	代码	将代码保存为 html 格式文件
导入	世界	加载用"导出世界"(export world)保存的文件
	嵌块颜色	将一个图像加载到"世界"中的嵌块，使得每个相应的嵌块获得覆盖其上的图像的颜色，参见 import-pcolors 命令
	RGB 嵌块颜色	使用 RGB 颜色将一个图像加载到嵌块，参见 import-pcolors-rgb 命令
	图片	将一个图像加载到画图层，参见 import-drawing 命令
	HubNet 客户端界面	将其他模型的界面加载到 HubNet 客户端界面(HubNet Client Editor)
打印		将当前显示的页面内容发送到打印机
退出		退出 NetLogo [在苹果电脑(Mac)中这一项在 NetLogo 菜单中]

5.3.2 编辑菜单

前文提到，在 NetLogo 中有三种工具标签，分别指向了三种不同的工作场景。在不同的工作场景下，编辑菜单所包含的子菜单/命令有所不同(表5-5)。其中，在“信息”工作场景下的“编辑”菜单下的子菜单/命令相对比较简单，都是常规的“复制”“粘贴”“删除”等常规操作，并且这些子菜单/命令为三种工作场景所共有。值得一提的是，其中的查找命令和查找下一个命令在编写信息和编写代码过程中被经常用到，尤其是查询关键词、关键变量并进行编辑时非常有用。

“锁定物件至网格”是只有在“界面”工作场景下才会有的命令。该命令实际上管理的是“界面”工作场景中各类工具部件的对齐方式。在默认情况下，“锁定物件至网格”是激活的，表示移动各类工具时将参照“界面”工作场景中所隐藏的网格。如果取消激活，则可以自由移动各类工具部件，不受到隐藏网格的约束。

“代码”工作场景所特有的子命令有5个，灵活运用这些命令将大大提升代码编写、检验的效率。其中，“添加注释/取消注释”命令是将鼠标光标所在行的代码或选中的多行代码转换成注释或取消已有的注释。“左移”和“右移”则是将鼠标光标所在行的代码或选中的多行代码整体左移一格或右移一格。使用该命令，可以快速编辑代码的格式，使其能够更加清晰、明了。此外，在编写代码和检查代码的过程中，往往有一些函数会在多处被重复调用。我们如何才能知道在哪些地方，哪些函数被调用了呢？使用“Show Usage”命令则可以实现这一功能，它能够显示所指定的某个函数的调用情况，提供与该函数具有调用关系的其他函数所在的代码行数编号和函数名等信息。而“Jump to Declaration”则可以帮助代码编写者快速跳转到指定的某个变量[包括全局变量和海龟(turtle)的属性变量]的声明函数。

表5-5　编辑菜单的各个子菜单/命令的功能

不同工作场景	子菜单/命令	功能
三种工作场景所共有	撤销	撤销你上一次对文本的编辑
	重做	恢复你上次撤销的编辑
	剪切	剪切或移除选中的文本，临时存到剪贴板
	复制	复制选中的文本
	粘贴	将剪贴板上的文本放到光标处
	删除	删除选择的文本
	全选	选择活动窗口中的所有文本
	查找	在信息页或例程页查找一个词或字符序列
	查找下一个	查找下一处
“界面”工作场景所特有	锁定物件至网格	当激活时，新部件停在5个像素宽的网格上，这样容易对齐(注意：当缩放时本功能失效)

续表 5-5

不同工作场景	子菜单/命令	功能
“代码”工作场景所特有	添加注释/取消注释	将鼠标光标所在行的代码或选中的多行代码转换成注释或取消已有的注释
	左移	将鼠标光标所在行的代码或选中的多行代码整体左移一格
	右移	将鼠标光标所在行的代码或选中的多行代码整体右移一格
	Show Usage	显示所指定的某个函数的调用情况(提供调用函数所在的代码行数编号和函数名等信息)
	Jump to Declaration	跳到指定的某个变量[包括全局变量和海龟(turtle)的属性变量]的声明函数

5.3.3 工具菜单

工具菜单提供了一些十分有用的命令(表 5-6)。其中,“隐藏/显示命令中心”和“Jump to Command Center”是在“界面”工作场景下所特有的命令,都和使用命令中心有关。“隐藏/显示命令中心”是将“界面”工作场景下的命令中心操作台隐藏或显示出来。而“Jump to Command Center”则直接跳转到命名操作台,可以直接输入命令。除了这两个子命令外,其他子命令均为三个工作场景所共有。

“Preferences”和“Extensions”两个子命令在实际建模和科学研究中非常有用。点击“Preferences”命令后,会弹出对话框,允许用户定制自己所需要的不同的软件界面语言、是否显示代码行数等。这些功能非常实用,例如,对于中国学者来说,如果需要撰写中文研究报告或者论文,则可以选择中文语言;而如果需要撰写英文研究报告或论文,则可以选择英文语言,这大大提高了工作效率。早期的版本变更界面语言需要在命令中心输入命令才能够切换语言,且可供选择的语言非常有限,这给跨国的建模交流带来了很大的障碍。通过“Extensions”可以打开对话框,选择加载已经发布的扩展模块(需要在线才能实现),这为扩充 NetLogo 的功能提供了便利的接口。

“停止”命令则是停止所有代码的运行,包括按钮和命令中心。需要注意的是,由于点击该命令相当于在模型运行过程中将其强制中断,因此可能会发生一些不可预知的模拟结果。同时,如果继续运行时没有用“setup”重新启动模型,则可能得到不期望的模拟结果。

和“监视器”功能有关的子命令有六个。点击“全局变量监视器”可以打开实时记录全局变量取值情况的监视器;点击“海龟监视器”可以打开实时记录所有海龟属性状态的监视器;点击“嵌块监视器”可以打开实时记录所有嵌块属性状态的监视器;点击“链接监视器”可以打开实时记录所有链接属性状态的监视器;点击“关闭所有主体监视器”是将当前打开的所有监视器关闭；点击“不再监视已失效的主体”，则是对那些在模型运行过程中已经“死亡”的“海龟”或“链接”不再进行监视，从而节约缓存空间，提升模型运行效率。这些功能在“模型内部有效性检验”的过程中非常有用，因为监视器功能有助于建模者实时掌握模型的动态，研究分析模型运行过程中可能出现的问题和特点，从而判断模型是否正确反映了模型设计的原始初衷，代码是否有语法和逻辑问题。

表 5-6　工具菜单的各个子菜单/命令的功能

不同工作场景	子菜单/命令	功能
三种工作场景所共有	Preferences	选择界面语言、是否显示代码行数、是否显示“included files”(内置菜单)等
	Extensions	打开对话框，可以选择加载已经发布的扩展模块(需要在线才能实现)
	停止	停止所有代码的运行，包括按钮和命令中心(警告：因为代码强制中断，如果继续运行时没有用“setup”重新启动模型，可能得到不期望的结果)
	全局变量监视器	显示所有全局变量的值
	海龟监视器	显示特定海龟的所有变量值；也可编辑海龟变量的值，或向海龟发出命令(可以通过视图打开海龟监视器，见下面的视图部分)
	嵌块监视器	显示特定嵌块的所有变量值；也可编辑嵌块变量的值，或向嵌块发出命令(可以通过视图打开嵌块监视器，见下面的视图部分)
	链接监视器	显示特定链接的所有变量值；也可编辑链接变量的值，或向链接发出命令(可以通过视图打开链接监视器，见下面的视图部分)
	关闭所有主体监视器	关闭所有主体监视器窗口
	不再监视已失效的主体	不再监视已失效的主体，提高模型运行的效率
	转为三维(3D)视图	将当前模型转换到三维(3D)视图模式
	颜色样块	打开颜色样块
	海龟形状编辑器	海龟图形绘图与编辑
	链接形状编辑器	链接图形绘图与编辑
	系统动力学建模工具	打开系统动力学建模工具
	Preview command editor	对模型进行预运行，并观察结果
	行为空间	使用不同的设置重复运行模型
	HubNet 客户端编辑器	打开 HubNet 客户端编辑器
	HubNet 控制中心	如果没有 HubNet 活动，则该功能不能用

续表 5-6

不同工作场景	子菜单/命令	功能
"界面"工作场景所特有	隐藏/显示命令中心	使命令中心可见或不可见(注意命令中心也可以用鼠标实现显示、隐藏、改变大小)
	Jump to Command Center	跳转到命令中心

点击"颜色样块"后,会弹出如图 5-4 的颜色样块构成的色盘。通过该色盘,建模者可以查询不同颜色所对应的颜色代码,从而方便在代码编写过程中使用合适的颜色。需要指出的是,在 NetLogo 中的颜色系统与基于 RGB 的颜色系统有所不同。在 NetLogo 中,颜色的取值有两种表达方式:第一种方式为单个数字的表达方式,如对于嵌块的内置属性变量 pcolor 来说,如果我们在编程过程中令所有的 pcolor=15,则所有嵌块的颜色将为色盘上所对应位置的颜色,即"红色"。第二种方式为直接使用颜色的英文名称。在 NetLogo 中,对于一些常用的颜色,允许建模者使用颜色的英文名来直接表示颜色,色块中列出了这些常用颜色的英文名字及其所对应的数值(图 5-4 的左边)。还是以嵌块的内置属性变量 pcolor 来说明。如果我们在编程过程中令所有的 pcolor=red,其效果和令所有的 pcolor=15 是一样的。

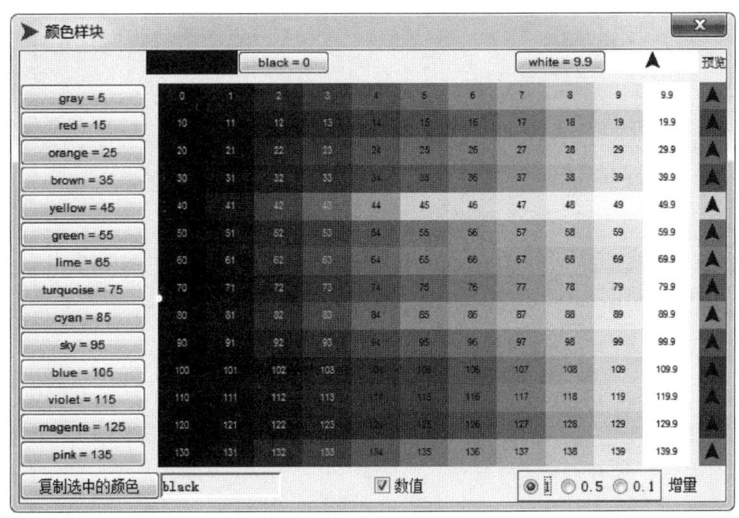

图 5-4　NetLogo 中的颜色样块示意图

"海龟形状编辑器"为建模者提供了定制自己所需要的,表示行为主体形状图形的编辑器。在默认情况下所创建的行为主体都将使用默认的三角箭头(对应的调用形状名称为"default")来表示。当建模者要建立的模型包含多种类型的行为主体时,这项功能就显得十分重要,因为其将有助于帮助建模者和模型用户从视觉上直接区分不同的行为主体及其空间行为。"链接形状编辑器"也有类似的功能,不同的是,其是由线条组成,连接了不同的行为主体，表达了不同行为主体之间的网络关系。

NetLogo 还提供了基于图形界面的系统动力学建模工具，点击“系统动力学建模工具”将会打开新的系统动力学建模工作场景。在“图表”工作场景下，有“存量”“变量”“流量”“链接”等模块工具，建模者可以直接点击这些模块工具进行组合，快速建立系统动力学模型，在系统动力学建模窗口下的“代码”工作场景下的代码窗口内，则自动生成模型所对应的代码。

“Preview command editor”则给建模者提供了对模型进行预运行并观察结果的窗口。通过编写控制代码，设定不同的运行约束条件，建模者可以对模型整体或者局部进行运行，并观察其结果。这大大方便了模型的“内部有效性检验”工作的开展。

“行为空间”允许建模者或者模型使用者设定不同的情境来运行模型，并将模拟结果的全部信息存储到文件中。该项功能可以说是 NetLogo 建模软件最为友好的功能之一。在点击“行为空间/新建”后，会弹出“实验”(Experiment)对话框(图 5-5)；该对话框为模型用户或建模者提供了定制

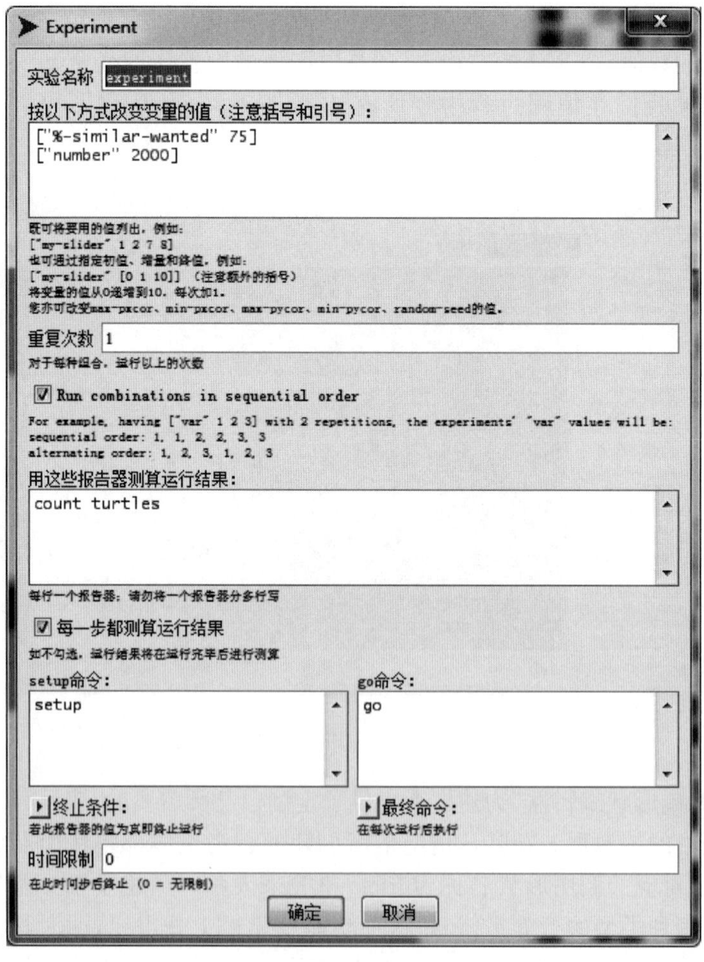

图 5-5 “实验”对话框的操作界面示意图

运行情景的窗口，用户可以通过编写简单的代码来要求模型以不同的“初始状态”或所谓的“情景”来运行模型，并要求模型报告有关信息。最后这些情景信息、模拟结果数据等都将以逗号分隔值(CSV)的文件形式保存。在进行大规模情景分析时，该功能将会非常有效地提高工作效率。一方面，用户不需要在计算机面前等待某一情境下的模型运行结束后在“界面”工作场景下手动设置模拟情景，再进行另一个情景的模拟，这就大大方便了情景模拟分析实验的操作，同时节约了时间成本，尤其是如果各个情景的模拟运行需要数小时或者数天才能完成的情况下更是如此。另一方面，用户不用担心模拟的相关信息会丢失，这些过程信息将全部被记录在逗号分隔值(CSV)文件中并保存起来，用户可以通过前文所介绍的“导入”功能来复原这些模拟过程和结果。

5.3.4 缩放、标签页和帮助菜单

在“缩放”菜单下，有三个选项，分别是“放大”“正常大小”“缩小”。该三项功能有助于根据需要来调整各种工作场景下的屏幕大小，包括工作场景下显示的字体、图形等的大小。在许多实际工作场景中，这几项功能非常实用。例如，在现场教学过程中，向学生实时展示如何编写代码时往往会碰到代码字体过小、学生看不清的问题，此时则可以通过“放大”命令(快捷键“Ctrl＋＝”)来增大字体，以方便学生看清操作。

“标签页”菜单下有“界面”“信息”“代码”三个命令，通过使用该三个命令，可以快速跳转到“界面”“信息”“代码”三个工作场景。这三个命令对应的快捷键分别是“Ctrl＋1” “Ctrl＋2”“Ctrl＋3”。通过使用这些快捷键，可以在三个工作场景间进行快速切换，从而提高工作效率。

“帮助”菜单下面提供了各类可用的帮助资源，有助于建模者及时了解该模型的发展进展，从而提升编程和建模水平。其中，NetLogo 用户手册以非常详细易懂的语言向用户介绍了如何利用 NetLogo 来开展建模和研究工作。在实际编程过程中，NetLogo 词典非常有用，当你记不清 NetLogo 的内置命令函数或者其函数格式时，可以从中获得帮助。此外，“Look Up In Dictionary”也是一项非常常用的命令，其可以立即跳转到鼠标光标所在位置的内置命令函数或者内置变量(这些内置命令函数和内置变量在代码中往往以彩色呈现)在词典中的位置，而词典则清晰地描述了该内置命令函数或者内置变量的含义、用法以及语法要求等。这对于提升编程效率、解决代码编写过程中的实时问题来说非常关键。“An Introduction to Agent-Based Modeling”则是对 NetLogo 创建者的最新书籍《多智能体模拟导论》(*An Introduction to Agent-Based Modeling*)的介绍，该命令将引导用户打开有关该书的介绍网页(表 5-7)。

表 5-7　缩放、标签页和帮助菜单下的各个子菜单/命令的功能

菜单	命令	功能
缩放	放大	增大模型的屏幕大小。在大的监视器或投影上有用。快捷键为“Ctrl ＋ ＝”
	正常大小	将模型的屏幕大小重新设为正常大小，快捷键为“Ctrl ＋ 0”
	缩小	减小模型的屏幕大小，快捷键为“Ctrl ＋ －”
标签页	界面	跳转到“界面”工作场景，快捷键为“Ctrl ＋ 1”
	信息	跳转到“信息”工作场景，快捷键为“Ctrl ＋ 2”
	代码	跳转到“代码”工作场景，快捷键为“Ctrl ＋ 3”
帮助	Look Up In Dictionary	根据命令或报告器在浏览器中打开相应词典条目
	NetLogo 用户手册	在浏览器中打开本手册
	NetLogo 词典	在浏览器中打开词典
	NetLogo 用户组	在浏览器中打开 NetLogo 用户群网站
	An Introduction to Agent-Based Modeling	对 NetLogo 创建者的最新书籍《多智能体模拟导论》(*An Introduction to Agent-Based Modeling*)介绍
	关于 NetLogo	显示关于当前 NetLogo 的版本信息[在苹果电脑(Mac)中，该项在 NetLogo 菜单中]
	捐赠	在浏览器中打开 NetLogo 捐赠网页

5.4　工具标签

上文已经提到，在 NetLogo 的主窗口中包含了三个工具标签，即界面(interface)、信息(information)和代码(code)，对应着三个工作场景。在任何一个工作场景中，只有其中之一的场景内容是可见的，但可以通过单击窗口顶部的标签进行切换，也可以使用前述的快捷键进行切换。在这些工具标签下方是一个工具条，上面有一排按钮，当切换标签时会显示不同的按钮。不同的标签页内使用相应的工具来进行操作，通过不同命令的组合使用来完成模型的创建、运行、维护与更新等过程。

5.4.1　“界面”工作场景

上文已经介绍了，在“界面”工作场景下，可以对“世界”的属性、“视图更新方式”和视图的更新速度等进行修改和设置。这里将不再重复叙述。上文提到通过“添加”按钮并选择相应的添加对象(添加按钮右边的下拉菜单)，可以在“界面”工作场景中添加各类图形工具条。这些工具条总共有

九种，分别是按钮、滑块、开关、选择器、输入框、图、监视器、输出区和注释。除了通过“添加”按钮来添加这些工具条外，还可以在工作场景中的空白处点击鼠标右键选择相应的工具条来进行添加。在这些工具条上点击鼠标右键，用户可以在弹出的菜单中选中这些工具条，调整这些工具条的位置、大小等。同时，也可以选择“修改”菜单，在弹出来的对话框中对各个工具条的属性进行修改。当然，也可以对这些工具条执行删除操作。

图 5-6 是使用 NetLogo 6.1.1 版本打开谢林模型后的“界面”工作场景。实际上，从多智能体模拟模型的建模过程（参见本书第 4.3 节）来看，前五种工具条，即按钮、滑块、开关、选择器和输入框都属于模型输入端，主要用于模型相关命令、数据的输入。其中按钮通常指向某些命令函数，如图 5-6 中的“setup”和“go”按钮则分别指向的是模型初始化命令和模型运行命令。而滑块、开关、选择器和输入框等通常等价于一个全部变量的声明，如图 5-6 中的滑块“number”实际上就是声明了表示黑人和白人居民总数的全局变量“number”。与在“代码”工作场景中不同，这些变量的取值是由用户根据实际需要进行设定的。再比如输入框“max-resident”实际上就是声明了全局变量“max-resident”，其表示的是每个嵌块允许居住的最大居民数量。与滑块不同的是，用户可以在此输入框内输入该变量定义域内的任何数据，而不受到滑块所设定的值域的影响。

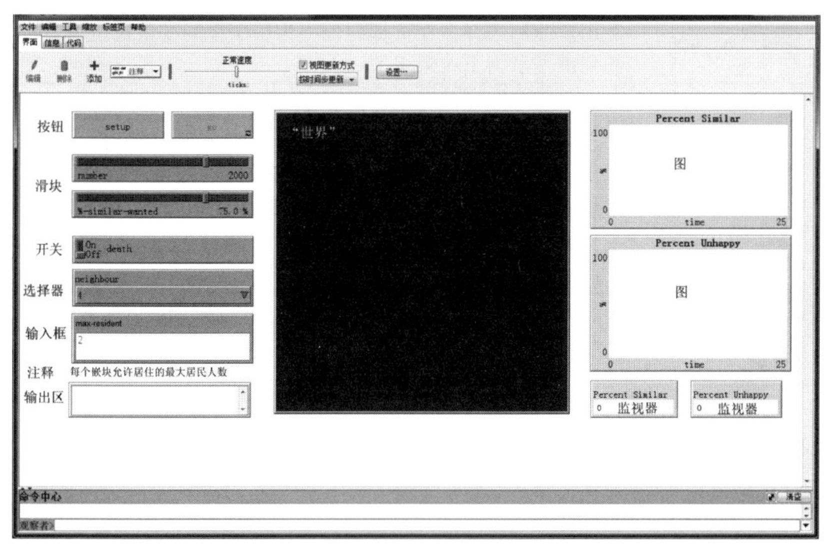

图 5-6　打开谢林模型后的 NetLogo 6.1.1 版本“界面”工作场景示意图

与上面五种属于输入端的图形工具条比较，图、监视器和输出区则属于模型的输出端，用来向用户报告模型运行过程中所涉及的各种变量的取值情况及其变动情况。而注释工具条多用于旁注功能，与模型代码没有直接关联。其中，图被用来记录制定的变量在整个模拟过程中的取值变化情况；而监视器则只报告指定的变量在当前时间点上的取值；输出区通常用来向用户报告模型运行过程中的一些特殊情况，当然在什么情况下报告什么内容则需要在模型代码中进行设定。

表 5-8 详细列出了九种工具条的作用和特点。在实际建模过程中，建模者需要根据实际需要来选择这些工具条并进行合理的组合，从而完成建模，并有利于后续多情景模拟分析。

表 5-8　九种工具条的作用介绍

图标及名字	描述
按钮	按钮可以是一次性的或永久性的。在一次性按钮上单击，将执行一次命令。永久性按钮则不断地重复执行命令，直到再次按下按钮。如果为按钮分配了快捷键，则当按钮有焦点时，按下相应的键就等同于按下了按钮。如果按钮有快捷键则在右上角显示快捷键字符。如果输入光标在另外的界面元素上，如命令中心，那么按下快捷键就不会触发按钮，在这种情况下按钮右上角的字符会变暗。要激活快捷键，就需在界面页的空白背景上单击
滑块	滑块是全局变量，可以被所有主体访问。在模型中，它们作为快速改变变量的方式，不需要重新编程。相反，用户移动滑块到一个值，可以观察模型发生的行为
开关	开关用于控制全局变量的可视化表示。通过拨动开关，用户设置变量为 on (true) 或 off (false)
选择器	用户使用选择器在选择列表中为一个全局变量选定值，选择列表显示为下拉菜单
输入框	输入框是包含字符串或数值的全局变量。编程人员选择用户可以输入的变量类型。可以设置输入框对输入的命令或报告器字符串进行语法检查。数值型输入框可以读取任何形式的常值表达式，这比滑动条灵活得多。颜色输入框为用户提供了 NetLogo 颜色选择器
监视器	监视器可以显示任何表达式的值。表达式可以是变量、复杂表达式，或对报告器的调用。监视器每秒自动更新几次
图	图可以实时让模型数据图形化
输出区	输出区是一个文本卷滚区，用来记录模型活动。一个模型只能有一个输出区
注释	注释用来为界面页添加信息型文本标签。在模型运行过程中注释内容不变

5.4.2　“代码”工作场景

“代码”工作场景是 NetLogo 中的核心部分，用于编写并存储模型中的代码，包括只想在命令中心立即运行的代码和要保存下来以后还要用的代码。在代码标签页下，工具条包括查找、检查、例程与自动缩进，工具条下方是编写代码的内容框(图 5-7)。

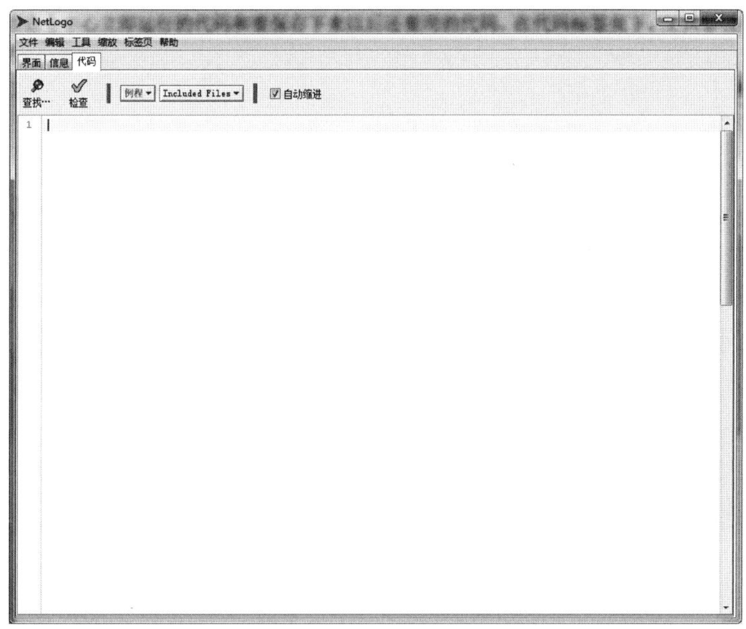

图 5-7　NetLogo 6.1.1 版本启动界面中的代码页示意图

和大家所熟悉的微软文字处理软件 Microsoft Word 等办公软件一样,"查找"按钮可以让建模者在所编写的程序代码中寻找指定的某一段代码、词语或短语,并进行选择性的替换或更改。此外,用户还可以使用标签页中的"例程"菜单,该菜单列出了当前代码中所使用到的所有函数,用户可以通过选择相应的函数在当前代码中快速找到所指定的函数代码,这属于一种特殊的查询功能。

在编写代码过程中出现错误是在所难免的事情,比如说函数名错误、语法错误、逻辑错误等。通过"检查"按钮就能检查代码是否存在错误。如果所写的代码中有语法错误,编码标签页就会变红,包含错误的代码会加高亮,错误信息也会出现。NetLogo 中的默认切换标签页也会检查代码。需要指出的是,通过检查的代码,并不表示整个模型在逻辑上是正确的,这是因为该功能基本上只能检查出明显的语法错误,类似于逻辑错误、模型结果错误、数据错误等问题,该工具是无法检查出来的,这种错误的纠正也就是"模型内部有效性检验",需要建模者丰富的经验和敏锐的观察力为保证。

"例程"菜单用于快速地查找并访问当前代码中的某个指定的命令函数。这些命令函数按照函数名称的英文字母表顺序进行排序。如果模型代码中存在"__includes"(包含)关键词,"例程"菜单的右侧会出现"Included Files"菜单(图 5-8),这个菜单会列出当前文件中包含的所有 NetLogo 源文件(.nls)。点击该菜单中的文件名,会打开一个包含该文件的新页。一旦打开新页,就可以与其他页一样进行导航。可以通过"界面"菜单或者快捷键访问它们。

图 5-8 NetLogo 6.1.1 版本代码标签页中的例程与 Included Files 菜单示意图

编程需要遵循特定的编写规则。当自动缩进选项框被勾选后，NetLogo 会按照所约定的编程语法逻辑结构对代码的格式进行自动编排。例如，当你打开一组方括号“[]”[也许在如果(if)后]，NetLogo 会自动添加空格，使得接下来的一行代码比括号缩进两个空格。再比如，当输入另外一个括号的时候，它会自动和另一半配对，并使用光标提示，这些功能有利于建模者在大量的代码中准确掌握函数之间的调用逻辑关系，大大降低隐藏逻辑错误发生的概率。当然，NetLogo 也支持用户自行利用制表(tab)键重新缩排代码。

5.4.3 “信息”工作场景

信息标签页用于提供当前模型的信息介绍，告诉使用者这个模型用的是什么系统、怎么建立起来的、如何使用、可能的扩展，以及一些 NetLogo 特征等。在运行一个模型前先阅读信息页的信息有助于我们迅速了解模型特性。

如图 5-9 所示，该页面提供了一个相对标准的信息采集工作框。为了控制信息显示格式的一致性，NetLogo 为信息提供了统一的“标记语言”。这意味着只要遵循该语言的书写规则，就可以为自己的模型创建一个精致的信息说明，从而让其他使用者可以轻松了解你所创建的模型。信息卡内的文字是可编辑的，点击“编辑”按钮便可创建或者修改相关文字信息。当然，在建模完成后，建模者也可以不提供这些内容，但是这不利于模型的发布与交流，也不利于未来对模型进行修正和改进，因为过了很久以后，建模者本人可能也会忘记其中的一些逻辑关系，甚至一些非常简单的内容都会忘记，如其中各类变量所使用的单位。

在默认的情况下，采集信息的内容包括了九个方面。这类似于 NetLogo 建立了一个描述基于 NetLogo 而建立的多智能体模拟模型的标准协议框架，具体如下：

模型是什么(what is it)：建模者可以就模型主要描述的是什么、要解释的是什么、要解决的问题是什么进行详细阐述。

模型是怎么工作的(how it works)：建模者需要重点介绍模型中的各个实体或行为主体的条件行为规则，以及这些规则是如何联系在一起的。

怎样使用该模型(how to use it)：建模者需要向模型使用者介绍如何来使用该模型，并且对模型用户界面上的各类工具条给出简单的解释。

需要注意的事项(things to notice):建模者需要告诉模型使用者在运行模型时需要注意的事项,比如说模型运行重复次数的限制、可能出现的数据溢出的情况等。

可尝试的事情(things to try):建模者可以建议模型使用者通过调节模型使用者界面上的控制器来开展研究。

模型的扩展(extending the model):建模者可以建议模型使用者通过在“代码”工作场景下增加一些代码来增强模型的准确性、科学性等。

NetLogo 特色功能(NetLogo features):建模者可以告诉模型使用者当前的模型使用了哪些具有 NetLogo 特色的功能。

相关的模型(related models):建模者可以告诉模型使用者有哪些类似的模型资源可供参考(包括来自 NetLogo 模型库的内容和其他公开发表的内容)。

版权和参考文献(credits and references):建模者可以向模型使用者提供有关模型的一些版权信息、资讯连接等内容。

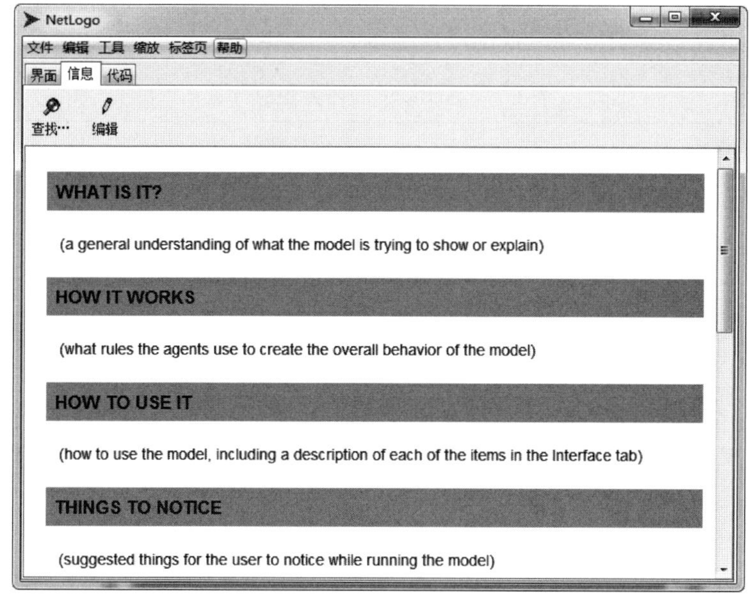

图 5-9 NetLogo 6.1.1 版本的信息标签页示意图

5.5 NetLogo 中的变量

变量用于存储 NetLogo 中各类对象主体的属性数值。在编程过程中,根据需要,建模者既可以调用 NetLogo 中已经预先设定好的变量,也可以使用自己所定义的变量。前者我们称之为内置变量,后者我们称之为自定义变量。下面将对这两种变量进行简要解释。

5.5.1 内置变量

在 NetLogo 中，根据变量的有效作用范围，可以将其分成全局变量、局部变量和主体属性变量三种：所谓的全局变量，是任何时候在模型中的任何位置都可以调用的变量；主体属性变量则只有主体才能对其发出命令并改变其取值；局部变量则在所规定的例程范围内才有效。就内置变量而言，在 NetLogo 中，除了极少数的情况外，并没有设置全局变量和局部变量的必要。而为了方便编程，NetLogo 设置了许多常用的内置主体属性变量。根据主体的不同，可以将这些变量分成内置的海龟属性变量、内置的嵌块属性变量和内置的链接属性变量。例如，所有海龟都有一个颜色(color)变量，所有嵌块都有一个嵌块颜色(pcolor)变量(嵌块变量都是以 p 开头，以与海龟变量有所区分)。对这些变量进行设置将改变模型内海龟或嵌块的颜色。各类主体还有其他的内置变量，具体见表 5-9。每个变量的具体意义可以参见 NetLogo 词典中的解释。需要特别指出的是，海龟可以读取、设置它所在位置的嵌块变量。

表 5-9　NetLogo 的内置变量列举

类别	内置变量
海龟(turtles)	颜色(color)，前进方向(heading)，是否隐藏(hidden?)，标签(label)，标签颜色(label-color)，画笔模式(pen-mode)，画笔大小(pen-size)，形状(shape)，大小(size)，指定海龟(who)，横坐标(xcor)，纵坐标(ycor)
嵌块(patches)	嵌块颜色(pcolor)，嵌块标签(plabel)，嵌块标签颜色(plabel-color)，嵌块横坐标(pxcor)，嵌块纵坐标(pycor)
链接(links)	链接颜色(color)，链接端点 1(end1)，链接端点 2(end2)，是否隐藏(hidden?)，链接标签(label)，链接标签颜色(label-color)，链接形状(shape)，链接粗度(thickness)，链接捆绑模式(tie-mode)
其他	?(这些是特殊的局部变量，为某些原语保存报告器或命令块的当前输入)

5.5.2 自定义变量

与内置变量相对应的是自定义变量，根据自定义变量的作用范围也可以将其分成全局变量、局部变量和主体属性变量三种，其有效范围也与内置变量相一致。

如果在建模过程中某一个变量需要在多处被多个主体所使用，则可以考虑自定义一个全局变量。要自定义一个全局变量，则需要用到定义全局变量的命令"globals"。例如，在谢林模型中，统计全部居民中感到不高兴的居民比例的变量"percent-unhappy"和统计全部居民中找到了满足要求的居住地的居民占比的变量“percent-similar”都属于全局变量。自定义这样的两个全局变量的代码如下：

```
globals
[ percent-unhappy
  percent-similar
  ]
```

在建模过程中，仅仅使用内置变量可能无法描述模型中的行为主体或行为空间以及链接的属性。在此情况下，就有必要自定义主体属性变量。例如，在谢林模型中，为了表达每个居民的心情是否高兴，则设置了一个海龟属性变量“happy?”。设置该变量的代码如下：

```
turtles-own
[happy?
  ]
```

如果我们除了要记录所有海龟的心情属性外，还需要记录每个嵌块上居住的居民人数时，我们则需要给嵌块自定义一个属性变量。假设我们将该属性变量取名为“resident-num”，则给嵌块定义该属性变量的代码如下：

```
patches-own
[resident-num
  ]
```

在实际的建模过程中，所涉及的行为主体的类型可能不止一种，例如，在研究城市产业空间布局的问题时，可能涉及企业（firms）和工人（workers）两类行为主体。此时，我们在模型中如何定义这两种新的行为主体呢？要实现这个目的，我们需要用到 NetLogo 中的关键词“breed”（物种），具体来说，其代码如下：

```
breed [ firms firm ]
breed [ workers worker ]
```

需要注意的是，breed 后面的方括号内包含了两个部分。以 breed [firms firm]为例，前一部分是复数形式，表示的是所有企业的集合，相当于 NetLogo 中的 turtles，即海龟的集合；后一部分是单数形式，相当于 NetLogo 中的 turtle，即某一个海龟。在 NetLogo 中，每一个海龟或者每一个新定义的行为主体都有一个内置属性变量“who”，其取值是唯一的，相当于模型中所有行为主体的一个唯一身份代码。

此外，在建模过程中，如果我们要给所有的企业增加一个收益（profit）属性，要给所有的工人增加一个月工资（mon-salary）属性，那么又将如何操作？从编程语法上来说，这种定义方法与给海龟定义属性变量相类似，具体如下：

```
firms-own
[profit
  ]

workers-own
[mon-salary
  ]
```

此外，建模者还可以定义一类变量叫作局部变量。局部变量仅用在特定的例程或例程的某一部分之中，其只能在限定的范围内发挥作用。要定义局部变量，则需要使用 NetLogo 中的“let”（创建变量）命令，该命令可在任何地方使用。如果在例程的最前面使用，则变量在整个例程中都存在。如果在方括号中使用，如在“ask”（召唤）后面的括号内使用，则其作用范围限定在方括号内部。下面用一段代码来说明这个问题：

```
let total-pay sum [mon-salary] of workers
ask firms
[let total-profit sum [profit] of firms
  ]
```

在该段代码中，定义了局部变量“total-pay”，使其值等于所有工人月工资的和，“total-pay”在整个例程中都有效；同时在“ask firms”（召唤企业）的语境下定义了局部变量“total-profit”，使其值等于所有企业收益的和。“total-profit”则只在 ask firms 后面的方括号内才有效，在方括号外则无法被调用。

5.6 NetLogo 编程语言的基本命令

NetLogo 编程语言中包含了两种基本动作：一种称之为命令（command）；另一种称之为报告器（reporter）。命令相当于主体要执行的行动，而报告器则计算行动后的结果并将该结果返回。大多数命令由动词开头[“create”（创建）、“die”（使海龟死亡）、“jump”（跳跃前进）、“inspect”（监视）、“clear”（清除）]，而多数报告器是名称或名词短语。NetLogo 内置的命令和报告器叫作原语（primitives）。在 NetLogo 提供的词典中完整地列出了所有的内置命令和报告器。

将用户自己定义的命令函数和报告器称为例程(procedure)。每个例程有一个名字,前面加上关键词 to 或 to-report,分别表示命令过程与报告过程;关键词 end 标志例程的结束。定义了例程后,就可以在程序的其他任何地方使用它。例如,我们现在需要编写一个例程 change-color,该例程的作用是让海龟随意变换颜色,则其代码可以写成如下形式:

```
to change-color
  ask turtles
  [set color random 250
    ]
end
```

类似地,如果我们需要写一个报告器,报告两个变量 a 和 b 的平均值,则其代码可以写成如下形式:

```
to-report average [a b]
  report (a + b) / 2
end
```

在大多数 NetLogo 模型中,都会有一个一次性按钮调用一个名为 setup 的例程,还有一个永久性按钮调用一个名为 go 的例程。setup 例程相当于模型的初始化,会重新按照其所指向的例程中的内容来配置模型。而 go 例程则通常指向一个可以循环执行的例程。在默认情况下,按下该按钮后,将不断执行模型内"go"所对应的例程命令,直到你关掉 go 命令。下面将对模型中最常见的几种命令予以简单介绍。

5.6.1 ask 命令

NetLogo 用 ask 向海龟、嵌块和链接发出命令,其对象可以是一类主体也可以是单个主体。通常情况下可以指挥这些对象主体进行移动、颜色改变、属性改变等动作。由海龟执行的命令必须置于海龟代码的附近,嵌块、链接、观察者与之类似。但是,需要注意的是,不能 ask 观察者,不在 ask 内的代码默认由观察者执行。例如,现在我们要命令所有的海龟将自己的颜色变成红色,则其代码形式为

```
ask turtles
  [set color red]
```

而如果我们要命令某个特定的海龟将其颜色变成红色,例如,命令第 1 号海龟(即海龟的属性变量 who = 1)将自己的颜色变成红色,则其代码

形式为

```
ask turtle 1
  [set color red]
```

需要注意的是，在 NetLogo 中海龟属性变量 who 是从 0 开始编号的，即如果 who 等于 1，相当于在整个海龟集合中，该海龟是第 2 个创建的。

5.6.2 plotting 命令

NetLogo 通过图（plot）的绘图功能来记录模型运行的状况。绘图前要先在“界面”标签页中创建一个或多个图形，每个图形应该有唯一的名字。具体方法是在“界面”标签页中的空白处点击右键，选择“图”，会弹出如图 5-10 的对话框。在默认情况下，图的名称为“plot 1”，建模者可以对其进行修改，并且还可以对图的横轴（X 轴）和纵轴（Y 轴）的值域和标签进行设定。在不设定的情况下，该值域的最大值和最小值将根据模型运行情况自动调整。此外，建模者可以在“绘图 setup 命令”框和“绘图更新命令”框中编写代码，指定图的初始化规则和更新内容。在默认情况下，图提供了一支“绘图笔”，其颜色为黑色，其名称为“default”，可以双击相应位置对此进行修改。在“绘图笔更新命令”下面的代码框内指定了绘图笔需要绘

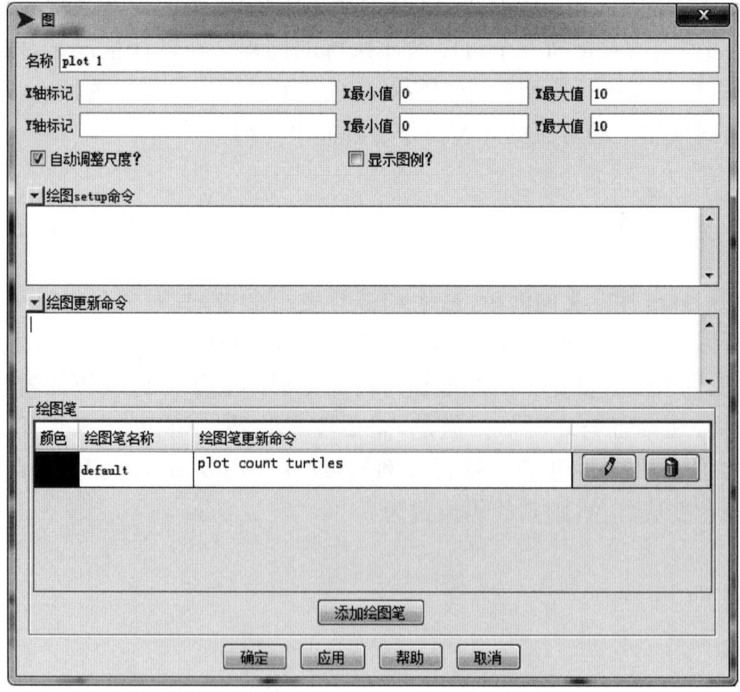

图 5-10　图的创建对话框示意图

制的内容，同样可以双击对其进行编辑和修改。当然，如果图中有多种统计量需要绘制，则可以点击“添加绘图笔”来增加绘图笔，并指定相应需要绘制的统计量。

通过创建图的对话框，可以很方便地完成相关统计量的全过程记录。在默认情况下，X 轴是时间轴（记录时间步数）。如果要改变 X 轴的记录统计量，则需要增添相应的代码。在早期的 NetLogo 版本中，实际上没有提供上述对话框中的相关代码编辑功能，因此要实现上述功能，需要建模者自己编写代码来实现。

在编写创建图的代码过程中，使用的两个基本命令是“plot”和“plotxy”。使用“plot”命令只需给定 Y 值。当模型的每个时间步都要画一个点时，使用“plot”命令特别方便；而要同时指定所绘点的 X 值和 Y 值，应该使用“plotxy”命令。此外，还有许多与创建图有关的命令[在 NetLogo 词典中，这些命令列在“plotting”（绘图）标签下]，利用这些命令可以对其他形式图表进行绘制，也可以对所画的图形进行清除与重置，但不能进行直接修改。

例如，如果我们需要将谢林模型中的“percent-similar”和“percent-unhappy”分别作为 X 坐标和 Y 坐标绘制在上面所建立的默认图上面，则首先需要将绘图笔上的更新命令“plot count turtles”（绘制海龟数量）删除，然后在“代码”标签页的编辑框里面使用如下代码，在循环运行里程“go”中调用例程“update-plot1”（更新图表 1）即可：

```
to update-plot1
    set-current-plot "plot 1"
    plotxy percent-similar percent-unhappy
end
```

5.6.3 input/output 命令

input/output 所指向的命令是用来处理与屏幕呈现内容相关的命令。在 NetLogo 中，向命令中心输出内容的基本命令是“print”“show”“type”和“write”，它们之间有一些细微差别，具体可以参加 NetLogo 词典。而如果要专门向“输出区”（output area）输出内容，则首先要在“界面”标签页下创建“输出区”，然后使用“output-print”“output-show”“output-type”“output-write”等命令将需要输出的内容输出到“输出区”内。“输出区”的内容可以使用“clear-output”命令清除。需要注意的是，使用“print”“show”“output-print”“output-show”在输出时，其输出内容后会附带换行命令，而使用“write”“type”“output-type”“output-write”则不附带换行命令。例如，如果我们需要分别在输出区和命令中心输入模型中所有海龟的身份代码“who”，并且要换行，则其代码如下：

```
print [who] of turtles
output-print [who] of turtles
```

此外,我们还可以使用"export"前缀加上相应的关键词来将"界面"标签中的输出内容保存成文件。例如,使用"export-output"命令可以将屏幕中"输出区"的内容保存到文件。如果在屏幕中没有专门创建"输出区","export-output"命令则将命令中心所记录的内容输出。再比如我们可以使用"export-plot"将制定的"图"保存到指定的文件。其中需要注意的是,"export-view"和"export-interface"导出保存的是以". png"为扩展名的图片文件;而"export-plot""export-all-plots"和 "export-world"导出保存的则是以". csv"为扩展名的文本文件,可以被微软的电子表格软件 Excel 打开。在不指定保存到哪个文件夹的情况下,这些文件都会默认保存到当前所使用的模型所在的文件夹里;如果指定文件夹,则会将导出数据保存到相应的文件夹里。例如,我们现在要将谢林模型运行结果的整个"界面"以图片形式保存到模型所在文件夹里,以"interface"(界面)命名,将所有模型运行的数据都保存到 C 盘的"My Documents"(我的文件夹)下,并且命名为"data"(数据);同时,还将图"Percent Similar"(相似度百分比)的数据保存到模型所在文件夹下,且以导出时的日期命名。那么,实现上述这些目标的代码如下:

```
export-interface "interface. png"
export-world "c:/My Documents/ data. csv"
export-plot " Percent Similar" (word "results " date-and-time ". csv")
```

5.6.4 file 命令

NetLogo 提供了一些与外部文件进行交互的原语,这些原语的前缀都是"file-"。处理文件的方式包括读和写两种。当 NetLogo 模型作为 applet(用 Java 语言编写的小应用程序)在浏览器中运行时,只能从模型所在的目录文件读取数据,而不能写到任何文件中。当操作文件时,必须首先使用"file-open"原语指定要操作哪个文件。当操作完成后,需要关闭之前打开的文件,则使用"file-close"原语。如果要关闭打开的所有文件,则使用"file-close-all"原语。

读文件的原语与写文件的原语分别属于不同的操作模式,读文件和写文件不能同时操作。例如,如果要从读文件的操作模式转换为写文件的操作模式,则需要先关闭文件,结束读文件操作,然后再打开文件,进入写文件操作。读文件的原语包括"file-read""file-read-line""file-read-characters""file-at-end?"等,在打开和读操作之前,这些文件必须是存在的。写原语与屏幕输出原语类似，只不过是输出到文件，可使用的原语包括“file-print” “file-show” “file-type”“file-write”等。如果写入一个已经有数据的文件，新数据只会添加在文件尾部，文件内的数据不会被覆盖。覆盖一个文件，需要使用“file-delete”删除它，然后打开进行重写。例如，我们现在要打开 C 盘“My Documents”文件夹下的“data. txt”文件(假设是该文件中写在一行的数值 1 2 3 4 5，数字中间使用空格隔开)，读取其中的第 1 个数据将其加 1 后并打印在命令中心；然后将“6 7 8 9”这几个数字写入“data. txt”文件中，则其相应的代码为

```
file-open "C:\\ My Documents \\ data. txt "
print file-read + 1
file-close
file-open "C:\\ My Documents \\ data. txt "
file-print "6 7 8 9"
file-close
```

5.7 扩展模块

NetLogo 拥有扩展模块功能，主要源于其为采用 Java，Scala 和其他 JVM 语言编写的程序化模块提供了接口。NetLogo 的开发机构，即美国西北大学的网络学习和计算机建模中心撰写了一大批内置的 NetLogo 扩展模块，建模者可以直接调用这些模块。同时，NetLogo 也允许用户自行编写扩展模块并在线分享。开发者鼓励用户在 NetLogo 的社区中分享自己建立的扩展模块，即便所写的扩展没有完全完成或文档化。

5.7.1 内置扩展模块

在 NetLogo 用户手册中，有专门的“扩展”(extensions)模块章节，其对 NetLogo 内置的扩展模块进行了详细的描述。在 NetLogo 的菜单“帮助”下点击“NetLogo 用户手册”，便可以打开用户手册。在 NetLogo 6.1.1 版本中，详细列出了这些内置扩展模块的功能和用法。这些内置扩展模块包括：电子原型平台(Arduino)、数组(Array)、位图(Bitmap)、逗号分隔值(CSV)、地理信息系统(GIS)、GoGo 板、水平空间(LevelSpace)、矩阵(Matrices)、网络(Networks)、调色板(Palette)、画像(Profiler)、Python 语言、轮盘选择(Rnd)、声音(Sound)、表(Table)、视频(Vid)和2.5 视图(View2. 5D)等。

这些内置扩展模块根据其基本功能可以分为数据支持型、硬件扩展型、功能扩展型、视听扩展型和分析辅助型(表 5-10)。其中，数据支持型为 NetLogo 进行数据的处理与管理提供了更好的支撑，方便用户应用更

多类型的数据格式;硬件扩展型指需要依靠外接硬件来实现一些功能;功能扩展型则是为 NetLogo 提供了与其他软件的对接窗口,主要针对已有的专业分析软件的集成与兼容,使得 NetLogo 可以调用其他软件的内置命令及其生成的文件,进行专业化的分析研究;视听扩展型主要包括在 NetLogo 中引入声音与视频形式来表现不同场景下的主体交互体验;分析辅助型是便于 NetLogo 进行建模分析而提供的额外的补充功能,诸如颜色填充、数据选择方式、视图维度等。

表 5-10　NetLogo 中的内置扩展模块类型一览表

类型	扩展模块的名称
数据支持型	数组(Array)、位图(Bitmap)、逗号分隔值(CSV)、矩阵(Matrices)、表(Table)
硬件扩展型	电子原型平台(Arduino)、GoGo 版
功能扩展型	地理信息系统(GIS)、网络(Networks)、Python 语言
视听扩展型	声音(Sound)、视频(Vid)
分析辅助型	水平空间(LevelSpace)、调色板(Palette)、画像(Profiler)、轮盘选择(Rnd)、2.5 视图(View2.5D)

就规划专业而言,地理信息系统(GIS)扩展模块与网络(Networks)扩展模块具有较为直接的功能扩展型应用。规划中所涉及的核心数据是空间数据,地理信息系统软件 ArcGIS 是目前处理空间矢量数据的重要平台,地理信息系统(GIS)扩展使得 NetLogo 可以读取与分析使用地理信息系统软件 ArcGIS 建立的用地空间数据库,从而可以更加有效地利用规划数据属性进行分析,结合 NetLogo 的主体模拟能力进行相关的模拟分析。区域城镇关系是规划中重点关注的区域问题,而网络分析是定量化研究城镇关联的重要手段,NetLogo 中的网络(Networks)扩展模块不仅能够支撑一般的网络指标分析,而且能进行动态演化分析,从而实现区域关系演化的预测,为城市发展提供决策支持。

5.7.2　非内置扩展模块

除了上述内置扩展模块外,网络学习和计算机建模中心还开发了许多其他的扩展模块。网络学习和计算机建模中心额外开发的这些扩展模块的源代码(Scala 或 Java 语言)均在 GitHub 上开放。GitHub 即开源及私有软件项目的托管平台,上面有专门的 NetLogo 软件社区组,由美国西北大学的网络学习和计算机建模中心机构维护主管。在该社区组中,有大量关于 NetLogo 的信息。表 5-11 对这些非内置扩展模块的功能和开发者进行了简要的总结。由于这些扩展模块并不常用,所以没有打包到 NetLogo 的安装包里面。如果用户需要使用这些模块,可以给网络学习和计算机建模中心写邮件进行咨询并申请将这些功能加载 NetLogo 之中。

表 5-11　网络学习和计算机建模中心开发的其他扩展模块

名称	功能描述	开发者
Custom-Logging	允许编程日志记录	贾森・伯切(Jason Bertsche)
ExtraWidgets	允许通过代码创建选项卡并置入自定义小部件	尼古拉斯・帕耶特(Nicolas Payette)
Goo	通过 NetLogo 编程语言来控制其界面标签中的图形用户界面(GUI)部件	赛斯・蒂苏(Seth Tisue), 埃里克・拉塞尔(Eric Russell)
Gradient	将比例原语引入 NetLogo,从而运行创建渐变色	丹尼尔・科恩豪泽(Daniel Kornhauser)
Gst-Video	基于开源媒体框架 GStreamer 的 NetLogo 视频扩展	萨姆・锡达鲍姆(Sam Cedarbaum), 贾森・伯切(Jason Bertsche)
K-Means	支持基本 *k*—均值聚类分析	尼古拉斯・帕耶特(Nicolas Payette)
Landscapes	在优化算法工具包(Optimization Algorithm Toolbox,OAT)中实现连续函数优化类问题的一个简单扩展包	尼古拉斯・帕耶特(Nicolas Payette)
Props	支持从 NetLogo 中或者在 NetLogo 内读写 Java 语言系统性能	贾森・伯切(Jason Bertsche)
RayTracing	提供与光线跟踪软件(POV-Ray)光线跟踪渲染引擎的接口	鲁莫・杜安(Rumou Duan), 福雷斯特・斯通达尔(Forrest Stonedahl)
Runs	与模型运行功能(尚未发布)交互	尼古拉斯・帕耶特(Nicolas Payette)
Shell	调用外部"Shell"(壳)命令,读取和设置环境变量	埃里克・拉塞尔(Eric Russell)
Speech	苹果操作系统(Mac OS X)的语音合成	安德烈・舍伊克曼(Andrei Scheinkman)
Test	支持在 NetLogo 中进行单元测试	乔希・考夫(Josh Cough)
URL	来自 NetLogo 代码的"HTTP GET"(超文本传输协议的上传请求)和"POST"(超文本传输协议的获取请求)[现由"Web"(网页)扩展代替]	福雷斯特・斯通达尔(Forrest Stonedahl)
VRML	从 NetLogo 中创建虚拟现实建模语言(VRML)文件	福雷斯特・斯通达尔(Forrest Stonedahl)
Web	支持通过超文本传输协议(Hyper Text Transfer Protocol,HTTP)导入/导出各种 NetLogo 特定的数据,基本可以满足任意超文本传输协议(HTTP)请求	贾森・伯切(Jason Bertsche)
Wiimote	与任天堂有限公司游戏主机 Wii 遥控器(Wiimote)的接口	米歇尔・威尔克森-杰德(Michelle Wilkerson-Jerde), 格雷戈里・达姆(Gregory Dam), 内森・霍尔伯特(Nathan Holbert)

5.7.3 扩展模块的调用方法

要在 NetLogo 模型中使用扩展模块，则需要在声明种类与变量之前，在“代码”标签页的编辑窗口中的代码最前端加入关键词“Extensions”(扩展)。紧跟关键词“Extensions”(扩展)之后的是带方括号的扩展模块名称列表。例如：

Extensions [GIS array table matrix]

关键词“Extensions”(扩展)的作用在于，提示 NetLogo 去寻找具体的扩展模块并保证扩展中的自定义命令与报告器对当前模型可用。操作人员需要通过使用各类原语来引用扩展中的命令与报告器。

一般而言，NetLogo 会在几个固定的位置搜寻特定的扩展模块，一个是当前模型所在的文件夹，另一个就是 NetLogo 安装时所默认的存放文件夹。需要注意的是，在不同的操作系统下，NetLogo 默认安装的文件夹位置有所差异。

第一，如果是在苹果操作系统(Mac OS X)下，则其默认安装位置是/Applications/NetLogo 6.1.1/extensions；

第二，如果是在 64 位的 Windows 系统下的 64 位的 NetLogo 或者 32 位的 Windows 系统下的 32 位 NetLogo，则其默认安装位置是 C:\Program Files\NetLogo 6.1.1\app\extensions；

第三，如果是在 64 位的 Windows 系统下的 32 位的 NetLogo，则其默认的安装位置是 C:\Program Files (x86)\NetLogo 6.1.1\app\extensions；

第四，如果是在 Linux 操作系统，则默认安装位置是从“.tgz”格式安装文件中提取的 NetLogo 目录中的 app/extensions 子目录。

需要注意的是，所有内置的扩展模块都存储在 extensions/.bundled 的文件夹下，有和扩展模块名字相同但却是小写的同名文件夹。在这些文件夹中，包含与文件夹名称相同的 jar 文件。以地理信息系统(GIS)扩展模块为例，其存储在 extensions/.bundled/gis 文件夹下面，包含着一个 gis.jar 文件。

5.8 NetLogo 模拟模型的代码组织结构

在第 4 章中的“模型实现”部分已经提到，多智能体模拟模型的实现根据功能的不同可以将构成模拟模型的各个模块分成输入模块、过程模块和输出模块三大部分。其中，输出模块和过程模块通常具有运行时间的同步性，在代码编写过程中很难将两者严格分开，因此可以将两者泛称为运行模块。按照 NetLogo 编程的惯例，通常将运行模块所对应的例程命名为"go"。而输入模块则通常被称为初始化模块，按照 NetLogo 编程的惯例，通常将初始化模块所对应的例程命名为"setup"。

在编写代码前，我们还需要根据实际研究的问题来声明全局变量和主体属性变量等。同时，如果我们还需要使用 NetLogo 的扩展模块，则需要在代码最前面编写加载所要使用的扩展模块的代码。同时，为了使得代码组织更加具有明确的层次性和清晰的逻辑性，方便代码编写完成后进行"内部有效性检验"，我们通常不将运行过程中所有的代码全部写在例程"setup"和"go"之内，而是将模拟不同条件下行为过程的模块单独编写成子模型，即子例程(例如，我们可以将这些例程记为 procedure1，procedure2……)，然后在"setup"或者"go"中调用这些子例程。

此外，在初始化"setup"模块中，为了使得上一次实验的结果不影响下一次的实验，我们往往需要将之前所有的模型运行结果清除。因此，在"setup"例程中的第一行代码，往往会使用"clear-all"(全部清除)命令，即清除掉模拟模型在前面的所有运行结果。同时，在"setup"例程的最后一行使用"reset-ticks"命令，即将运行的计时器归零。如果没有使用"reset-ticks"命令，则当前模型的运行将以上一次运行模型时(在模型不关闭的情况下，如果关闭了，则从 0 开始)所留下的"ticks"值为起算时间点。

对于"go"例程，通常也有两点值得注意：第一点是为了避免例程"go"无休止地运行下去，在例程"go"的第一行首先需要检查模型运行的状态是否达到了停止的条件，如果达到了停止条件，则要求模型运行即刻停止，停止命令是"stop"。此外，在例程"go"结束其他所有运行动作后，在最后一行需要更新一下计时器，即需要更新时间计步器"ticks"，其对应的命令是"tick"。如果在例程"go"的最后没有对时间计步器"ticks"进行更新，那么以时间"ticks"为横轴或者纵轴的"图"则无法输出结果，当然也无法分析模型在时间维度上运行的规律。

现在，假设我们需要研究两个"海龟"在"世界"中的运动特点，并且海龟有"能量"(energy)这个属性变量，我们需要统计两个海龟之间的直线距离(direct-distance)，当两个海龟之间的直线距离小于或等于 1 时，模型停止运行。在此项模拟中我们需要用到地理信息系统(GIS)扩展模块。要实现这些目标，其相应的模型代码的一般性组织结构可以写成表 5-12 中的形式。

表 5-12　模型代码的一般性组织结构

类别	代码及其解释
声明部分	extensions [GIS]　　;;加载地理信息系统(GIS)扩展模块 globals[direct-distance]　　;;声明全局变量为直线距离(direct-distance) turtles-own [energy]　　;;声明主体属性变量为能量(energy)

续表 5-12

类别	代码及其解释
初始化例程模块	to setup ;;建立初始化例程“setup” clear-all ;;清除所有运行痕迹 create-turtles 2 ;;创建两个海龟 [setxy random-xcor random-ycor ;;将海龟随机分布在“世界”内 define-energy ;;调用例程定义能量(define-energy)] reset-ticks ;;重置时间计步器 end ;;“setup”例程结束标志
运行例程模块	to go ;;建立初始化例程“go” update-distance ;;调用更新距离(update-distance)例程 if direct-distance<1 [stop] ;;如果直线距离小于 1 的条件为真,则运行停止命令 turtles-move ;;调用海龟运动(turtles-move)例程 tick ;;更新时间计步器 end ;;“go”例程结束标志
子例程(子模型)	to define-energy ;;建立初始比例程“define-energy” set energy random 100 ;;初始化海龟的能量为 100 以内的随机数值 end ;;结束例程 to update-distance ;;更新两个海龟之间的距离的例程 let x0 [xcor] of turtle 0 ;;定义局部变量 x0 let y0 [ycor] of turtle 0 ;;定义局部变量 y0 let x1 [xcor] of turtle 1 ;;定义局部变量 x1 let y1 [ycor] of turtle 1 ;;定义局部变量 y1 set direct-distance sqrt ((x0-x1) * (x0-x1) + (y0-y1) * (y0-y1)) ;;初始化海龟间直线距离为横纵坐标差平方和的平方根 end ;;结束例程 to turtles-move ;;两个海龟运动的例程 ask turtles ;;召唤所有海龟执行后续命令 [rt random 90 ;;向右转 90°以内的随机角度 lt random 90 ;;向左转 90°以内的随机角度 fd 1 ;;海龟向前前进 1 步] end ;;结束例程

在这里需要指出两点:第一,在 NetLogo 中,英文输入法条件下的分号“;;”后面的内容为注释,不具有代码作用;第二,上述代码目标是展示基于 NetLogo 建立多智能体模拟模型时组织模型代码的一般结构,其中定义的变量和扩展模块在模型中并没有使用,对模型的合理性也没有进行严格分析。

6 行为主体动态竞合的区位行为多智能体模拟

6.1 区位分析的理论基础

在城市规划过程中，一个典型的实际问题就是选址问题。比如说，要新建一个工厂，这个工厂选址在哪个位置才能够成本最少，这样的一个问题实际上就是区位分析中的成本最小化问题；再比如，某个城市居民需要租赁一间商铺，那么其应该在城市中的哪个位置租赁一间商铺才能够得到最大的收益，此类问题则属于区位分析中的效用最大化问题。在城市规划中还有一类典型的问题，就是服务覆盖的问题，比如说要新建一所小学，那么该小学应该建设在城市中的哪个位置才是最优方案等。在实际规划过程中，问题往往没有假设的这么单一，而是涉及多个方面、多个利益相关主体，他们之间存在复杂的相互作用关系。同时，在分析的理论模型上往往是上述三种类型的综合，对于此类问题我们将其归并为动态竞合的区位分析问题。

6.1.1 成本最小化与效用最大化问题

在讨论这个问题前，我们来看一个典型的初等几何问题。假设现在有三角形 ABC，在直角坐标系中，其三个顶点 A、B、C 所对应的坐标分别为 (x_1, y_1)、(x_2, y_2)、(x_3, y_3)，现在需要在三角形 ABC 内找到一点 $X(x, y)$，使得其到三个顶点 A、B、C 的欧氏距离之和 S 最小(图 6-1)。对于这样一个问题，我们可以将表达式写成 $\text{Min}S = \text{Min}(D_{XA} + D_{XB} + D_{XC})$ 。

那么，根据平面直角坐标系的欧氏距离计算公式，原式可以转化为 $\text{Min}S = \text{Min}[\sqrt{(x - x_1) + (y - y_1)} + \sqrt{(x - x_2) + (y - y_2)} + \sqrt{(x - x_3) + (y - y_3)}]$。根据导数的性质，对该式分别求 x 和 y 的一阶偏导数，并令其为 0，则可以求得最优点 X 的坐标(x_0, y_0)。

在充分理解这一数学问题的基础上，如果我们现在假设 A、B、C 三个顶点为三个大米的消费者市场，其向某大米供货商 X 长期购买大米的重量分别为 r_A、r_B、r_C，每千克大米每千米的运费为 p，则该供货商向 A、B、C 三地每千米的运费分别为 $p \times r_A$、$p \times r_B$、$p \times r_C$，可以将其分别记为 f_A、

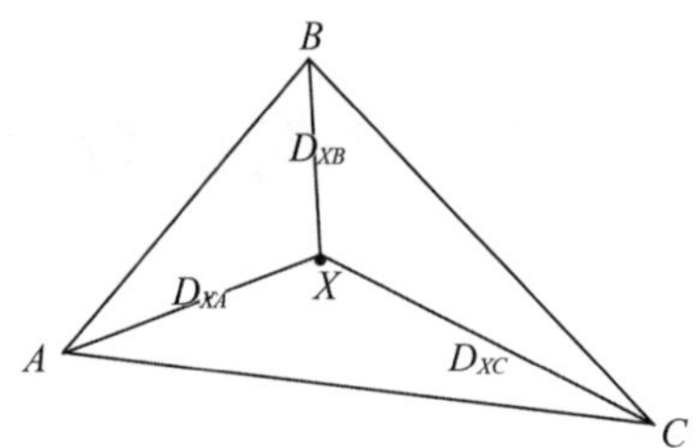

图 6-1　三角形内到三个角点距离之和最小的点求解问题示意图

f_B、f_C。供货商 X 向三地运送大米的总费用 S 可以表达成 $S = f_A \times D_{XA} + f_B \times D_{XB} + f_C \times D_{XC}$。因此，要获得供货商 X 的空间区位，使其向三地运送大米的总费用最小，则相当于在原经典数学问题的基础上，对三个距离 D_{XA}、D_{XB}、D_{XC} 分别加权 f_A、f_B、f_C 后，对其和求取最小值。

上述这个问题，实际上就是经典的韦伯工业区位论最根本的数学原理。只不过在该模型中，对 A、B、C 是代表产地还是代表市场有多种假设；对所运输产品的类型及其运费也有各种假设，并且对各种不同假设进行了详细探讨。在解决实际问题的过程中，我们还需要注意的是，供货商或者工厂主服务的市场或获取生产资源的点不限于三个点，而可能是 N 个点。如果我们将供货商或工厂主所在点（x_0，y_0）到这 N 个点的距离记为 D_i（$i=1, 2, \cdots, N$），将所对应的成本影响因素记为 f_i（$i=1, 2, \cdots, N$），则此问题可以用如下数学公式表达：

$$\text{Min}S = \text{Min}\sum_{i=1}^{N} f_i \times D_i (i = 1, 2, \cdots, N) \tag{6-1}$$

如果我们考虑的是收益问题，则可以将 f_i（$i=1, 2, \cdots, N$）理解为到各点收益的影响因素。在此情况下，该问题就变成了效用最大化问题，其可以用如下数学公式表达：

$$\text{Max}S = \text{Max}\sum_{i=1}^{N} f_i \times D_i (i = 1, 2, \cdots, N) \tag{6-2}$$

需要指出的是，在实际规划过程中，需要确定的供货商或工厂主 X 的具体选址可能已经有了一些备选方案，我们可以将这些方案分别记为 X_j（$j = 1, 2, \cdots, M$），将其到各个顶点的加权距离记为 S_j，则上述问题就可以表达为 $\text{Min}\, S_j (j = 1, 2, \cdots, M)$ 或 $\text{Max}\, S_j (j = 1, 2, \cdots, M)$。

实际上，在此种情况下的区位分析，由于其所对应的备选方案是可以一一列举的，因此其属于基于离散型变量的区位分析。当备选的方案不可穷举，且需要使用连续函数来表达其可能的方案集合时，则此种情况下的区位分析属于基于连续变量的区位分析。在利用基于多智能体技术进行此类问题的分析时，通常我们采取的是基于离散变量的区位分析方法，也就是假设备选方案是可以进行穷举的。

6.1.2 空间覆盖的问题

在城市规划中，有一个非常重要的概念，是服务半径的概念。当我们使用该概念来布局中小学、商业中心等基本公共服务设施时，其所对应的理论基础就是区位分析中的空间覆盖问题。和上文所讲的成本最小化或效用最大化问题不同，就某一种公共服务设施而言，在空间覆盖问题的理论模型中，其要回答的核心问题是在给定的公共服务设施数量 N 和约定的服务半径 R_0后，如何安排该公共服务设施的空间布局，使得其服务的对象 $P_i(i=1,\ 2,\ \cdots,\ M)$的数量 X 达到最大。假设用 $F_j(j=1,\ 2,\ \cdots,\ N)$来表示公共服务设施，用 D_{ij} 来表示服务对象 P_i 到公共服务设施 F_j 的距离，用 X_i来表示服务对象 i 在 R_0的范围内享有公共服务设施的情况，则该问题的数学表达式可以写成如下形式：

$$\mathrm{Max}\sum_{i=1}^{M} X_i(i=1,2,\cdots,M) \tag{6-3}$$

其中

$$X_i=\begin{cases}0,\text{当不存在}D_{ij}<R_0\\1,\text{当存在}D_{ij}<R_0\end{cases}(i=1,2,\cdots,M;j=1,2,\cdots,N) \tag{6-4}$$

和上述情形相反，如果将公共服务设施换成具有污染或危害性质的污水处理厂、垃圾焚烧场等，其影响范围的半径为 R_0，那么就是要求将其所能影响到的对象数量最少。假设用 $F_j(j=1,\ 2,\ \cdots,\ N)$来表示具有负面影响的服务设施，用 D_{ij} 来表示需要分析的可能影响对象 P_i到服务设施 F_j 的距离，使用 X_i来表示影响对象 i 在 R_0范围内受到服务设施负面影响的情况，则该问题的数学表达式可以写成如下形式：

$$\mathrm{Min}\sum_{i=1}^{M} X_i(i=1,2,\cdots M) \tag{6-5}$$

其中

$$X_i=\begin{cases}0,\text{当不存在}D_{ij}<R_0\\1,\text{当存在}D_{ij}<R_0\end{cases}(i=1,2,\cdots,M;j=1,2,\cdots,N) \tag{6-6}$$

6.1.3 动态竞合的区位问题

在现实的社会经济过程中，区位问题往往没有上述两类理想模型这么简单。在上述两类理论模型的基础上，我们可以改变其假设和限制条件，从而衍生出更多的理论模型，使得其与现实中的区位问题更加接近。例如，在第一类的理论模型中，对于某一个供应商来说，并没有假设有其他的供应商与其竞争。如果我们假设有两个甚至更多个的供应商来提供相类似的服务，那么这些供应商的区位如何安排才能够使得他们各自获得最大的收益而不会再变动自己的区位，也就是说他们是否能够找到一种布局方案，使得这些供应商达到一种空间的均衡。

进一步假设，如果这些供应商之间提供的服务有价格(P)和品质(Q)差异，那么又将如何安排？如果我们假设这些客户的选择偏好没有差别，只是基于服务价格和品质做出决策，那么该问题相对容易处理，即假设客户获得的效用(U)仅仅由服务本身的特点以及由此而需要付出的交通成本(T)来决定，即$U = f(P, Q, T)$。那么对于客户来说，决定其选择哪个供应商由$\text{Max}\{f(P, Q, T)\}$来限定。然而，不同的客户由于社会经济状态的差异，同样的服务对于其而言效用可能会有所差异，我们将因为客户自身的属性特征而影响其所得效用的这个变量特征记为C，则其获得的效用可以表述为$U = f(P, Q, T, C)$。在情况下，客户的选择行为就由$\text{Max}\{f(P, Q, T, C)\}$所限定。在明确这些前提预设条件下，我们才能够进一步来研究这些供应商之间的收益问题，进而求解其均衡状态的区位安排方案。

如果我们进一步思考，将时间维度增加进来，那么该问题将变得更加复杂。具体来说，也就是供应商和客户的自身属性并不是如上面所言保持不变，而是动态演化的，比如供应商的数量、规模、价格、品质等；比如客户的收入、区位、年龄和家庭结构等。将这些问题和要素进行统筹考虑的区位分析问题，我们可以将其列为动态竞合的区位问题。想很好地解决此类问题，仅仅依靠传统的数理模型很难实现。在此情况下，我们就可以使用多智能模拟技术来进行系统化分析。

6.2 基于多智能体的区位行为模拟分析关键技术

6.2.1 抽象地理空间的模拟实现

前文提到，多智能体模拟模型分成两种基本类型：一种是空间隐性模型；另一种是空间显性模型。显然，采用多智能体模拟技术来对城市中的企业区位进行建模分析，所建立的模型必然是空间显性模型。那么，在NetLogo建模环境下，如何来建立这种空间显性模型呢？

要建立空间显性模型，首先需要对城市空间进行抽象和模拟。在不考虑其他社会经济构成要素的情况下，城市空间的构成要素主要包括一系列的地理要素，如城市道路、地铁、对外交通出入口、河流、湖泊、地块以及其他地物等。下面将详细阐述如何通过 NetLogo 6.1.1 版本来创建城市道路系统和城市地铁系统。

1）城市空间的基本设定

如前文所述，城市空间的模拟必然需要使用到 NetLogo 中的“世界”(world)，而该“世界”是由排列整齐的“嵌块”(patch)构成。为了保持本书前后论述的一致性，在本书的模型中，将每一个嵌块当作一个具体的地块，且将比例尺设定为 1∶100,即表示一个嵌块的边长为 100 m,一个地块的面积为 10 000 m^2。如此,使得模拟分析具有很好的空间粒度,不致由于分辨率过低而产生不符合实际的空间同质性问题。例如,如果将一个嵌块的边长设定为 1 km,则一个嵌块表示一块 1 km^2 的土地,按理说其内部的土地价格应该有所差别,但在此分辨率下,这种差异是无法表述出来的。

同时,为了简化模型,我们假设模拟的城市为单中心城市,且其路网为环形+放射状。我们将"世界"的中心设为坐标原点,同时假想城市的中央商务区(Central Business District, CBD)也位于原点,这样有助于降低模拟过程中的无谓计算量。关于所模拟的城市空间的大小问题,我们将 x 坐标和 y 坐标的极大值均设置为 100(即 100 个嵌块),也就是此"世界"表示大约 400 km^2 的城市空间。具体操作为鼠标右键单击 NetLogo 中的"世界",在弹出的菜单中选择"编辑",在弹出的对话框界面将"原点位置"设置为"中心",将"max-pxcor"(嵌块的最大横坐标)和"max-pycor"(嵌块的最大纵坐标)均设置为 100。同时,去掉默认选中的"水平方向回绕"和"垂直方向回绕",使得模拟的城市四周有界。此外,由于后文涉及企业的雇佣行为与劳动工人的就业及其月收入问题,因此,在本模型中假定 1 步(1 个 tick)为 1 个月。

2) 城市道路网络的模拟

和单中心城市相对应,我们将城市的道路系统抽象为如图 6-2 所示。具体来说,该城市的道路网络由网格、环形和放射状共同构成。其中在城市中央商务区(CBD)范围内(以原点为圆心的方圆 1 km 范围)以方格加上放射状为主。从中央商务区(CBD)向外以环形加放射状为主。为了简化,我们假设有 4 条环线,其中从中央商务区(CBD)中心向外围辐射 8 条道路。除此以外,还有 8 条放射状道路从环线 2 向外连接到环线 3 和环线 4。

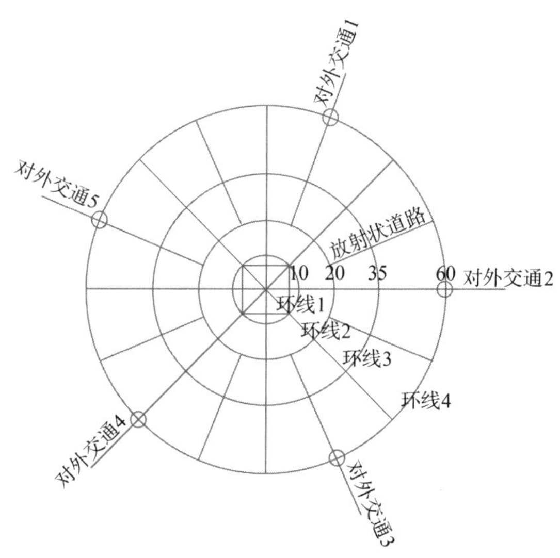

图 6-2 抽象的城市道路系统

注:图中 10、20、35 和 60 表示环线距离中心嵌块(0,0)的距离。例如,60 表示环线到嵌块(0,0)的距离是 60 个嵌块单位。

在 NetLogo 中，要使得模拟的道路系统能够较为直观地显示，一个典型的办法是利用“海龟”移动并将其移动的轨迹可视化出来。控制“海龟”移动的轨迹是否可见的内置命令是“pendown”和“penup”。其中，“pendown”表示画笔按下，海龟的移动将留下痕迹；而“penup”则表示画笔提起，海龟的移动将不留痕迹。在默认情况下，海龟执行的是“penup”命令。因此，在模拟城市道路的过程中，需要使用到“pendown”命令。同时，轨迹的颜色与其所对应的“海龟”颜色一致。例如，我们要模拟一条 10 个单位长的直线道路，并将道路的颜色设置为灰色，则可以使用如下代码(注意，分号后面的部分为所解释的内容)：

```
to create-line              ;;建立初始化例程“create-line”
create-turtles 1            ;;创建一个“海龟”
[set color gray             ;;将其颜色设置为灰色
set hidden? true            ;;将“海龟”隐藏起来不可见
pendown                     ;;将画笔按下
repeat 10                   ;;将方括号内的命令重复执行 10 次
[fd 1]                      ;;向前移动 1 个单位距离
]
end                         ;;结束例程
```

现在，让我们来看如何模拟图 6-2 所示的放射状道路。首先我们创建 16 个“海龟”，并将其均匀分布在环线 2 所在位置上。在此过程中需要使用到的一个关键命令是“create-ordered-turtles *number* [commands]”。该命令的意思是创建 number 个“海龟”，这些海龟所在位置默认为在嵌块(0,0)上面，并且这些海龟所对的方向将 360°平均分成 number 份，起算点的“海龟”的方向(heading)为 0°(正北方向，即正 *y* 轴所指方向)。如果需要，也可以在中括号中输入命令，让这些创建的“海龟”执行中括号中的命令。例如，语句 create-ordered-turtles 6 [fd 20]，则表示创建 6 个“海龟”，将其均匀分布在半径为 20 的圆周上，并且其对应的方向分别为 0°、60°、120°、180°、240°和 300°。其中处于 0°方向的“海龟”的身份代码，即其内置身份代码变量 who 的取值为 0(注意，在 NetLogo 中，“海龟”的身份编码从 0 开始而不是从 1 开始)。下面是实现这些的代码及其解释：

```
to create-randiantlines        ;;建立初始化例程“create-randiantlines”
create-ordered-turtles 16      ;;创建方向在 360°均匀分布的 16 个“海龟”
[fd 20                         ;;将 16 个“海龟”均匀放置在环线 2 上
set color gray                 ;;将其颜色设置为灰色
set hidden? true               ;;将“海龟”隐藏起来不可见
                               ;;此部分模拟由环线 2 向中心的 8 条放射道路
if (remainder who 2) = 0       ;;将“海龟”的身份代码除以 2 取余数，看其是否等于
                               0。如果等于 0，则执行中括号内的命令
[hatch 1                       ;;孵化一个临时“海龟”，完全继承其母体特征
```

```
[rt 180                          ;;向右旋转 180°,相当于掉头朝向嵌块(0,0)
pendown                          ;;将画笔按下
loop                             ;;永续执行其下方括号内的命令直至停止(stop)命令
[fd 1                            ;;前进一步
let dd distance (patch 0 0)      ;;定义为"海龟"到嵌块(0,0)的距离
if round dd = 0 [stop die]       ;;如果圆心距离(dd)约等于 0,则停止,并让此"海
        ]                        龟"死亡。需要注意的是,这里使用了取整(round)
      ]                          命令而不是直接检查圆心距离(dd)是否等于 0,因
    ]                            为对于斜对角上的"海龟"而言,其逐步移动到嵌块
                                 (0,0)时,距离原点不严格等于 0
                                 ;此部分模拟由环线 2 向外辐射的 16 条放射道路
hatch 1                          ;;孵化一个临时"海龟",完全继承其母体特征
  [pendown                       ;;将画笔按下
      loop                       ;;永续执行其下方括号内的命令直至停止(stop)
      [fd 1                      命令
        rt random 5              ;;前进一步
        lt random 5              ;;为了让模拟的道路看起来较为自然,随机将"海
    let dd distance (patch 0 0)  龟"方向向左和向右在 5°内的幅度调整定义局部变
        if dd >= 60              量圆心距离(dd),如果圆心距离(dd)大于或者等于
[die stop]                       0,则让此"海龟"死亡,并跳出 loop 循环。需要注意
      ]                          的是,这里使用了">="而不是"=",因为对于部
    ]                            分海龟而言其移动到环线 4 所在的嵌块后,其所对
  ]                              应的圆心距离(dd)不严格等于 60
end                              ;;结束例程
```

要在 NetLogo 中建立环线道路,需要用到的命令和算法则与模拟直线形道路不同。总体思路是创建一个"海龟",让其执行环线运动并记录下其运动轨迹。在本次模拟中,为了简化问题,假设环形道路为圆形。我们知道,圆形可以由正多边形无限逼近。基于这样的想法,我们可以创建一个海龟,并让其按照每步前进 d 个单位距离来完成一个完整的圆周运动。在这里的关键问题是,我们如何确定其每前进一步后需要调整的前进方向的角度,从而保证其最后回到起点,由此形成近似圆形的轨迹。在 NetLogo 环境下,也就是要弄清楚如何在每一步准确调整、控制海龟方向的内置变量"heading"(方向)。

如图 6-3 所示,假设"海龟"当前位于 A 点,其方向为方向①,与圆相切于 A 点。现在它需要从 A 点一步走到 B 点,相应的步长为 d,走到 B 点后,其相应的方向必须调整为与圆相切于 B 点的方向③。为了实现这一要求,我们可以按照如下步骤执行:第一,首先将"海龟"的方向由方向①向右旋转$\angle 3$,即调整为连接 A 点、B 点的方向②,然后前进 d 距离达到 B 点。

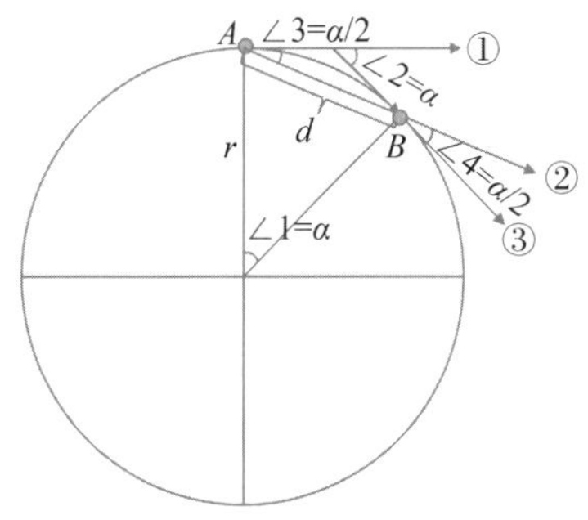

图 6-3　创建环形道路的算法原理

第二，达到 B 点后，继续将“海龟”的方向由方向②向右旋转∠4，使其方向调整为与圆相切于 B 点的方向③。现在的问题就变成了如何求得∠3 和∠4 的大小。已知“海龟”每一步前进的距离为 d，当其趋于无穷小时，根据弧长公式，可以有 $d=r\alpha$，进而得到 $\alpha=d/r$，采用角度的表示方法，得到 $\alpha=(d\times 180)/(r\times\pi)$。根据圆切线的性质可知：$\angle 3=\angle 4=(\angle 1)/2=\alpha/2$。

以上述算法为基础，我们就可以在 NetLogo 中通过创建“海龟”并使其执行圆周运动的方式将环线道路模拟出来。下面将以模拟环线 3 为例，列出代码并进行解释：

```
to create-ring3                            ;;建立初始化例程“create-ring3”
    create-turtles 1                       ;;创建一个“海龟”
    [let first-number who                  ;;创建局部变量 first-number 记录母体海龟的
                                           身份代码“who”
     hatch 1                               ;;孵化一个“海龟”
    [set heading 0                         ;;将其方向设定为正北[即方向(heading)=0]
    fd 35                                  ;;前进 35 步
    rt 90                                  ;;右转 90°，使其与即将创建的环线 3 相切
    set color gray                         ;;将其颜色设置为灰色
    pendown                                ;;将画笔按下
     loop                                  ;;永续执行其下方括号内的命令直至停止
                                           (stop)命令
    [let stepspan 1                        ;;定义局部变量步长(stepspan)为 1
    let radius 35                          ;;定义局部变量半径(radius)为 35
    let angle (stepspan * 180) /           ;;定义步长对应的角度(angle)变量，即图 6-3 中
(pi * radius)                              的 α
    rt angle / 2                           ;;向右转角度/2(angle / 2)，使其朝向图6-3中
                                           的方向②
    fd stepspan                            ;;向前一个步长(stepspan)到达图 6-3 中的 B 点
    rt angle / 2                           ;;向右转角度/2(angle / 2)，使其朝向图 6-3
                                           中的方向③
    if (any? turtles-here with [who=       ;;检查所在嵌块是否有母体“海龟”，如果有，则
    first-number])                         让孵化的“海龟”死亡，并且跳出 loop 循环
     [die stop]
     ]
  ]
]
end                                        ;;结束例程
```

3）城市地铁线路的模拟

在模型中，我们假定城市的地铁线路系统包括 4 条一般线路和 2 条环线，其中环线 1 的半径为 20，环线 2 的半径为 40(图 6-4)。一般来说，城市

地铁站之间的距离约为 1 km，在模型中相当于距离为 10。基于此，环线 1、环线 2 上地铁站点的个数分别设定为 16 个和 32 个。从地铁线路的构成形态来看，其具体模拟算法与上述模拟城市道路系统的算法非常相似，所不同的是在模拟过程中，我们需要将各个地铁站点按照要求进行布置并在图面上显示出来。下面以模拟 4 条一般地铁线路和地铁环线 1 为例，列举相应的代码及其算法解释。

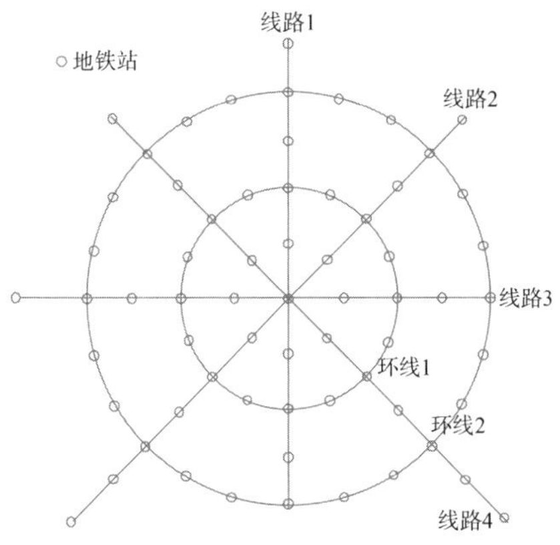

图 6-4　抽象的城市地铁线路系统

```
breed [sub0builders sub0builder]       ;;定义新的行为主体类型一般地铁线路建设者
breed [sub1builders sub1builder]       (sub0builders)和地铁环线 1 建设者(sub1builders)
to create-sublines                     ;;建立初始化例程“create-sublines”
                                       ;;此部分模拟 4 条一般地铁线路
create-ordered-sub0builders 8          ;;创建 8 个沿圆周有序排列的一般地铁线路建设
                                       者(sub0builders)
[set shape "circle"                    ;;将其形状设置为圆形(circle)，代表地铁站符号
set size 4                             ;;将其大小设置为 4，改善展示效果
pendown                                ;;将画笔按下
set color red                          ;;将颜色设置为红色(站点、线路用红色表示)
repeat (5 + random 3)                  ;;重复方括号内的命令 5 + 随机(random) 3 次
[fd 10                                 ;;前进 10 步，相当于 1 km
hatch-sub0builders 1                   ;;创建地铁站点
]
]
                                       ;;此部分模拟地铁环线 1
create-ordered-sub1builders 16         ;;创建 16 个沿圆周有序排列的地铁环线 1 建设者
                                       (sub1builders)
[fd 20                                 ;;前进 20 步，相当于 16 个站点布置到位
set shape "circle"                     ;;将其形状设置为圆形(circle)，代表地铁站符号
set size 4                             ;;将其大小设置为 4，改善显示效果
pendown                                ;;将画笔按下
set color red                          ;;将颜色设置为红色(站点、线路用红色表示)
]

let firstsub1builder min [who] of      ;;定义局部变量 firstsub1builder，也就是记录创建
sub1builders                           的第一个 sub1builder 的身份代码
ask sub1builder firstsub1builder       ;;调用第一个创建的 sub1builder
[hatch-sub1builders 1                  ;;孵化一个 sub1builder
[rt 90                                 ;;向右转 90°
loop                                   ;;永续执行其下方括号内的命令直至停止(stop)命令
[let stepspan 1                        ;;定义局部变量步长(stepspan)为 1
let radius 20                          ;;定义局部变量环线运动的半径(radius)为 20
```

```
let angle stepspan * 180 / (pi *      ;;定义步长对应的角度变量(angle),即图 6-3 中的 α
radius)
rt angle / 2                          ;;向右转角度/2(angle / 2),使其朝向图 6-3 中
fd stepspan                           的方向②
rt angle / 2                          ;;向前一个步长(stepspan)到达图 6-3 中的 B 点
if (any? turtles-here with [who       ;;向右转角度/2(angle / 2),使其朝向图 6-3 中
= firstsub1builder])                  的方向③
[die stop]                            ;;检查所在嵌块是否有母体"海龟",如果有,则让
]                                     孵化的"海龟"死亡,并且跳出 loop 循环
]
]
end                                   ;;结束例程
```

4) 其他面状要素的模拟

除了道路等线状要素以及交通站点等点状要素外,在城市中还存在面状要素,如工业园区、湖面、河流、公园等。这些要素的模拟算法比较类似,其基本思路是利用一个“海龟”的移动并将其周围一定范围内嵌块的属性定义为相应的要素。下面以创建一条河流为例来进行说明:基本思路是在外城区(环线 1 和环线 2 之间)某点随机创建一个“海龟”,并孵化一个朝正北方向[方向(heading)=0]、一个朝正南方向[方向(heading)=180]的“两个海龟[将本例中的行为主体类型定义为辅助者(helper)]”,使其分别向北和向南逐步移动,将沿途的嵌块定义为河流(river)。

```
patches-own [land-type]                 ;;给嵌块定义一个用地类型(land-type)变量
breed [helpers]                         ;;定义新行为主体类型"辅助者"(helper)用于临时移动
to create-rivers                        ;;建立初始化例程"create-rivers"
create-turtles 1                        ;;创建一个"海龟"
  [set color blue                       ;;将颜色设置为蓝色
    set hidden? true                    ;;将"海龟"隐藏起来
     setxy (10 + random 10) (10 +       ;;将"海龟"移动到内城区之内某个随机点(这里为第一象
random 10)                              限内的随机点)
    if (land-type = 0) [set pcolor blue ;;检查该嵌块是否已经被其他要素定义[没有定义,则其
set land-type "river"]                  用地类型(land-type)=0],若未被定义,则定义其为河流
hatch-helpers 1                         ;;孵化一个临时行为主体"辅助者"(helper)
    [set heading 0                      ;;将其方向设定为朝向正北
     loop                               ;;永续执行其下方括号内的命令直至停止(stop)命令
       [fd 1                            ;;向前一步
        set heading (random 180) - 90   ;;将其方向设定为[-90 90)内的某一随机值
        ask patches in-radius 1         ;;检查沿途半径为 1 的嵌块其用地类型是否为 0,如果是
[if land-type = 0                       0,则将其颜色设定为蓝色,将其用地类型设定为河流
[set pcolor blue                        (river)
set land-type "river"]
]
     if (abs pxcor >= 99 or abs pycor   ;;检查行为主体"辅助者"(helper)是否达到边界,如果到
>= 99)                                  达边界,则跳出 loop 循环
[stop]
        ]
```

```
        ask helpers [die]                          ;;召唤行为主体"helper"并让其死亡
      ]
  hatch-helpers 1                                  ;;孵化一个临时行为主体"辅助者"(helper)
      [set heading 180                             ;;将其方向设定为朝向正北
        loop                                       ;;永续执行其下方括号内的命令直至停止(stop)命令
        [fd 1                                      ;;向前一步
         set heading (random 180) + 90             ;;将其方向设定为[90 270)内的某一随机值
         ask patches in-radius 1                   ;;检查沿途半径为 1 的嵌块其用地类型是否为 0,如果
  [if land-type = 0                                是 0,则将其颜色设定为蓝色,将其用地类型设定为河流
  [set pcolor blue                                 (river)
  set land-type "river"]
  ]
            if (abs pxcor >= 99 or abs             ;;检查行为主体"辅助者"(helper)是否达到边界,如果到
  pycor >= 99)                                     达边界,则跳出 loop 循环
  [stop]
        ]
        ask helpers [die]                          ;;召唤行为主体"辅助者"(helper)并让其死亡
      ]
    ]
  end                                              ;;结束例程
```

6.2.2 区位行为规则的描述与实现

如前文所述,在成本最小化与效用最大化这一类区位行为分析中,行为主体选择某个具体区位的原因,通常是其在该区位所获得的效用比其他备选区位所能获得的效用更大,这一效用我们将其称为区位效用。本章中以文化创意企业的区位行为为分析对象,因此对于某一文化创意企业而言,其在某个区位所能获得的区位效用,除了与该区位自身的区位要素有关外,还与该企业对不同区位要素的偏好有关。因此,要描述文化创意企业的区位行为,我们首先需要明确如何用数量方法来表述这些区位要素对区位特性的影响,其次需要明确如何计算区位效用。

1) 描述区位要素对区位特性的影响

就某个具体区位而言,如果其离某个地理区位要素(限于带来正面效果的区位要素)越近,则其更能享受该地理区位要素所带来的好处。那么,如何来量化这种关系呢? 在这个问题上,已经有了很多种计算方法。其中,最为常用的一种方法是负指数函数法(以自然常量 e 为底)(Foot,1981;Handy et al. ,1997;Levy et al. ,2013)。该方法的一般表达式为

$$F_{ij} = c \times e^{-\theta D_{ij}} \tag{6-7}$$

其中,F_{ij} 表示地理区位要素 i 给区位 j 带来的影响大小;c 为常数;θ 为距离衰减参数;D_{ij} 是地理区位要素 i 到区位 j 的距离。

可以看到,该公式适合处理连续变量。那么,在 NetLogo 环境下,我

们需要处理的是每一个"嵌块"在某个区位要素方面的优势或者得分多少的问题,这个问题实际上要处理的是离散变量问题。基于地理学第一定律(Tobler,1970)[即"每个现象之间都相互联系,但是邻近现象之间的联系会更强"(Everything is related to everything else, but near things are more related than distant things)]和 NetLogo 环境下的编程需要,我们提出量化某一地块在某个地理区位要素上的得分。具体来讲,就是某个地理区位要素在有限范围内给某个地块带来的区位影响会随着距离的增长而衰减,具体可以用如下公式计算:

$$I_n = \prod_{i=n}^{N}\left(1+\frac{1}{i}\right)\ (n = 1,\ 2,\ 3,\ \cdots,N) \tag{6-8}$$

其中,I_n表示在衰减等级 n 内(等级 n 表示的圆环内)的地块所能获得的初始区位得分;N 表示衰减等级总数;i 表示衰减等级的变数,从 n 开始取值,一直取到 N。可以看到 I_n的值一定大于 1。

如图 6-5 所示,处于嵌块矩阵中间的圆环表示区位要素,假设其对周边的影响范围分成 3 个衰减等级,即 N 等于 3。那么,第 1 衰减等级内的各个嵌块的得分为 $I_1 = (1 + 1/1) \times (1 + 1/2) \times (1 + 1/3) = 4$;第 2 衰减等级内的各个嵌块的得分为 $I_2 = (1 + 1/2) \times (1 + 1/3) = 2$;第 3 衰减等级内的各个嵌块的得分为 $I_3 = (1 + 1/3) = 4/3$。

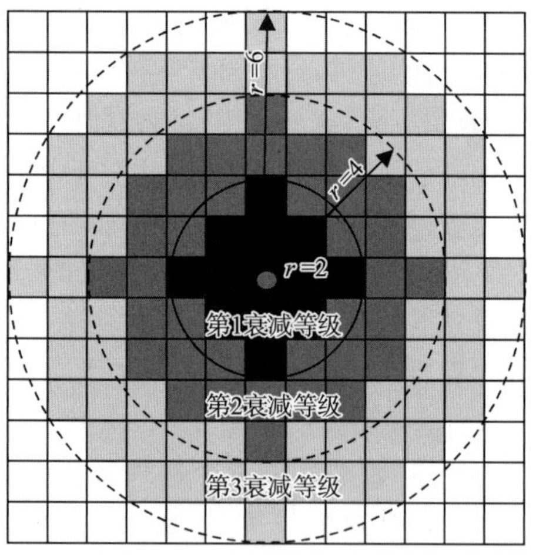

图 6-5　某区位要素对嵌块区位属性的量化计算示意

在 NetLogo 中,为了实现上述计算结果,其基本思路是以某一个地理要素为参照(如图 6-5 中的中心原点),召唤其周围一定半径范围内的嵌块并对其进行计算赋值。下面以文化设施(culture-facilities)作为中心的原点,以图 6-5 所示的情况为例,列出对应的代码及其解释:

```
patchesown [culture-mark]to calculate-     ;;定义嵌块在文化设施要素方面的得分变量为
mark                                       "culture-mark"
ask patches                                ;;召唤所有的嵌块并将其文化设施方面的原始得分
[set culture-mark 1]                       设为 1
ask culture-facilities                     ;;召唤所有的文化设施
[ask patches in-radius 2                   ;;以文化设施为参照,召唤其周围半径为 2 范围内的
[ set culture-mark culture-mark * (1+      嵌块,将其原有得分乘以(1 + 1/1)
1/1) ]
ask patches in-radius 4                    ;;以文化设施为参照,召唤其周围半径为 4 范围内的
[ set culture-mark culture-mark * (1+      嵌块,将其原有得分乘以(1 + 1/2)
1/2) ]
ask patches in-radius 6                    ;;以文化公共设施为参照,召唤其周围半径为 6 范围
[ set culture-mark culture-mark * (1+      内的嵌块,将其原有得分乘以(1 + 1/3)
1/3) ]
]
end                                        ;;结束例程
```

在实际计算过程中,依据上述公式计算得出的量化数据由于多次相乘的次数不同(即定义的影响范围不同),会造成同一地块在不同区位因素上的得分产生巨大差距。因此,为了消除这种影响,我们需要对由上述公式所计算的结果进行标准化。我们将嵌块 i 在某项地理区位要素方面的最终计算得分记为 $M_{(\text{original})i}$,标准化后的得分记为 $M_{(\text{standard})i}$,采取如下的标准化公式:

$$M_{(\text{standard})i} = 1 + \frac{M_{(\text{original})i} - 1}{\text{Max}[M_{(\text{original})i}] - 1} \tag{6-9}$$

可以看到,标准化后的得分 $M_{(\text{standard})i}$ 的取值范围为(1,2]。

在 NetLogo 中,其实现代码及其解释如下:

```
patches-own [culture-mark                  ;;定义嵌块在文化设施要素方面的原始得分变量
s-culture-mark]                            "culture-mark"、标准化得分变量"s-culture-mark"
to calculate-s-mark                        ;;建立初始化例程"calculate-s-mark"
let max-mark max                           ;;定义临时变量"max-mark",将其值设定为所有嵌块
[culture-mark] of patches                  原始得分的最大值
ask patches                                ;;召唤所有嵌块
[set s-culture-mark 1 + (culture-mark -    ;;按照标准化公式计算标准化后的得分,并将其赋予
1) / (max-mark - 1)                        "s-culture-mark"
]
end                                        ;;结束例程
```

2) 定义区位效用及其量化方法

从本质上讲,区位效用就是某一区位对于某一行为主体的某种目的而言能够产生的益处。在早期,区位效用主要考虑的是经济效益(McCann, 2002),上文在阐述区位分析的理论基础时所提到的成本最小化与效用最大化问题就属于此情况。然而,随着区位理论研究方法的发展,新的区位

要素不断被融入，现今的区位理论所指涉的要素已经远远超越于经济效益的概念，其还可能包括心理满意程度或者正面外部性或负面外部性等(Eiselt et al.，2011)。这里带来的一个直接问题就是如何将不同区位要素所带来的效用进行归并。一般来说，要量化包含不同性质、不同量纲的区位效用，首先要将各个区位要素产生的效用进行标准化，然后将所有标准化后的数据求和以表示总体区位效用。例如，查理帕尔等(Charypar et al.，2005)在计算居民一天出行活动所能带来的效用时，将某一个活动计划的效用定义为

$$U_{act}=U_{dur}+U_{wait}+U_{late:ar}+U_{early:dep}+U_{short:dur}+U_{travel} \quad (6\text{-}10)$$

其中，U_{act}表示执行某一活动机会的总体效用；U_{dur}表示参与某一项活动所能获得的益处(内心满足)；U_{wait}表示参与活动时的等待时间所产生的负效用；$U_{late:ar}$和$U_{early:dep}$分别表示晚到活动现场和提早离开所产生的负效用；$U_{short:dur}$表示允许行为主体参与活动的时间过短所带来的负效用；U_{travel}则表示到活动现场所花费的交通时间产生的负效用。

根据这样的量化思路，并考虑到同一个文化创意企业对于各种不同的区位要素的重视程度有所不同，在NetLogo编程环境下，我们提出如下的量化方法：首先，假设某个区位(即某个嵌块)在n个区位要素上将会影响到文化创意企业的办公区位选择，我们将该嵌块在这n个区位要素的标准化得分分别记为$\{m_1,m_2,m_3,\cdots,m_n\}$；其次，我们假设某个企业对这$n$个区位要素的重视程度，即将赋予的权重分别记为$\{w_1,w_2,w_3,\cdots,w_n\}$。基于此，该企业在该嵌块上所能得到的区位效用$U$可以定义为

$$U=m_1\times w_1+m_2\times w_2+m_3\times w_3+\cdots+m_n\times w_n \quad (6\text{-}11)$$

需要注意的是，在该公式中，可能有一些要素会对企业所能获得的效用具有负向作用，例如，租金价格越高，企业所获得的效用会越低。与此同时，为了表达在模拟过程中由于时间推移而带来的区位建成环境质量的逐步衰退(在没有人工干预和更新的条件下)，我们提出一个建成环境质量的概念，并用Q表示，将其取值范围设定为[1,0]。随着时间的推进，在没有外部人为干预的情况下，建成环境质量的取值会逐步趋向于0。建成环境的衰退会影响到企业所获得的总体效用，因此将企业在某个区位上的最终效用定义为

$$U=(m_1\times w_1+m_2\times w_2+m_3\times w_3+\cdots+m_n\times w_n)\times Q \quad (6\text{-}12)$$

3) 行为主体的区位“条件—行为”规则

要定义行为主体的“条件—行为”规则，首先需要定义行为主体，即企业在某个具体嵌块上可能获得的区位效用，而要计算区位效用，则需要将嵌块在所有区位要素上的得分计算出来。上文已经给出了嵌块在各个区位要素上的得分的计算方法。但是，还有一项非常重要的区位要素，即办

公空间的租赁价格，我们对此并没有进行更加详细的考察。我们知道，租赁价格与各种地理区位要素具有密切关系，一般来说，区位越好，其单位面积的租赁价格越高，在这里，我们将其单位定义为元/(m^2 · 月)。假设有 n 项区位要素会影响到价格，将其标准化后的值分别记为 $m_1, m_2, m_3, \cdots, m_n$，并且通过社会调查这些区位要素对于企业来说总体上的重要性分别为 $w_1, w_2, w_3, \cdots, w_n$，我们将由这些因素塑造的租赁价格定义为

$$P = C \times \frac{m_1 w_1 + m_2 w_2 + m_3 w_3 + \cdots + m_n w_n}{w_1 + w_2 + w_3 + \cdots + w_n} \tag{6-13}$$

其中，C 为基于这 n 项区位要素的价格参数，可以通过具体研究中的社会调查结果确定。

基于这样的情况，假设租赁价格作为一种区位要素，其对于某个企业来说的重要性，即权重为 w_p，则可以把企业在某个区位上所获得的最终效用定义为

$$U = (m_1 \times w_1 + m_2 \times w_2 + m_3 \times w_3 + \cdots + m_n \times w_n - P \times w_p) \times Q \tag{6-14}$$

那么，如何来定义企业的区位"条件—行为"规则呢？其基本原则就是区位效用最大化。因此，我们首先需要定义可供企业选择的区位(嵌块)所构成的总集合。在现实中，对于一个企业来说，其在一定时间内(如在一个月内)在租赁市场上能够获得有关租赁的信息(即哪些区位有办公空间)十分有限，其能够尝试参与租赁谈判的次数也有限度。基于这样的考虑，我们需要限定一个文化创意企业在一个月内能够进行比较并考虑是否租赁的区位(嵌块)个数，进而可以定义可供文化创意企业在一个月内进行比较的嵌块集合。

为了简化代码，我们假设文化创意企业可以进入任何嵌块，每个月可供文化创意企业选择的嵌块个数为 N，并且某一个嵌块能够容纳无限数量的文化创意企业；影响这些文化创意企业区位选择的因素有 5 个(包括租赁价格 P)，并将某个区位在这些方面的得分分别记为 $mp, m1, m2, m3, m4$，其影响权重分别为 $wp, w1, w2, w3, w4$。定义文化创意企业区位"条件—行为"规则的代码及其解释如表 6-1 所示。

表 6-1　文化创意企业区位"条件—行为"规则的代码及其解释

代码	解释
globals [possible-patches]	定义一个全局变量，即参与比较的嵌块集合
breeds[CIs CI]	定义新的行为主体类型文化创意企业(Creative Industries，CIs)
patches-own [mp m1 m2 m3 m4 u-p-to-firm Q]	给嵌块定义区位要素得分新变量、区位效用"u-p-to-firm"以及建成环境质量"Q"

续表 6-1

代码	解释
CIs-own[wp w1 w2 w3 w4 u-firm-self]	给文化创意企业定义权重新变量以及企业当前所在区位所获得的区位效用“u-firm-self”
to choose-location	建立初始化选址例程
ask CIs	召唤文化创意企业
[set possible-patches n-of N patches	将 N 个随机嵌块定义为参与比较的嵌块集合
ask possible-patches	召唤参与比较的嵌块集合
[set u-firm （m1 ＊ w1 ＋ m2 ＊ w2 ＋ m3＊ w3＋m4＊ w4－mp＊ wp） ＊ Q]	计算嵌块集合中每个嵌块能够给企业带来的区位效用
let target-patch max-one-of possible-patches [u-p-to-firm]	将区位效用最大的嵌块定义为临时变量目标嵌块(targeted-patch)
let x [u-p-to-firm] of target-patch	将目标嵌块所能提供的区位效用“u-p-to-firm”赋予临时变量“x”
if （u-firm-self＜x） [move-to target-patch set u-firm-self u-p-to-firm]	如果“x”大于文化创意企业在当前区位所获得的区位效用“u-firm-self”，则文化创意企业迁移到目标嵌块，并且将文化创意企业自身所获得的区位效用更新为“u-p-to-firm”
]]	—
end	结束例程

6.2.3 区位行为的空间过程可视化

在 NetLogo 环境下，要对所模拟的区位行为的空间过程进行可视化，除了可以采用“监视器”来实时报告一些关键变量的取值状态外，最常用的可视化媒介还包括两个：一个是“世界”(world)，另一个就是“图”(plot)。例如，为了观察模拟过程中文化创意企业在城市中的区位变动情况，我们可以将文化创意企业的内置变量“是否隐藏”(hidden?)设定为“真”(true)，则所有的企业在整个模拟过程中的变动情况就可以直接得到可视化。但是，除了关心这些企业的区位变动外，我们还关心在整个空间过程中城市不同地块办公空间租赁价格的变动与演化情况。为此，我们就有必要通过增添新的程序模块来实现这一功能。例如，我们现在需要展示所有地块(嵌块)的办公租赁价格(假设对应的变量为“office-rent”)，则首先需要在“界面”工作场景中建立一个按钮，将其命令设为“show-office-rent”，将其连接到对应的程序模块(该程序模块名称需要相应地设定为“show-office-rent”)。实现这一功能的代码及相应的解释如表 6-2 所示。

表 6-2　模拟模型的功能代码及相应解释

代码	解释
to show-office-rent	建立初始化地块办公租赁价格展示(show-office-rent)例程
let max1 max [office-rent] of patches	定义局部变量 max1,并将其取值设定为嵌块的属性变量“office-rent”的最大值
let min1 min [office-rent] of patches	定义局部变量 min1,并将其取值设定为嵌块的属性变量“office-rent”的最小值
ask patches	召唤所有嵌块
[set pcolor scale-color red (office-rent) min1 max1]	以红色系对各个嵌块进行颜色渲染。颜色的深度与变量“office-rent”在值域[min1, max1]中的位置成比例。值越大,颜色越浅
end	结束例程

在实际研究分析过程中,我们除了需要对“嵌块”和行为主体某些特定的变量值进行可视化外,还需要对一些特定的、新的、需要通过统计计算才能够得到的变量进行可视化。例如,在研究企业空间区位行为的同时,我们还很关注这些企业的空间集聚水平。为此,首先需要知道如何来统计计算空间点的集聚水平,其次是对这种集聚水平(统计量)的值进行可视化。

针对点对象的空间集聚水平,有两种典型的统计方法:样方分析(Quadrat Analysis, QA)方法和最近邻分析(Nearest Neighbour Analysis, NNA)。需要特别指出的是,在样方分析方法中,其关键的一步就是需要确定样方的大小。相比之下,最近邻分析方法则不存在这一问题。基于此,在本次模拟分析中,我们采取最近邻分析方法,其对应的统计量为 R 比率,计算公式为

$$R=\frac{R_0}{R_e}=\frac{\sum d_i/n}{0.5\sqrt{A/n}} \tag{6-15}$$

其中,d_i表示各点与其相邻的最近点的距离;A 表示研究区域的面积;n 表示研究区域所包含的点的总数。R 值越小,表示集聚水平越高。

要将文化创意企业空间集聚水平可视化,首先需要通过代码计算出 R 值,然后将其在图(plot)中进行实时记录和显示。在 NetLogo 中,计算文化创意企业(CIs)空间分布所对应的 R 值的具体代码及其解释如表 6-3 所示。

表 6-3　计算文化创意企业空间分布所对应的 R 值的具体代码及其解释

代码	解释
globals[r-firm number-firm]	定义全局变量，即统计量 R，用"r-firm"表示；定义文化创意企业总数的统计量"number-firm"。这样才能在可视化图(plot)中直接调用这两个变量
CIs-own [nearest-distance-f]	定义文化创意企业的属性变量"nearest-distance-f"，用来记录与其最近的企业之间的距离
to calculate-r-firm	建立初始化计算文创企业 R 值(calculate-r-firm)例程
set number-firm count CIs	统计文化创意企业的总数
let width max pxcor let height max pycor let area 4 * width * height	定义局部变量，从而计算模拟范围的总面积
ask CIs	召唤文化创意企业
[let nearest-CI min-one-of other CIs [distance myself]	将与所召唤的文化创意企业最近的一个企业定义为"nearest-CI"。需要注意在 NetLogo 中"myself"和"self"的区别，前者指的是发出召唤的海龟，而后者则指当前正在执行动作的海龟
set nearest-distance distance nearest-CI	计算海龟与其最近的海龟的距离，并将其值赋予海龟属性变量"nearest-distance"
] let total-near sum [nearest-distance] of CIs	计算所有海龟属性变量"nearest-distance"取值的总和
let upper total-near / number-firm	计算统计量 R 的分子
let bottom 0.5 * sqrt (area / number-firm)	计算统计量 R 的分母
set r-firm upper / bottom	计算统计量 R
end	结束例程

在主程序中将全局变量 R 计算好了以后，就可以在"图"(plot)中进行实时显示了。首先，在"界面"工作场景中，单击右键选择"图"后生成图，然后在"图"上单击右键，选择"编辑"，进入"图"的编辑对话框(图 6-6)，在"绘图笔更新命令"中输入"plot r-firm"(绘制企业集聚性 R 值)即可。此

外，还可以根据需要对图的名称、画笔的颜色和名称以及是否显示图例等进行编辑和调整。

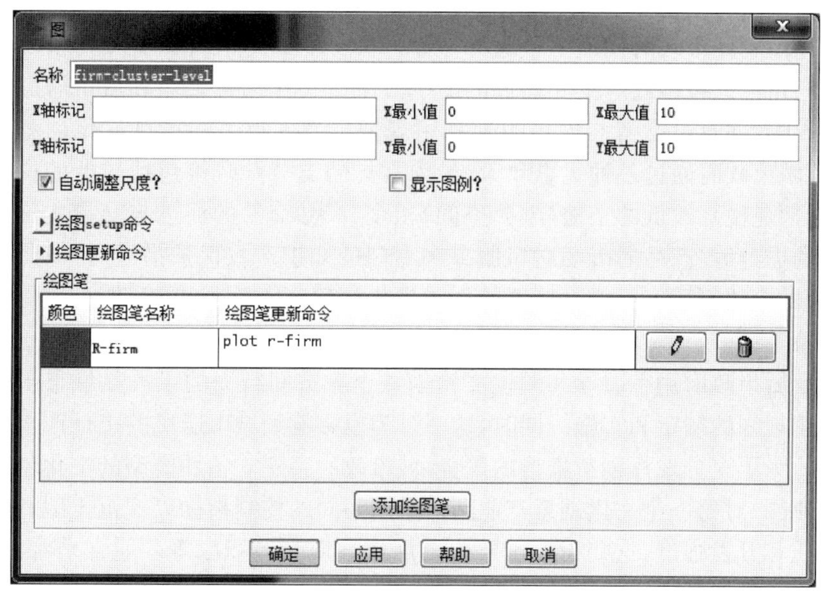

图 6-6 “图”的编辑对话框示意图

6.3 文化创意产业空间区位行为过程模拟

6.3.1 理解文化创意产业空间区位行为

在城市空间中，文化创意产业的空间区位行为受到多种要素的复杂影响。首先，需要寻找办公空间并为之支付租金，而办公空间的租金价格具有空间异质性，其不仅与某地的区位条件、环境条件和基础设施条件有关，而且与竞标的潜在竞争对手的出价水平和数量有关。其次，办公空间需要占用一定的城市土地空间，而在中国语境下，城市土地空间的供给受到城市政府的宏观调控，其来源既包括新增国有土地使用权的出让，部分来自城市存量土地的更新和再利用，来自城郊接合部的集体土地所有权的转换和使用权的出让，也包括农业用地的农转非及其使用权的出让等。也就是说，文化创意产业的空间区位行为还与城市政府的宏观调控和城市居民（包括城郊接合部的村民和城郊接合部的居民以及城市居民）有一定的关系。最后，文化创意企业为了支付租金，则需要通过生产和销售创意产品获得收益。从生产角度来看，文化创意企业需要雇佣文化创意工人并支付其工资薪酬，而文化创意产业工人数量的供给受到相应的劳动力市场供给总量的约束；从销售角度来看，其需要出售其产品并从中获益，而从总体上来看，所有企业出售的产品的总价值受到市场总需求的限制，即市场需求总量的影响。也就是说文化创意企业的空间区位行为还与文化创意产业工人的供给情况和产出效率、企业的经营情况等有关。

由于城市政府代理了土地所有者的职权，因此它在此过程中扮演了重要的角色。城市政府主要通过两类手段来对文化创意企业和城市居民实施影响，即政策支持与城市土地利用规划。为了吸引和培育文化创意产业，城市政府通过各种优惠政策，最为常见的支持性政策包括较低的税收（包括免税）、较低的土地（办公空间）租金、产品交易的促进与交易文化氛围的提升等（产品的市场对口服务和专门的知识产权保护措施）。与此相比，城市政府还有可能为特殊的人才提供住房等方面的支持，如人才住房政策等。

城市政府用来引导和调控文化创意企业空间行为的手段是城市土地利用规划的制定和实施。同时，这一行为也影响到城市居民的土地产权利益。为了充分发挥创意集群的优势，城市政府会建立各种类型的文化创意产业园，对每一个文化创意产业园都采用不同的控制指标以规范土地利用性质和开发强度，这些指标主要包括用地性质和容积率等。通常来看，这些文化创意产业园的土地来源主要概括为两个：城市更新和土地征用（图6-7）。要实施城市更新和土地征用，城市政府根据实际需要制定土地利用规划初步方案。在通常情况下，制定的方案会影响到居民的土地产权利益。

要在实施方案的过程中解决这一利益矛盾，城市政府必须同居民沟通磋商，讨论利益补偿的问题。如果城市居民/农民认为城市政府提出的补偿方案合理，则会接受补偿方案并配合城市政府实施拆迁安置和土地征用，这样一来城市政府原先制定的土地利用规划方案将顺利实施。然而，如果城市居民/农民与城市政府就补偿问题不能达成一致，那么土地利用规划（包括城市更新、土地征用等内容）将会被推迟或放弃。这样，被涉及的城市居民/农民将继续留在原地，进入下一轮的补偿谈判和协商。在城市政府与城市居民/农民就补偿问题达成一致的情况下，城市更新和土地征用便可顺利开展，这样一来，早期被界定为废弃工厂、仓库、棚户区和违章建筑等的地段，将获得更新或重建；按照规划需要建设成为文化创意产业园和住房地产的农田或荒地将被征用。通过上述过程，将产生新的办公空间和住房空间。这些空间与已有的办公空间和住房空间共同进入满足文化创意企业办公需求和文化创意工人住房需求的供应市场。基于这些基本理解，我们可以将文化创意产业在城市中的空间区位行为所涉及的各个利益主体之间的关系总结为如图 6-7 所示。

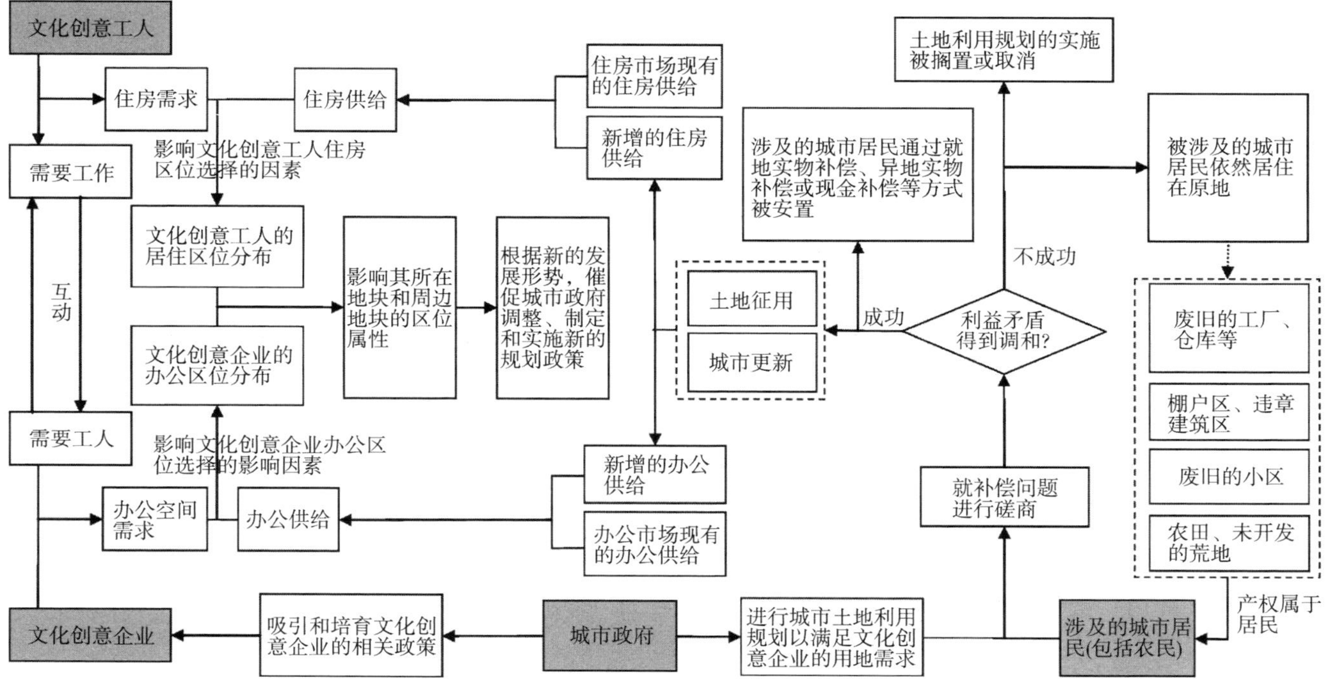

图 6-7　在文化创意产业空间区位行为过程中不同利益主体的相互关系

6.3.2　从理解现实到模型总体框架构建

根据上述理解，我们可以通过社会调查得到有关不同利益主体的属性数据，并获得不同利益主体在整个区位行为过程中所扮演的角色及其发挥的手段。同时，通过社会调查，我们还可以得到这些不同主体之间的行为规则，即明确其在不同条件下将采取怎样的行动。

以南京市为例，调查研究发现（刘合林等，2017）：第一，超过 90％以上的城市居民愿意接受城市政府提出的用地规划方案，只要城市政府能够给出基于市场价格的补偿。因此，在模型中我们需要假设城市政府能够满足所有居民的上述要求，这也就对模型中的城市政府在每个月能够开展拆迁补偿的数量有一定限制（因为财政预算不可能无限大）。第二，当前城市政府的拆迁补偿日趋规范（公开了拆迁补偿的相关法规、条例），因此也使得受到影响的城市居民的合作意向大大增加。第三，从土地相关法律框架以及行政体制上讲，城市居民在用地上的权利非常有限，因此其影响力也相当有限。基于上述考虑，在本次建模实例中，城市居民虽然是一个重要的利益主体，但未将其考虑在模型之中，这就使得本模型中包括的行为主体为三个：文化创意企业、文化创意工人和城市政府。

基于调查研究结果和对文化创意产业空间区位行为的理解，提出如图 6-8 所示的模型框架。在此模型框架中，城市土地处于中央位置，是一个联系上文所述的三个行为主体的界面平台。在模型中，每一块土地都有一组描述它自身特征的变量（如所有区位因素的得分、土地利用类型、基础设施类型、可用性、建筑质量等）。随着文化创意企业和文化创意工人的空间移动，这些属性也发生相应变化，这些变化反过来又将影响文化创意企业、文化创意工人的空间区位选择，以及政府政策的空间安排。

政府的调控作用主要通过两个方面实现：支持性政策和土地利用规划。其中，支持性政策包括三个方面，分别是较低的税收（包括免税）、较低的土地（办公空间）租金、产品交易的促进与交易文化氛围的提升（产品的市场对口服务和专门的知识产权保护措施）。为了简化模型，我们假设三项政策均被政府作为一种调控手段来发展特定的城市地段。也就是说，政府会将这些政策配置到特定的地块，只有那些进入此地块的企业才能获得相应的政策支持。基于此，在模型中，政府政策的制定则分两步：第一步，制定政策包，也就是将现有的三个政策进行组合；第二步，根据文化创意产业发展空间安排的实际需要，将组合好后的政策包配置到不同的地块。而在模型中，城市土地利用规划则涉及四个方面：第一，在城市更新方面，那些建筑质量较低的地块更容易被政府作为被改造更新对象；第二，在城市土地征用方面，那些原为保护用地或农用地的地区，如果政府认定为可开

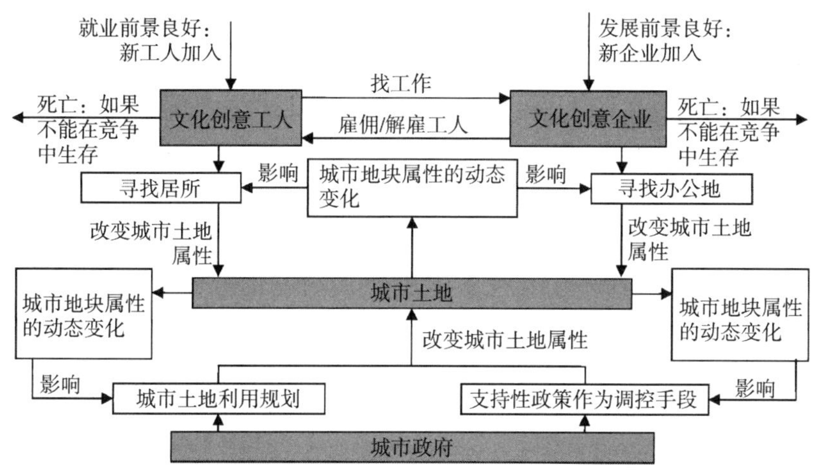

图 6-8　基于多智能体模拟技术行为主体之间的相互作用框架

发，将被转换为城市建设用地进行开发；第三，在城市用地密度控制方面，为了防止过度开发，政府将定义每一地块的最大容积率；第四，在城市土地资源控制方面，政府将定义需要保护的绿地、农用地等。只有那些被定义为可开发的土地才能被开发。

在模型中，文化创意企业和文化创意工人之间具有相互依存的关系：文化创意企业需要文化创意工人为其服务并创造利润；文化创意工人反过来需要文化创意企业提供工作岗位，进而获得工资报酬以支持生活。企业需要依靠卖出产品所获得的经济收益（利润）来支付办公用地租金；而工人只有获得工资报酬才能支付住房租金。工人的住房选择和企业的办公用地选择，都会改变其所涉及的地块属性。这些属性的改变，反过来又会影响其他企业和工人的区位选择决定。

在系统运行过程中，有些工人可能无法找到合适的工作岗位或合适的住房。如果这一不利状态持续太久，这些工人将退出该系统。同样的，如果企业无法找到办公空间的时间太久，或者其所剩资本超出其可能接受的阈值，其也将退出该系统。与这些个体死亡（个体退出系统）相对应，在某些情况下，也会有新的企业或工人加入该系统：如果就业率达到一定水平，新的工人将加入该系统；如果文化创意产品的需求大于总生产一定的幅度，新的企业会诞生并加入该系统。

6.3.3　行为主体的条件—行为规则确立

结合上文所述的模型总体框架，并结合刘合林等（2017）的社会调查数据，可以进一步确立行为主体在模型中的条件—行为规则，细节如表 6-4 所示。

表 6-4　模拟模型中行为主体的条件—行为规则

行为主体类型	条件	行为	在用户界面上的相关参数
城市政府	城市政府有支持文化创意企业的政策	设计政策包,配发政策包	"政策支持力度"(policy-support)
	在政策包的有效期结束	政策包被撤离,重新设计配置政策包	"平均执行期"(mean-tenure)
	检查所有城市地块是否可以用作住房开发或者办公开发	设定可开发用地所允许的最大容积率	与内置参数"用地类型"(land-type)关联
	城市更新和城市土地征用补偿方案经协商后通过	开展衰败地区的更新,在新土地上开发住房地产或办公地产,更新地块建筑质量(设置为1),更新地块容积率和地块用地性质	"绘制城市更新"(plot-renew)、"新的郊区住房"(newsubflat)
文化创意企业	寻找办公区位连续失败的次数(时间)>所允许的最大连续失败次数(时间)	企业被迫放弃寻找,从系统中彻底剔除	"连续找不到办公空间的最大可容忍月数"(maxtime-failure-finding-office)
	企业总资本<0	企业宣布破产,从系统中彻底剔除	与内置参数"资本"(capital)关联
	利润率>某一利润率阈值 a(通常为正数)	企业预期规模增加,并雇佣更多工人	"文化创意企业规模扩张的利润率阈值"(f-size-expansion-critical-profit-rate)
	利润率<某一利润率阈值 b(通常为负数)	缩减企业的预期规模,如果缩减到的预期规模小于当前实际规模,那么生产效率低的员工将被解雇	"文化创意企业规模缩减的利润率阈值"(f-size-decline-critical-negprofit-rate)
	利润率 $\in [a,b](a<b)$	企业预期规模不变,在有工作岗位的情况下雇佣更多工人	"文化创意企业规模扩张的利润率阈值"(f-size-expansion-critical-profit-rate)、"文化创意企业规模缩减的利润率阈值"(f-size-decline-critical-negprofit-rate)
	办公租金支出/企业销售额>某一阈值	企业更换办公区位	"文化创意企业所能够承担的最大办公租金占利润的比例阈值"(f-moving-critical-land-expense-rate)

续表 6-4

行为主体类型	条件	行为	在用户界面上的相关参数
文化创意企业	文化创意产品的需求与供给比＞某一阈值	新的企业加入系统	“初始产品平均月需求量”(base-product-demand)、“需求量月增长率”(demand-monthly-growth-rate)、“增长率的变化周期”(growth-rate-cycle)、“新的文化创意企业进入模型所依据的需求供给比例阈值”(f-num-increase-critical-D/S-rate)
文化创意工人	寻找工作连续失败的次数(时间)＞所允许的最大失败次数(时间)	被迫放弃,模型认定其死亡,从系统中彻底剔除	“连续失业最大可容忍月数”(maxtime-failure-finding-jobs)
	寻找住房区位连续失败的次数(时间)＞所允许的最大失败次数(时间)	被迫放弃,模型认定其死亡,从系统中彻底剔除	“能够容忍房租高于期望值的最大月数”(maxtime-suffer-housingrent)
	住房租金价格(元/月)＞每月收入水平的一半	被迫迁移,寻找新的住房区位	与内置参数“实际收入”(real-income)关联
	文化创意产业行业就业率＞能引起新文化创意工人进入该系统的就业率阈值	新的文化创意工人的诞生(进入该模型系统)	“新的文化创意企业进入模型所依据的需求供给比例阈值”(w-num-increase-critical-employ-rate)

对于文化创意企业而言,其需要完成两个基本任务:寻找合适的办公企业和雇佣合适数量的文化创意工人。在寻找办公区位的过程中,文化创意企业遵循区位效用最大化原则,也就是说它会在其所知道的信息范围内选择能够产生最大区位效用的地块作为最终的办公地点。在雇佣文化创意工人的过程中,企业将会选择应聘者中生产能力最高的工人。当然,在这两个过程中,文化创意企业可能获得巨大成功也可能会面临困境。在模型中,如果企业能够获得较高的利润率,企业将扩张规模,而企业一旦面临亏损,则会采取缩减规模和裁员的策略。当然,如果企业采取上述这两种方法依然无法避免其出现负债的情况,当超出其阈值的时候,将会被彻底从模型中剔除。

同样地,对于文化创意工人而言,其也需要完成两个基本任务:寻找合适的住房区位和寻找合适的工作岗位。需要特别注意的是,社会调查结果显示,决定文化创意工人居住区位选择的六个因素中有一个因素比较特殊,那就是很多文化创意工人由于受到经济约束而居住在企业的职工宿舍或者与自己父母(亲戚)同住,在模型中需要对此进行单独处理,即在这种情况下假设其居住空间不发生变动。对于其他情况而言,则采取区位效用最大化的原则进行处理。在文化创意工人寻找工作岗位的过程中,我们假设他会在其所知的信息范围内选择能够为其提供最高工资报酬的企业。同时,文化创意工人也面临着住房租金上涨所带来的经济压力。在模型中,我们假设一旦文化创意工人所居住地的住房租金上涨到大于其工资水平的一半时,其会选择离开而寻找相对较为便宜的住房。

城市政府是一个特殊的行为主体类型,除了定义城市用地性质和城市地块开发强度外,还包括另外两个基本行为,并分别采取两种形式予以模拟。其中支持性政策的模拟主要引入政策包的概念。在本模型中,城市政府将政策包作为一种发展不同地块的杠杆,其首先将上文所提到的三种政策进行组合形成政策包,然后将政策包配置到不同地段以实现该地段的发展或更新。城市政府介入和土地规划行为则为其开发相应的规划植入按钮工具,用户通过这些工具可以模拟执行城市政府在这方面的行为。

6.3.4 模型界面及其功能模块解析

如前文所述,一个完整的多智能体模拟模型从结构上来看需要三个功能模块:初始化模块、动态过程模拟模块和模拟结果输出模块。其中,初始化模块主要用来设定模拟的初始条件以及模拟模型的空间环境设定;动态过程模拟模块主要用于模拟不同行为主体交互作用的过程及这种交互作用所产生的结果在空间上的映射。而模拟模型的用户界面,一般也来讲,则可以分成三个界面:初始条件设置界面、输出结果展示界面以及初始化与动态模拟触发器。通常情况下,初始条件设置界面与初始化模块对接;输出结果展示界面与模拟结果输出模块对接;初始化触发器启动初始化模块,动态模拟触发器启动动态过程模拟模块。图 6-9 展示了最终建成模型的用户界面。其中,图中左上角实线方框是初始条件设置界面;图中点划线范围内是输出结果展示界面;而右上角的实线框 M 内的“Setup”和“go”则分别是初始化触发器和动态模拟触发器。

就上文所述的文化创意产业的区位行为模拟模型来说,初始条件设置界面包括了五个板块(图 6-9 中的左上角):A 板块主要用于设定城市空间环境的原始参数;B 板块用于设定文化创意企业和文化创意工人的原始数量;C 板块用于设定文化创意企业和文化创意工人以及两种行为主体之间相互作用的条件—行为规则的阈值,即表 6-1 所列举的相应控制条件所对应的阈值;D 板块用于设定与城市政府相关的政策包的原始属性特征,包括政策支持的数量、文化创意企业的企业所得税率、支持政策的实施有效期等;E 板块用于设定模型运行过程中的宏观经济环境,主要用创意产品的月市场需求(折算成价值)、月市场需求增长率和增长率的波动周期等来表示。

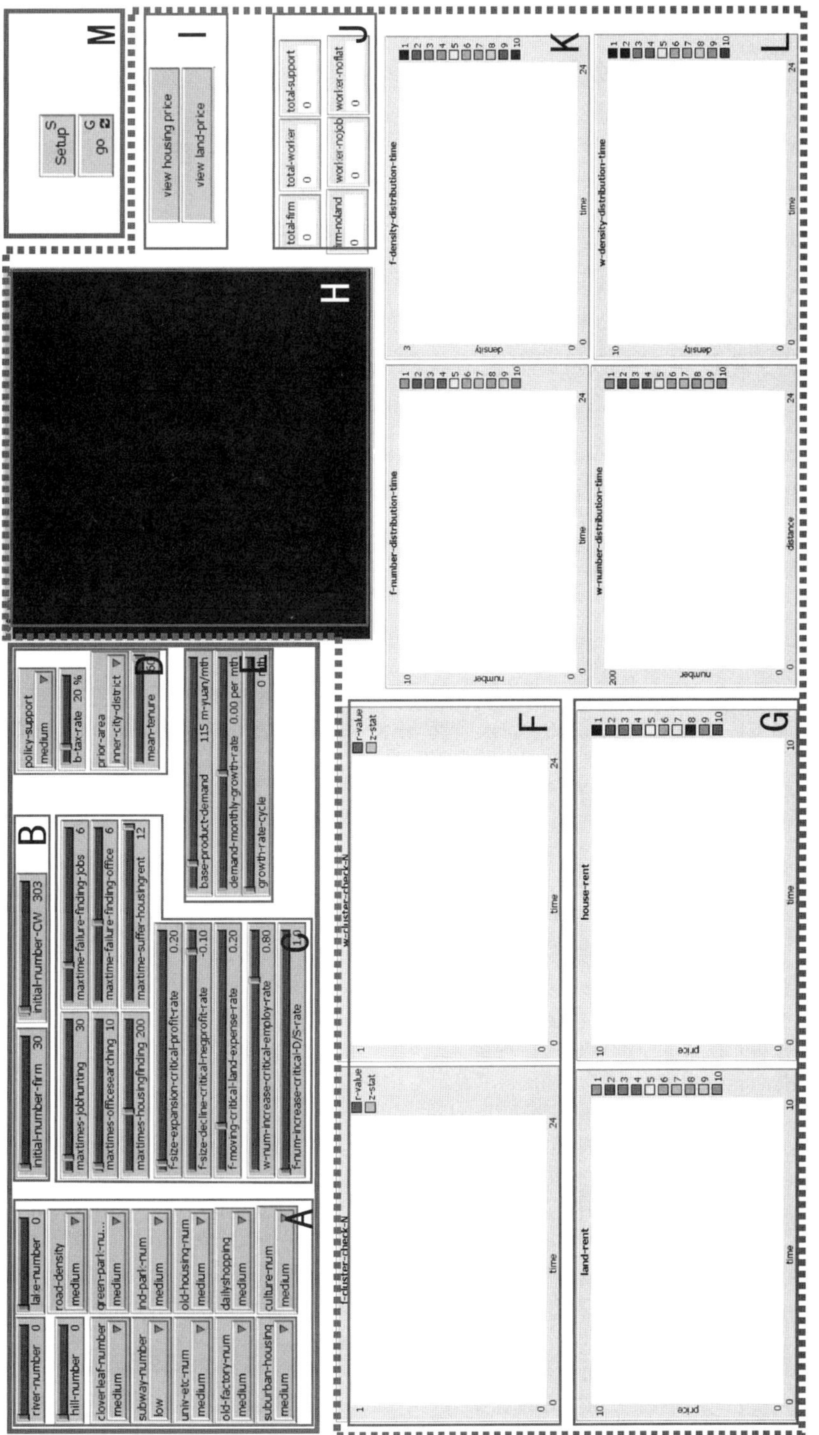

图 6-9　模拟模型的用户界面示意图

在输出结果展示界面中，黑色部分的 H 板块即模拟的城市空间，其是行为主体相互作用过程及在空间上所产生的结果的可视化窗口；F 板块使用最近邻分析方法所对应的统计量 R 来记录模型运行过程中文化创意企业和创意工业的空间集聚水平；G 板块则用来记录在模型运行过程中城市办公空间的价格与住房租赁价格在城市不同圈层中的变化情况；K 板块用于记录在模型运行过程中文化创意企业的空间数量分布和密度分布的变化情况；L 板块用于记录在模型运行过程中创意工人的空间数量分布和密度分布的变化情况；I 板块为两个按钮触发器，分别用于在“世界”窗口中(即 H 板块)可视化办公空间的价格和住房租赁价格的空间分布情况；J 为“监视器”(monitor)，用来实时报告系统中文化创意企业、文化创意工人、支持政策的数量，没有找到办公空间的文化创意企业数量，没有找到住房空间的文化创意工人数量以及没有找到工作的文化创意工人数量。

模型的代码从结构上来说分成声明模块、初始化例程模块、运行例程模块和子例程模块。为了实现上述模拟，表 6-5 对代码的各个构成模块及其相互关系以及不同函数的作用进行了简单的解释。

表 6-5　模拟模型的伪代码及其解释

代码类型	伪代码及其解释
声明模块	globals[total-demand R-f R-w …] ;;声明全局变量，如“total-demand”表示对创意产品的总需求；“R-f” 表示文化创意企业的空间集聚水平；“R-w”表示文化创意工人的空间集聚水平 breeds [CIs CI] breeds [CWs CW] breeds [PPs PP] ;;定义模型中所涉及的各种行为主体类型，如 CIs 和 CI 表示的是文化创意企业；CWs 和 CW 表示的是文化创意工人；PPs 和 PP 表示的是政策包(也代表城市政府) CIs-own [CI-utility real-size profit-rate …] ;;声明文化创意企业的属性变量，如“CI-utility”表示文化创意企业在某一空间区位所取得的区位效用大小；“real-size”表示文化创意企业的规模大小；“profit-rate”表示文化创意企业的月利润率 CWs-own [CW-utility housing-area real-income …] ;;声明文化创意工人的属性变量，如“CW-utility”表示文化创意工人在某一居住地点所取得的区位效用大小；“housing-area”表示文化创意工人的人均住房面积大小；“real-income”表示文化创意工人所获得的月实际收入 PPs-own [tax-abate-rate planned-time-in-service …] ;;声明政策包的属性变量，如“tax-abate-rate”表示削减税率的百分比；“planned-time-in-service”表示政策包的计划服务周期 patches-own [land-rent land-use housing-rent max-volume …] ;;声明地块的属性变量，如“land-rent”表示办公用地的租金价格；“land-use”表示地块的规划用地性质；“housing-rent” 表示居住用地的租金价格；“max-volume”表示地块的规划最大容积率

续表 6-5

代码类型	伪代码及其解释
初始化例程模块	to setup ;;建立初始化例程"setup" clear-all ;;清除所有运行痕迹 setup-citygeo ;;设定虚拟城市空间,包括道路、湖泊、文化设施、绿地用地类型等 setup-landplots ;;设定城市土地利用的情况,包括用地类型、用地容积率阈值等 setup-CIs ;;设定文化创意企业的初始属性,包括办公区位、资本总额、盈利水平等 setup-CWs ;;设定文化创意工人的初始属性,包括居住区位、收入水平、就业情况等 setup-PPs ;;设定政策包,包括空间安排、政策内容和执行周期等 reset-ticks ;;重置时间计步器 end ;;"setup"例程结束标志
运行例程模块	to go ;;建立初始化例程"go" ask CIs ;;召唤文化创意企业 [check-CI-death-or-live ;;检查文化创意企业的营利水平和资金水平等情况,确认文化创意企业是否死亡 search-for-office ;;计算企业在待选地块上的区位效用,进而选定办公区位 CI-impact-on-plots ;;根据企业的空间区位选择,进一步计算该企业的区位选择对该地块及周围地块属性的影响以及更新后的地块的属性值] ask CWs ;;召唤文化创意工人 [check-CW-death-or-live ;;检查文化创意工人的就业情况及其收入情况,确认文化创意工人是否放弃在文化创意产业领域就业 search-for-jobs ;;计算待选企业的属性和工资水平与文化创意工人预期之间的关系,确定文化创意工人就业的情况 search-for-housing ;;计算企业在待选地块上的区位效用,进而选定办公区位 CW-impact-on-plots ;;根据文化创意工人的居住空间区位选择,进一步计算工人区位选择对该地块及周围地块属性的影响以及更新后的地块的属性值]

续表 6-5

代码类型	伪代码及其解释
运行例程模块	ask PPs ;;召唤政策包 [check-PP-on-or-off ;;计算政策包实际执行期与有效期的对比情况，确认政策包是否撤销 allocate-PPs ;;根据政策调控要求安排政策包的空间布置 PP-impact-on-plots ;;计算政策包对其所在地块及周围地块属性的影响以及更新后的地块的属性值] update-total-supply-demand-gap ;;计算所有文化创意产业的总产出以及市场总需求，进而更新需求—供给关系 update-employment-rate ;;计算运行系统中的就业水平并比较其与产生新文化创意的工人的就业阈值的关系 tick ;;更新时间计步器 end ;;“go”例程结束标志
子例程模块（子模型）	此处省略

简单来说，声明模块用于定义模型中所涉及的全局变量，各类行为主体的属性变量以及地块的属性变量等。例如，定义表示创意产品总需求的全局变量“total-demand”；表示文化创意企业在某一空间区位所取得的区位效用大小的文化创意企业的属性变量“CI-utility”；表示地块规划用地性质的地块属性变量“land-use”。

在定义好各类变量后，则需要对模型的初始情景进行设定。在清除空间环境属性的基础上，首先需要设定城市的地理空间环境，包括道路、绿地、湖泊、文化设施等；其次，设定地块的属性，如地块的规划用地类型、允许的容积率等；再次，设定文化创意企业和文化创意工人的初始数量及其属性；最后，需要重置计时器。

在运行例程模块中，则需要对各个行为主体的行为进行设定。对于文化创意企业而言，首先，检查所有文化创意企业的经营情况和空间区位情况，剔除无法继续运行的企业；其次，对于继续留下的企业，在计算待选地块区位效用的基础上，按照区位效用最大化原则确认其选择的办公区位；最后，更新受到该文化创意企业空间区位选择影响的各个地块的属性。对于文化创意工人而言，首先，检查所有文化创意工人的就业情况与居住情况，剔除无法满足生存条件的文化创意工人；其次，文化创意工人通过比较待选企业的待遇与预期之间的关系，确定就业选择；再次，文化创意工人通过比较区位效用大小，按照区位效用最大化原则确定住房选择的区位；最后，更新受到该文化创意工人住房区位选择影响的各个地块的属性。对于政策包而言，首先，需要在空间上分配政策包；其次，需要更新政策包影响下的地块属性。在上述各个行为主体的行为运行完成后，一方面，需要计算总创意产品产出与总创意产品需求之间的关系，并确认是否有新的文化创意企业产生；另一方面，还需要计算总就业率的情况并确认是否有新的文化创意工人加入该系统。

在初始化例程模块和运行例程模块中会调用一系列的子例程，即程序编写者自己编写的子程序，这些子程序一般安排在程序代码的最后部分，由此构成了子例程模块。子例程模块所包含的各个函数，分别实现不同的最基本功能。

值得指出的是，上述程序运行的结果会在“世界”中（图 6-9 中的 H 部分）展示出来，但是模型内部各种统计量变动过程的可视化则需要使用“图”（plot）予以实现，其较为简单的方法是在“图”（plot）上点击右键，在弹出的对话框中添加代码，从而实现对相关统计量变动过程的可视化。当然，也可以在上述代码基本架构后增加图形可视化模块，其基本命令是通过“设置为当前绘图”（set-current-plot）制定在哪个图形上进行可视化，使用“图”（plot）命令定义对哪个变量进行可视化。

6.4 文化创意产业的空间区位行为特征

6.4.1 模型有效性检验

上文阐述了如何通过基于多主体建模技术来模拟文化创意产业的空间区位行为特征。本节将利用这一模型展开情景分析，以进一步揭示文化创意企业空间区位的更深层次特征以及在不同的政策影响和不同的初始条件下的发展趋势。然而，要取得较为可信的分析结论，则必须通过科学手段论证业已建立的模型的有效性。可以想象，在模型的有效性（或有效性程度）没有确立之前，任何基于模拟模型的情景分析得出的结论都有可能产生偏差甚至错误，更进一步则会误导有关文化创意产业发展的决策安排。因此，还必须对上文建立的模型进行科学的有效性检验。

一般来说，模型的有效性检验分成“内部有效性检验”和“外部有效性检验”。“内部有效性检验”是验证从真实世界抽象得出的概念模型和假设条件是否正确无误地编译成计算机程序。而“外部有效性检验”则是指建立的多主体模拟模型是否根据研究问题的需要准确地反映和代表了真实世界的真实系统（Ngo et al.，2012）。内部有效性检验实际上需要在开始进行计算机编程的第一步就开展，这是因为只有保持每一步编程和每一个模块的基本正确，才有可能保持程序模型与设计的概念模型完全一致。但是，每一个模块的正确不能确保整体模型的正确性，因此还需要通过多次查验确保模型逻辑上的正确性。

"外部有效性检验"的基本方法就是将模型模拟的结果与真实数据进行比较，以确定两者是否具有较好的一致性。如果模拟结果的标准误差较低，模拟结果的平均值与真实值的平均值较为接近，且在真实值的最大值与最小值的范围内，那么就认为该模型具有合格的外部有效性（Ngo et al.，2012）。但是，通常情况下，能够获得的实际数据往往无法覆盖全部的模拟结果。因此，在实际操作过程中需要有选择地选取某些重要维度开展比较分析。例如，从实际可获得的数据和模型的模拟要点出发，本模型的有效性检验主要通过检验模拟结果是否较为准确地描述了文化创意产业的发展轨迹，是否符合真实数据的基本统计特征等来论证其有效性（刘合林等，2017）。

6.4.2 多情景模拟实验的设定与实现

要利用被证明可信、有效的模拟模型研究不同情境下创意产业的空间区位行为特征，则可以使用 NetLogo 提供的"行为空间"工具。如在第 5 章所述，可以通过点击"工具/行为空间"打开该工具的对话框（快捷键为 Ctrl＋Shift＋B）。如图 6-10 所示，列表中列出了过去新建的所有试验的记录。选择其中的某一个，点击编辑、创建副本、删除则分别可以对该试验进行相关参数的调整、复制和删除操作。如果点击新建，则会弹出新建对话框，用户可以新建新的情景试验；如果点击运行，则会按照选定的实验所设定的参数运行模型。

在点击"行为空间/新建"后，会弹出"实验"（Experiment）对话框（图 6-11）。其中可以在"实验名称"栏输入所设置的情景名称，方便标注和区分不同情景。在"按以下方式改变变量的值"下的方框内，列举了用户界面上的控制变量及其默认的取值（即用户界面上设定的值）。用户可以根据情景设置的需要，对这些变量的值进行修改。例如，要比较研究文化创意工人在不同的月均寻找住房次数影响下的空间集聚水平的变化特征，则可以在此方框内设置相应的情景。如要研究月均寻找住房次数为 10 次、20 次、30 次和 40 次的结果比较，则可以在方框内写［"maxtimes-housingfinding" 10 20 30］。当然，也可以使用另外一种语法表达方式，即采取递增的方式予以表述为["maxtimes-housingfinding" [10 10 40]]。在"重复次数"后的方框内填入的数字，表示上述设定的每一种组合需要运行的次数。勾选"Run combinations in sequential order"则表示每一种情景运行所指定的重复次数后，才开始第二种情景的运行。

在"用这些报告器测算运行结果"下的方框中，可以填入用户所关心的模拟结果的某些统计量。例如，我们需要了解在不同情境下文化创意企业和文化创意工人的空间集聚水平，则可以在方框内直接填入"R-f"和"R-

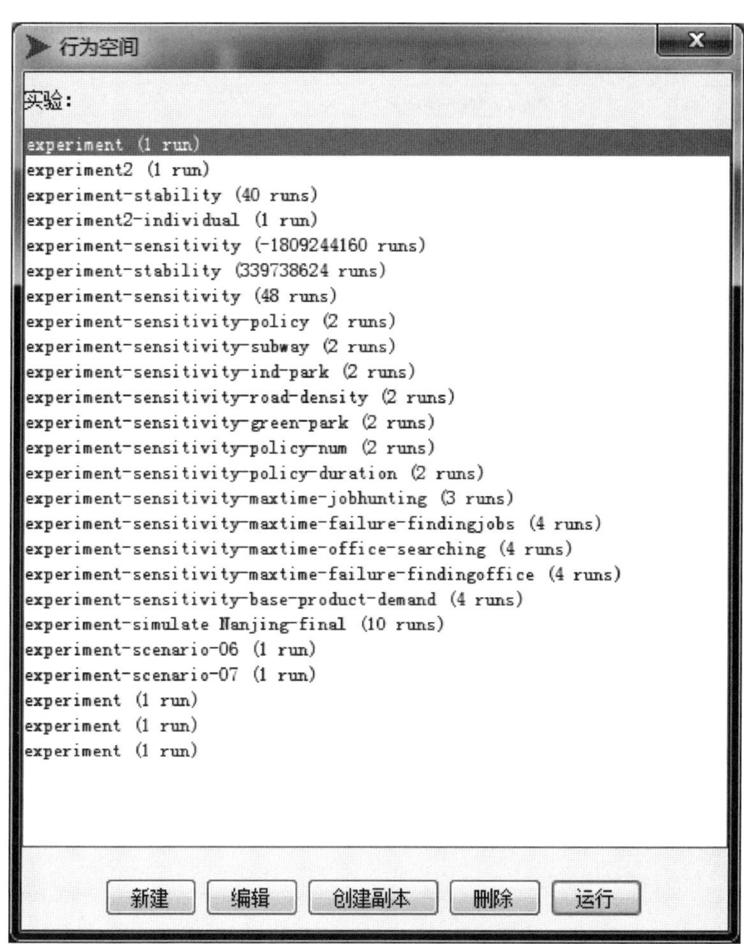

图 6-10 “行为空间”工具对话框示意图

w”。当然也可以使用命令来实现，如填入“count CIs”则可以统计系统中文化创意企业的数量。需要注意的是，每一个报告器只能写在一行，既不能一行写多个报告器，也不能一个报告器分多行来写。

在“setup 命令”方框中，用户可以直接输入模型中所对应的“setup”触发器，表示启动时候将调用该模块。当然，用户也可以在此方框中输入一些命令，表示在初始化过程中将执行这些命令。例如，我们想在初始化时将世界中的所有“嵌块”都变成白色，则可以在此方框中输入 ask patches [set pcolor white]。类似的，在“go 命令”方框中也遵循类似的语法规则。

点击“终止条件”前的三角形按钮，可以制定模型在什么情境下结束运行。类似的，点击“最终命令”左边的三角形按钮，则可以定义模型在每次运行结束后需要执行的操作。

“时间限制”规范了模拟的时间长度(ticks 数)。例如，在后文的情景分析过程中，我们将其设定为 120，即 120 步，表示模型运行 120 步后将自动停止。如果将其设置为 0，则表示无时间限制，模型将一直运行下去。

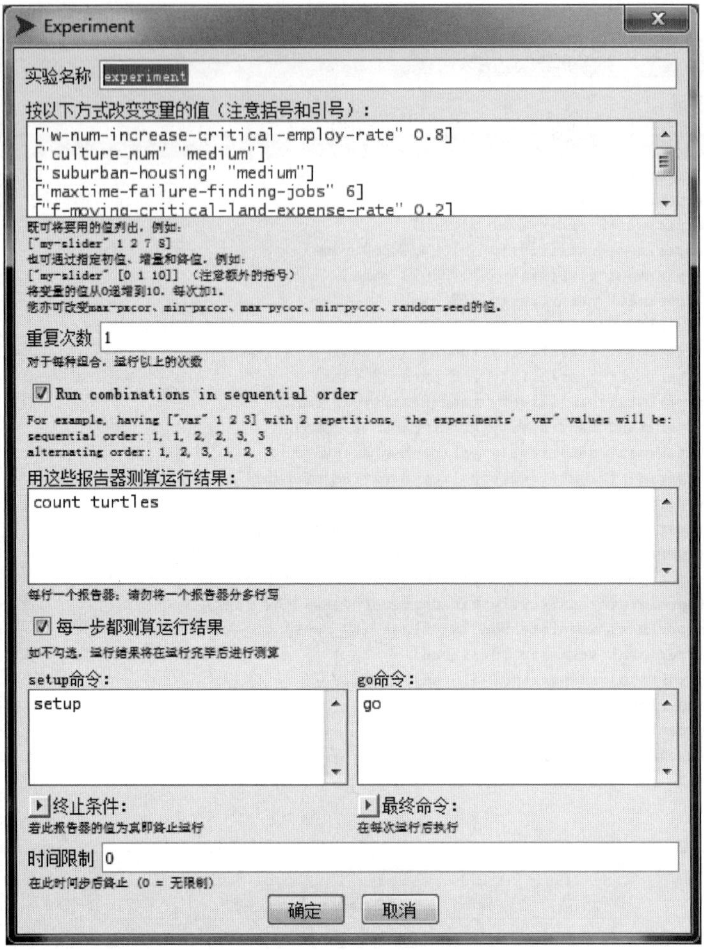

Experiment

实验名称 experiment

按以下方式改变变量的值（注意括号和引号）：

["w-num-increase-critical-employ-rate" 0.8]
["culture-num" "medium"]
["suburban-housing" "medium"]
["maxtime-failure-finding-jobs" 6]
["f-moving-critical-land-expense-rate" 0.2]

既可将要用的值列出，例如：
["my-slider" 1 2 7 8]
也可通过指定初值、增量和终值，例如：
["my-slider" [0 1 10]] （注意额外的括号）
将变量的值从0递增到10，每次加1。
您亦可改变max-pxcor、min-pxcor、max-pycor、min-pycor、random-seed的值。

重复次数 1
对于每种组合，运行以上的次数

☑ Run combinations in sequential order

For example, having ["var" 1 2 3] with 2 repetitions, the experiments' "var" values will be:
sequential order: 1, 1, 2, 2, 3, 3
alternating order: 1, 2, 3, 1, 2, 3

用这些报告器测算运行结果：
count turtles
每行一个报告器；请勿将一个报告器分多行写

☑ 每一步都测算运行结果
如不勾选，运行结果将在运行完毕后进行测算

setup命令：
setup

go命令：
go

终止条件：
若此报告器的值为真即终止运行

最终命令：
在每次运行后执行

时间限制 0
在此时间步后终止 (0 = 无限制)

确定　取消

图 6-11　新建"实验"对话框示意图

当所有的情景条件设置好后，点击"确定"则返回到如图 6-10 所示的"行为空间"工具对话框，新建的情景实验将增加到列表之中。选择该实验情景，点击"运行"按钮，则弹出如图 6-12 所示的对话框。其中，勾选"Spreadsheet output"表示情景模拟的相关条件设定信息及指定的统计量的取值等内容以逗号分隔值（CSV）格式的表格存储起来。勾选"Table output"与勾选"Spreadsheet output"的作用相似，两者均以逗号分隔值（CSV）格式文件存储，方便不同的数据处理软件打开，同时记录的内容基本相同，只是两者在内容安排上的格式有所差别。勾选"Update view"选项则在"世界"窗口中实时展示各个行为主体相互作用的过程；勾选"Update plots and monitors"选项则通过"图"（plot）和"监视器"（monitor）实时播报、更新所制定的统计量。在"Simultaneous runs in parallel"方框内可以输入允许实验并行运行模型的数量，如"8"表示点击"确定"后，实验将同时可以并行运行 8 个回合模型。但是，在勾选"Update view"和"Update plots and monitors"的情况下，用户界面只展示其中某一个回合的运行结果。

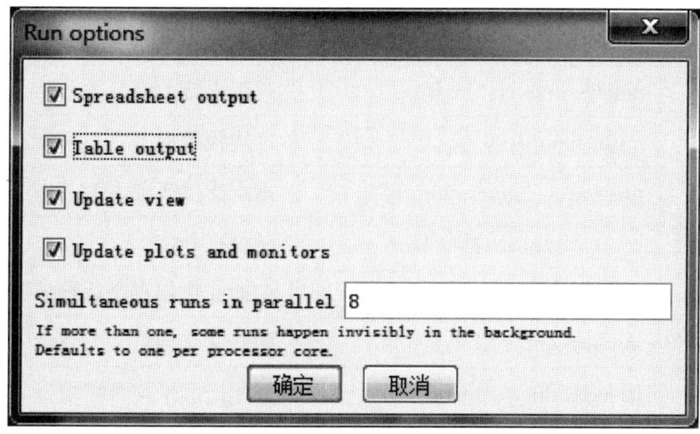

图 6-12 点击“运行”按钮后的对话框示意图

6.4.3 空间分布模式的时空变化特征

为了研究创意产业和文化创意工人空间分布的时空变动特征，通过如图 6-9 所示的用户界面，参照对南京实际调查的情况和模型有效性分析的结论，对各个控制参数的初始值设定如表 6-6 所示。

表 6-6 情景模拟分析的原始条件设定

参数所属组	参数及其设定值	变量意义
地理环境	river-number：1	河流条数
	hill-number：1	山体个数
	cloverleaf-number：“medium”	对外交通高速出入口数量参数
	subway-number：“low”	地铁线路参数
	univ-etc-num：“high”	大学数量参数
	old-factory-num：“high”	老旧工厂数量参数
	suburban-housing：“medium”	郊区住房开发地块参数
	lake-number：1	湖泊数量
	road-density：“medium”	道路密度参数
	green-park-number：“medium”	公园绿地数量参数
	ind-park-num：“medium”	工业园区数量参数
	old-housing-num：“medium”	旧小区数量参数
	daily-shopping：“medium”	日常购物商店数量参数
	culture-num：“medium”	文化设施数量参数

续表 6-6

参数所属组	参数及其设定值	变量意义
政策包	policy-support:“high”	政策支持力度参数
	mean-tenure:36	平均执行期
	prior-area:“inner-suburb”	重点支持区域
	b-tax-rate:15（表示 15%）	减税百分比
行为主体初始数量	initial-number-firm:8	初始文化创意企业数量
	initial-number-CW:605	初始文化创意工人数量
创意产品初始需求	base-product-demand:117	初始产品平均月需求量
	growth-rate-cycle:0	增长率的变化周期
	demand-monthly-growth-rate:0	需求量月增长率
影响行为主体行动的关键阈值的参数	maxtimes-jobhunting:15	每月找工作的最大次数
	maxtime-failure-finding-jobs:6	连续失业最大可容忍月数
	maxtimes-officesearching:12	每月找办公空间的最大次数
	maxtime-failure-finding-office:3	连续找不到办公空间的最大可容忍月数
	maxtimes-housingfinding:27	每月找住房的最大次数
	maxtime-suffer-housingrent:6	能够容忍房租高于期望值的最大月数
	f-size-expansion-critical-profit-rate:0.30	文化创意企业规模扩张的利润率阈值
影响行为主体行动的关键阈值的参数	f-size-decline-critical-negprofit-rate:−0.05	文化创意企业规模缩减的利润率阈值
	f-moving-critical-land-expense-rate:0.05	文化创意企业所能够承担的最大办公租金占利润的比例阈值
	w-num-increase-critical-employ-rate:0.9	新的文化创意工人进入模型所依据的就业率阈值
	f-num-increase-critical-D/S-rate:1	新的文化创意企业进入模型所依据的需求供给比例阈值

图 6-13 给出了文化创意企业在空间上的数量分布与密度分布随时间的变化情况。其中，城市空间被分成五个圈层，分别为中央商务区、内市区、外市区、内郊区和外郊区。通过统计分析和结果可视化可以看到，文化创意企业的数量在早期均会经历一个爆发的膨胀时期，但是在经历早期的快速增长后，文化创意企业的数量开始下降。从开始下降到一个相对稳定水平的过程经历了较大幅度的波动。形成这一巨大波动的原因在于大量的文化创意企业之间为了寻找合适的办公区位，相互之间形成了激烈的竞争。在这一竞争过程中，那些没有能力支付不断上涨的办

公租金的企业被迫迁移，甚至被迫退出系统，而那些有能力支付办公租金但暂时尚未找到合适办公区位的企业则不断寻找新的机会。与此同时，部分新的文化创意企业进入系统，使得企业之间的竞争进一步加剧。在经历这一场激烈的竞争与淘汰后，不仅文化创意企业的数量达到一个相对稳定的水平，而且文化创意企业的空间分布进入相对稳定的状态。

模拟结果显示，无论是从企业数量的空间分布上看(图 6-13 上图的曲线 2)，还是从企业密度的空间分布上看(图 6-13 下图的曲线 2)，内市区均排在首位，这表明内市区对文化创意企业依然最具有吸引力。

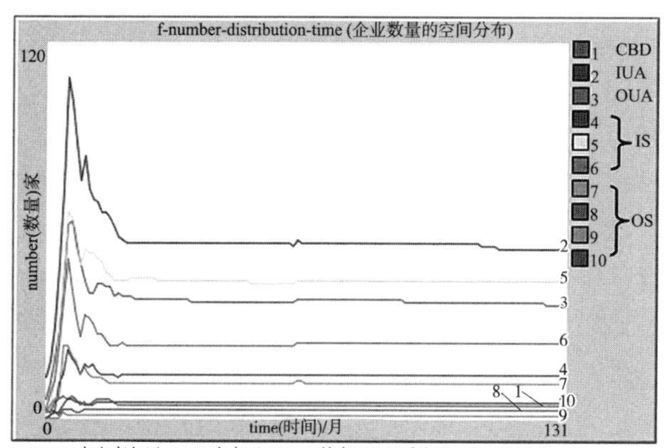

CBD=中央商务区; IUA=内市区; OUA=外市区; IS=内郊区; OS=外郊区

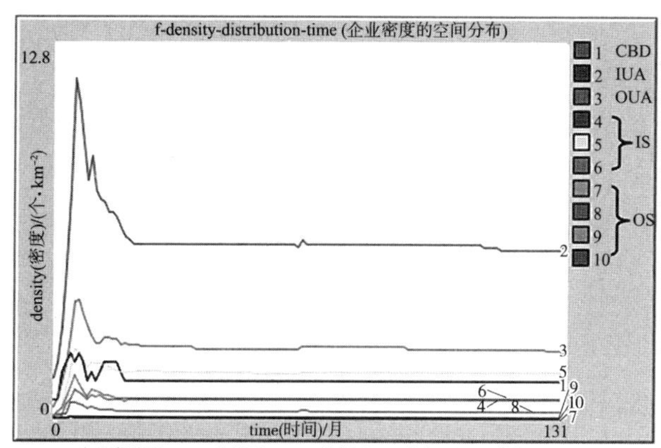

CBD=中央商务区; IUA=内市区; OUA=外市区; IS=内郊区; OS=外郊区

图 6-13 文化创意企业的数量与密度的空间分布变动特征

在数量的空间分布上，排在第二位的分区为内郊区(图 6-13 上图的曲线 4、5 和 6)，其所包含的文化创意企业数量远远大于分布于外市区的文化创意企业数量(图 6-13 上图的曲线 3)。形成这一分布结果的原因在于，在实验中，将城市政府重点配发的地区设置为内郊区(与当前南京市的城市空间发展策略相一致)，由于城市政府通过支持性政策来引导和发展具有特点的城市分区有明显的有效性(刘合林等，2017)，因此城市政府对内郊区的大力支持吸引了大量文化创意企业进入(或迁入)内郊区。通过这种政策引导的方法虽然可以提升内郊区的吸引力，但其仍然不足以超过内市区的吸引力，这就意味着在吸引文化创意企业上，城市政府的介入和引导力量并不能明显胜过市场引导的力量。

通过图 6-13 上图和下图的比较，可以进一步看到无论是在数量的空间分布（图 6-13 上图的曲线 1）还是在密度的空间分布上（图 6-13 下图的曲线 1），中央商务区均排在倒数第二的位置（仅高于外郊区），这表明对于文化创意企业来说，城市中央商务区的吸引力与其他各区相比处于较低水平。也就是说，在城市政府大力发展内郊区的影响下，加上中央商务区和内市区相对较高的办公租金，文化创意企业表现出了去中心化的发展趋势。

图 6-14 描述了文化创意工人数量和密度的空间分布的时空特点。从直观上看，与文化创意企业相比，文化创意工人数量和密度的空间分布表现出明显的不同。根据发展曲线的变动差异，可以将其分成三个阶段：在发展的第一阶段，城市的五个分区均表现出明显的增长。然而在紧随其后的第二阶段，无论是在数量的空间分布上还是在密度的空间分布上，城市的五个分区总体上都表现出下降趋势，并且该过程还呈现出相对来说不规则的波动。这一特点反映了在第二阶段文化创意工人之间的激烈竞争过程，以及创意产业兴起过程中文化创意工人从数量上的激增到质的升华的

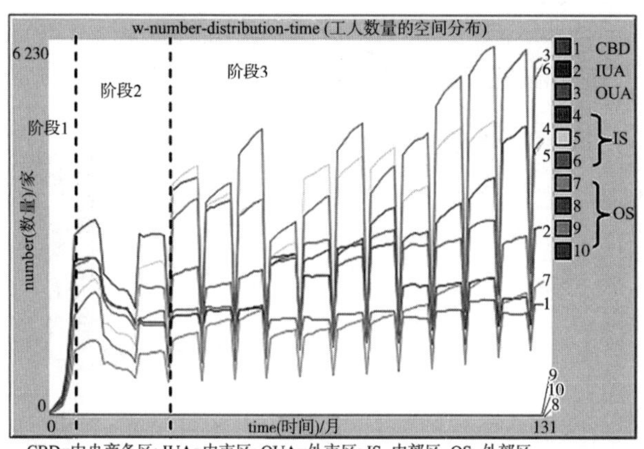

CBD=中央商务区; IUA=内市区; OUA=外市区; IS=内郊区; OS=外郊区

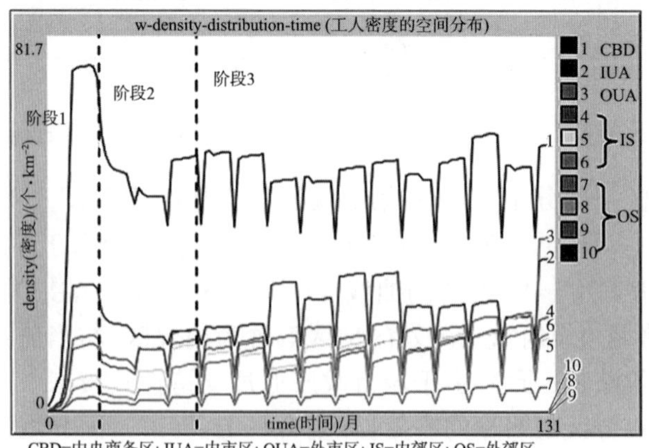

CBD=中央商务区; IUA=内市区; OUA=外市区; IS=内郊区; OS=外郊区

图 6-14　文化创意工人的数量与密度的空间分布变动特征

自组织过程。在经历这一过程后，系统开始进入第三阶段，也就是一个相对规则的周期波动过程。这一波动过程表明，与文化创意企业相比（在办公市场和劳动力市场中的竞争），在发展相对稳定的时期，文化创意工人之间依然存在激烈竞争（在就业市场和住房市场中的竞争）。

与文化创意企业不同，大部分的文化创意工人倾向于居住在内郊区（图 6-14 上图的曲线 4、5 和 6）。这是因为，通过问卷调查，我们发现文化创意工人的工资水平仅仅稍高于城市居民全体的平均水平，因此住房租金价格相对便宜而其他通勤和便利设施服务能够满足基本需求的地段（如内郊区）更具有吸引力。另外，通过问卷调查我们还发现，文化创意工人之间的收入差距原本就较大，而这一差距还呈现日趋扩大的趋势，其结果是拥有高收入的文化创意工人依然选择在中央商务区和内市区居住，并进一步促进中央商务区和内市区房价的上涨。如此一来，低收入的文化创意工人则不断向内郊区迁徙，由此形成如上的空间分布特征。虽然如此，文化创意工人密度的空间分布在整体上依然遵循如下规律：离城市中央商务区越近，其密度越高（图 6-14 下图）。

6.4.4 空间集聚水平的时空变化特征

在本模拟模型中，文化创意企业和文化创意工人的空间集聚水平使用了基于最近邻分析方法的 R 统计量予以测度（Wong et al.，2005）。一般来说，统计量 R 的值域为[0，2.14），空间点对象的集聚水平与 R 值之间存在反向相关关系，即 R 值越小，点对象的空间集聚水平越高。为了研究文化创意工人每月寻找居住空间的次数以及文化创意企业每月寻找办公空间的次数对两类行为主体空间集聚水平的影响，设定了三种情景予以比较分析：首先，情景一和情景二均将每月文化创意企业寻找办公空间的最大次数（maxtimes-officesearching）设定为 10 次，但是将两个情景中文化创意工人寻找居住空间的最大次数（maxtimes-housing-finding）分别设定为 30 次（情景一）和 200 次（情景二）。其次，进一步设定情景三，将文化创意工人寻找居住空间的最大次数保持与情景一一致，即 30 次，将文化创意企业寻找办公空间的最大次数从 10 次调整到 50 次。进而比较在情景一和情景三中两个行为主体空间集聚特征的差异。图 6-15 至图 6-17 分别记录了在三个情景下文化创意企业和文化创意工人的空间集聚的特征。

从图 6-15 至图 6-17 可以看到，三个情景表现出了三个共性特征：首先，在文化创意产业发展的第一阶段，无论是文化创意企业还是文化创意工人，其所对应的 R 值均表现出下降趋势。这表明，在模型运行早期，文化创意企业和文化创意工人均经历了大幅度的空间集聚过程。其次，随着集聚过程的加剧，集聚所能带来的相对益处被随之而生的高地价（办公价格和租房价格）所平衡，因此紧随其后，文化创意企业和文化创意工人在空间行为上表现出一定的离散趋势，这表现为此时期 R 值表现出微弱上升趋势。最后，在经历这一自组织过程后，文化创意企业和文化创意工人的空间集聚行为最终达到了相对稳定的状态。虽然两者均经历了离散过程，但最终的稳定状态依然表现出较为强烈的空间集聚特征(因为在三个情景下 R 值均小于 0.8)。

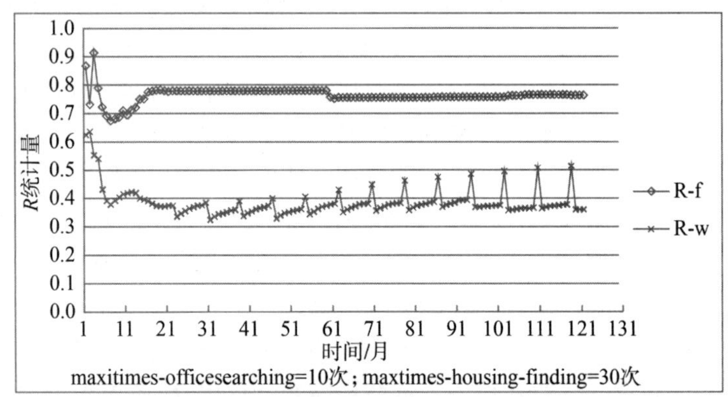

图 6-15　文化创意企业和文化创意工人的空间集聚特征(情景一)

注：R-f 表示文化创意企业的空间集聚水平；R-w 表示文化创意工人的空间集聚水平。

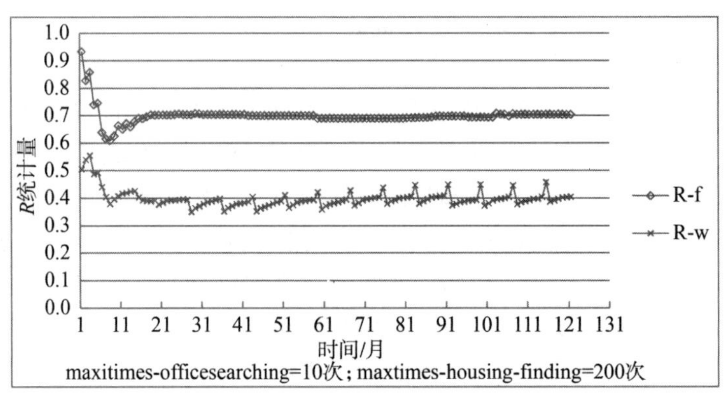

图 6-16　文化创意企业和文化创意工人的空间集聚特征(情景二)

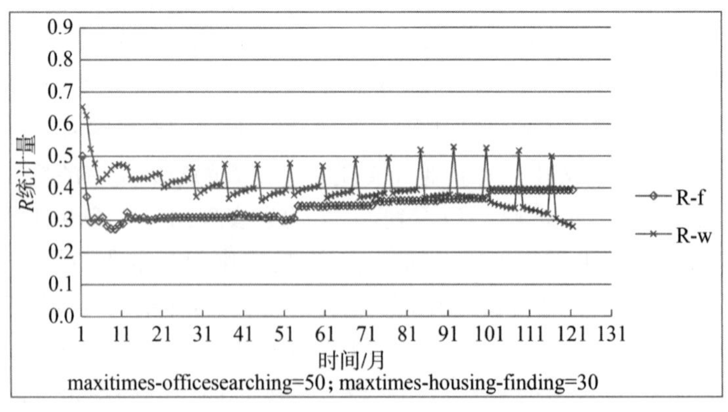

图 6-17　文化创意企业和文化创意工人的空间集聚特征(情景三)

虽然文化创意企业和文化创意工人均表现出如上三个共同特点，但两者之间也存在较为明显的差异，主要表现在：当系统达到相对稳定状态时，文化创意企业的空间集聚表现出较为稳定的特点（R 值变动较弱），而文化创意工人的 R 值则一直处于相对剧烈的周期波动状态，这表明在动态平衡的状态下，受到地价上升和就业竞争的影响，文化创意工人的空间迁移依然较为频繁。从另一个角度理解，也表明文化创意工人面临着较大的生活与工作前景的不确定性。

通过比较情景一（图 6-15）和情景二（图 6-16）两图中的曲线“R-w”，首先可以看到文化创意工人要达到相同的集聚水平（相同的 R 值）时，在文化创意工人寻找居住空间的最大次数（maxtimes-housing-finding）的取值较高时文化创意工人所需要的时间较短。其次，可以发现，在文化创意工人寻找居住空间的最大次数（maxtimes-housing-finding）的取值较高时，文化创意工人达到相对稳定状态时的集聚水平较高（R 值相对较低）。再次，当文化创意工人寻找居住空间的最大次数（maxtimes-housing-finding）的取值增加，达到相对平衡状态时文化创意工人空间集聚的波动幅度有所下降，这表明文化创意工人每月寻找住房次数的增加将有助于降低他们空间集聚的不稳定性。

采取类似的方法比较情景一（图 6-15）和情景三（图 6-17），可以看到当每家企业每月能够尝试比较的办公区位数量增加时，文化创意企业达到相同集聚强度所需要的时间大大降低。同时，我们还发现当文化创意企业寻找办公空间的最大次数（maxitimes-officesearching）取值较大时，系统稳定后，文化创意企业所表现出来的空间集聚程度更高（R 值更小）。

事实上，文化创意企业寻找办公空间的最大次数（maxitimes-officesearching）和文化创意工人寻找居住空间的最大次数（maxtimes-housing-finding）取值的实际意义，可以理解为文化创意企业和文化创意工人每个月能够掌握到的相关信息的数量。因此，根据上文的相关情景分析结果可以进一步做出如下判断：如果城市政府能够为文化创意企业和文化创意工人提供相关信息的共享平台，那么其将大大缩减文化创意企业和文化创意工人达到一定空间集聚水平所需要的时间。如果我们承认地理空间上的集聚（邻近性）可以促文化创意企业之间合作关系的形成和产业集群的深化，同时也有利于文化创意工人之间信息的交换与创意的产生，那么上述判断则可以进一步表述为：城市政府如果能够为文化创意企业和文化创意工人提供有效的信息共享（办公地产的市场信息和住房地产的市场信息），那么将大大提升创意产业的发展速度和生产效率。

6.4.5 文化创意产业的空间布局应对

根据在南京的实际调研结果可知，南京市支持创意人才的相关政策仅仅针对极少数尖端人才，并没有形成面向所有创意人才的普遍政策。问卷调查结果显示，在被采访的文化创意工人中，没有人获得过城市政府的政策支持。相反，城市政府对文化创意企业提供了覆盖较广的政策支持，如减税、降低办公租金等。此外，为了满足文化创意企业的办公空间需求，南京市通过改造更新旧工业厂房和在郊区建造新的创意产业园的方式，建立了 30 多家创意产业园。这些政策在发展早期非常有效，并且展现出创意产业日趋繁荣的局面。然而，部分创意产业园，特别是利用旧厂房改造而成的创意产业园逐渐衰败，使得这些地段再次陷入困境。

造成这一结果的原因在于，城市决策层有一个看似正确的但具有误导作用的政策逻辑，即只要吸引了文化创意企业的入驻，就等于保证了创意产业的发展与繁荣，而事实并非如此。城市在吸引文化创意企业和促进新企业的诞生上具有出色的表现，并不表示该城市在保有和孵化培育文化创意企业上也表现出色。此外，城市政府对文化创意工人的忽视（没有形成普遍的支持政策，仅仅针对部分尖端人才有相关的政策支持），不仅使得创意人才缺失，而且使得城市在吸引创意人才上的竞争力受到严重影响，这不仅不能吸引创意人才的流入，反而可能造成人才的流失。更需要注意的是，文化创意工人的住房区位选择与文化创意企业的办公区位选择在本质上具有差异：文化创意企业的区位选择目标是为了有利于工作，而文化创意工人的区位选择主要是为了日常生活。因此，城市政府将投资重点放在影响文化创意企业区位行为的要素，虽然可以吸引文化创意企业，但是对于文化创意工人而言无任何吸引力。文化创意企业的生存、繁荣和发展与创意人才供给之间具有紧密的相互依存关系。

情景分析还表明，在其他条件不变的情况下，就吸引文化创意企业和文化创意工人的角度来看，城市政府的投资在不同城市分区中的边际收益具有较大差异。例如，如果要改善城市交通服务（提高道路密度、改善公共交通服务等），将投资放在外市区的边际收益将大于将等量投资放在城市其他分区。因此，城市政府在投资不同的基础设施和改善软件、硬件环境的过程中，需要根据具体投资的软件、硬件对象，将投资预算放在合适的城市分区，从而使得投资效益最大化。

从现实意义来看，每一家文化创意企业每月能够了解并比较分析待选办公区位的数量多少，以及每一个文化创意工人每月能够了解并比较分析待选居住区位的数量多少，实际上反映的是该文化创意企业或文化创意工人收集有效信息并参与磋商的能力大小。因此，如果有第三方能够给文化创意企业和文化创意工人提供他们所需要的有效信息，那么这将大大减少文化创意企业和文化创意工人在搜寻相关信息上所花的时间，进而使得文化创意企业和文化创意工人能够在有限时间内（一个月）与更多的备选地块物权所有者取得联系和洽谈（也就相当于模型中备选地块的数量可以相应提高）。根据上文结论，在这一情况下，将加速文化创意企业和文化创意工人的空间集聚速度，也将提升其空间集聚水平。如果我们认可地理空间上的集聚（邻近性）可以促进文化创意企业之间合作关系的形成和产业集群的深化，同时也有利于文化创意工人之间信息的交换与创意的产生，那么我们可以进一步得出结论：城市政府如果能够为文化创意企业和文化创意工人提供有效的信息共享（办公地产的市场信息和住房地产的市场信息），那么将大大提升创意产业的发展速度和生产效率。从这个意义上来看，我国城市政府在这方面具有先天的优势，因此可以考虑通过政府、市场合作的方式为企业和工人提供此方面的有偿服务。

7 基于多智能体建模与地理信息系统融合的区位行为过程模拟

7.1 基于多智能体建模与地理信息系统融合的必要性

如前文所述，基于多智能体建模（ABM）模型实际上可以分成两大类型：空间显性模型和空间隐性模型。从早期基于多智能体建模（ABM）的技术发展来看，在地理领域之外的基于多智能体建模（ABM）模型基本上都是空间隐性模型。我们知道，城市规划领域的主要工作对象就是地理空间以及地理空间上社会经济活动的合理化安排。基于这一事实，将基于多智能体建模（ABM）技术应用到规划领域，则十分有必要探索与建立空间显性模型的技术方法，从而使其能够更好地为规划尤其是规划实践服务。

在第 6 章中所呈现的基于多智能体建模（ABM）模型，实际上就是一种空间显性模型。在该模型中，城市空间是用 NetLogo 中的“世界”（world）来表示的，而“世界”是由类似于栅格的标准化“嵌块”（patches）所构成。直接使用“世界”来表示真实的城市空间，这一处理手段的优点在于能够将复杂的地理空间进行有效的简化，且研究的结论更具有抽象层面上的一般性，但是其缺点也是非常明显的。

首先，上文所述的基于多智能体建模（ABM）模型假设城市空间是单中心的，由围绕中央商务区（CBD）的五个同心环区域组成。除此之外，这个城市空间内的地理因素都是通过参考南京城市空间的地理统计特征而进行设置的。这种空间处理方法虽然简化了基于多智能体建模（ABM）的算法，但是我们需要看到，当前世界范围内大城市的发展，尤其是超大城市的发展，通常都是多中心结构。因此，上文所言的模型在大城市、特大城市和超大城市中的适用性就大打折扣。

其次，在模型中，将城市的空间结构假设为同心圆的圈层结构。在现实生活中，大城市的空间结构要复杂得多。城市空间绝不是单纯的同心圆圈层结构可以简单描述的，而是扇形结构和多中心结构的混合叠加。特别值得注意的是，在我国，大量的城市既有殖民时期城市建设的烙印，也有新中国成立后计划经济时期苏联城市规划与建设的痕迹，更有改革开放以后的市场经济与资本强烈冲击后的现代化和西方化建设的复杂影响。因此，城市空间往往表现出强烈的拼贴特征。同时，中国大城市各区之间的行政壁垒以及由此引起的复杂空间过程，也都丰富和重塑着我国大城市的空间结构。上述模型对于这些现实问题并没有给予充分的反映。

最后，从模拟结果的可视化图形中我们无法准确定位创意企业和创意工人在真实城市空间中的区位，而只能从统计学意义上判断不同城市地段的数量和密度。考虑到规划的高度实践性，对于城市决策者而言，如果通过模型模拟可以知道创意企业和创意工人在空间上最可能的集聚区位，那么将有助于有针对性地执行相关开发项目和配发支持性政策。

基于上述考虑，有必要将能够较为真实地反映城市空间地理特征的地理信息系统(GIS)技术融入其中，其基本做法就是在模型的初始化阶段，将南京市的真实地图数据(shape 格式文件)导入模型形成城市空间，然后根据真实数据将各类行为主体如实布局在城市地图上。在设定相关参数后进行模拟，最终得到模拟结果。同时，模拟结果的统计输出和可视化，既可以以行政区划为空间统计单元，也可以根据实际规划需要对空间进行划分并进行统计分析和可视化。

7.2 数据准备与数据处理

NetLogo 建模平台为用户提供了良好的软件接口。一般来说，用户可以使用 Java 等语言撰写自己所需要的特殊函数、命令并将其运用到 NetLogo 之中(Wilensky，1999)。NetLogo 除了其主程序的各种默认内置函数和命令外，还提供了许多由用户自行开发共享并且能够应用到专业领域的扩展程序模块。其中，NetLogo 内置的地理信息系统(GIS)扩展模块为融合地理信息系统(GIS)技术提供了一个有效工具，其调用方法就是在模型代码的声明部分加入如下代码：extensions [GIS]。使用地理信息系统(GIS)扩展模块，既可以在 NetLogo 中导入矢量的地理数据，也可以导入标量的地理数据。其中，要读取矢量数据，则要求文件类型是扩展名为“.shp”的文件，即地理信息系统软件 ArcGIS 最为常用的图形文件格式。而要读取标量数据，则要求该标量数据以 ESRI ASCII 码的格式存储，文件的扩展名为“.asc”和“.grd”。

我们知道，在地理信息系统软件 ArcGIS 中，真实世界中的各种要素被抽象为三种几何类型，即点、多段线和多边形。例如，在地理信息系统软件 ArcGIS 中，一个公共汽车站往往被抽象成一个点，一条城市道路往往被抽象成一条多段线，而一个湖泊或者一个地块往往被抽象成一个多边形。因此，就上文涉及的案例城市南京而言，其城市地理空间亦可以抽象地使用这些几何要素在地理信息系统软件 ArcGIS 中予以表示。由于影响到文化创意企业和文化创意工人空间区位行为的地理要素较多且其影响力颇有不同，因此有必要将每一类地理要素分别建立单独的地理图层(layer)，并最终将这些图层叠加起来，最终形成可用于表达南京市地理空间的总图。

根据在南京的社会调查(图 7-1)可知,文化创意企业的办公区位选择主要受到八个区位要素的影响,从首位重要到末位重要依次为:① 政府政策的引导与支持;② 城市内部交通;③ 快速公共交通(地铁线路);④ 文化氛围与商业作风;⑤ 企业的地理空间邻近性;⑥ 较低的办公租金;⑦ 高质量人才库;⑧ 物理环境质量。而文化创意工人的居住区位选择则主要受到六个区位要素的影响,从首位重要到末位重要依次为:① 城市公共交通(包括快速公共交通地铁与城市公交服务);② 日常购物的便利性(接近购物中心、大型超市等);③ 房价(租金)相对低廉;④ 物理环境质量(公园、绿地等);⑤ 继承父母(亲戚)房屋或接受单位安排;⑥ 文化休闲设施(咖啡馆、电影院等)。

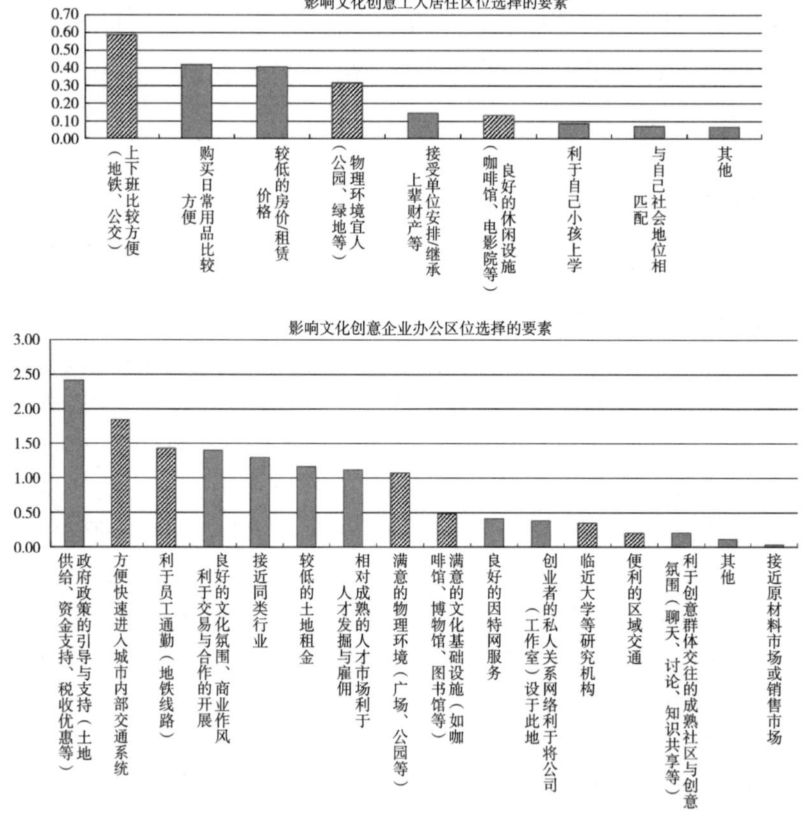

图 7-1　影响文化创意企业办公区位选择和文化创意工人居住区位选择的要素

基于上述事实,为了将上述区位要素涉及的所有地理空间要素在地理信息系统(GIS)数据库中表达出来,我们将南京市城市空间的地理数据分解成 18 个图层(表 7-1),每个图层都是采用 shape 格式文件来予以描述。值得注意的是,某一个图层描述的地理要素可能只与表中所列的某一个区位要素相关,也有可能与其中的两个甚至更多的区位要素相关。

表 7-1　城市地理信息数据的图层组织及其与相关区位要素的关系

区位要素	
影响文化创意企业办公区位选择的 8 个要素（F）	影响文化创意工人居住区位选择的 6 个要素（W）
(1)政府政策的引导与支持；(2)城市内部交通；(3)快速公共交通（地铁线路）；(4)文化氛围与商业作风；(5)企业的地理空间邻近性；(6)较低的办公租金；(7)高质量人才库；(8)物理环境质量	(1)城市公共交通（包括快速公共交通地铁与城市公交服务）；(2)日常购物的便利性（接近购物中心、大型超市等）；(3)房价（租金）相对低廉；(4)物理环境质量（公园、绿地等）；(5)继承父母（亲戚）房屋或接受单位安排；(6)文化休闲设施（咖啡馆、电影院等）

地理信息系统(GIS)数据库（以 shape 格式文件描述的 18 个图层）		
图层名称	几何类型	注释
(1)administrative boundary	多边形	定义研究的范围
(2)sub-administrative areas	多边形	定义城市空间的分区
(3)commercial centres	点	定义城市中心的数量，与区位要素 $F_{(4)}$ 相关联
(4)regional highways	多段线	描述城市的区域联系情况
(5)highways' interchanges to the city	点	描述城市对外交通的出入口
(6)bus stations for regional transport	点	描述城市的区域长途汽车站
(7)railway	多段线	描述用于区域交通的铁路线
(8)railway-stations	点	描述城市的火车站
(9)urban road system	多段线	描述城市道路系统，与区位要素 $F_{(2)}$ 和 $W_{(1)}$ 相关联
(10)underground lines	多段线	描述城市地铁线路
(11)underground stations	点	描述城市地铁站点，与区位要素 $F_{(3)}$ 和 $W_{(1)}$ 相关联
(12) cultural facilities (cinemas, art galleries, museum, etc.)	点	描述文化设施，与区位要素 $W_{(6)}$ 相关联
(13)lake and river (in polygon)	多边形	描述河流和湖泊，与区位要素 $F_{(8)}$ 和 $W_{(4)}$ 相关联
(14) green coverage (woods, green parks, etc.)	多边形	描述公园、绿地等绿色空间，与区位要素 $F_{(8)}$ 和 $W_{(4)}$ 相关联
(15)universities and research institutions	多边形	描述大学等科研机构，与区位要素 $F_{(7)}$ 相关联

续表 7-1

地理信息系统(GIS)数据库(以 shape 格式文件描述的 18 个图层)		
图层名称	几何类型	注释
(16)industrial parks/incubators	多边形	描述工业园区和孵化器等,与区位要素 $F_{(4)}$、$F_{(5)}$ 和 $F_{(7)}$ 相关联
(17)shopping malls/ grocery shops	点	描述购物中心和零售商店等,与区位要素 $W_{(2)}$ 相关联
(18)map of other land-use types	多边形	描述城市不同地块的其他规划用地类型,从而确立哪些地块可以用作居住,哪些地块可以用作办公

图 7-2 展示了 18 个图层叠加所描述的南京城市空间的地理信息数据,其中主要以点状数据和多段线数据为主。而图 7-3 是根据《南京市城市总体规划(2011—2020 年)》所绘制的南京市城市土地利用规划方案(部分),这些数据以多边形数据为主,详细定义了不同地块的用地类型。当这些数据根据上文所述的要求准备好后,则可以利用地理信息系统(GIS)扩展模块将其导入 NetLogo 之中。在 NetLogo 环境下,需要进一步将图 7-2

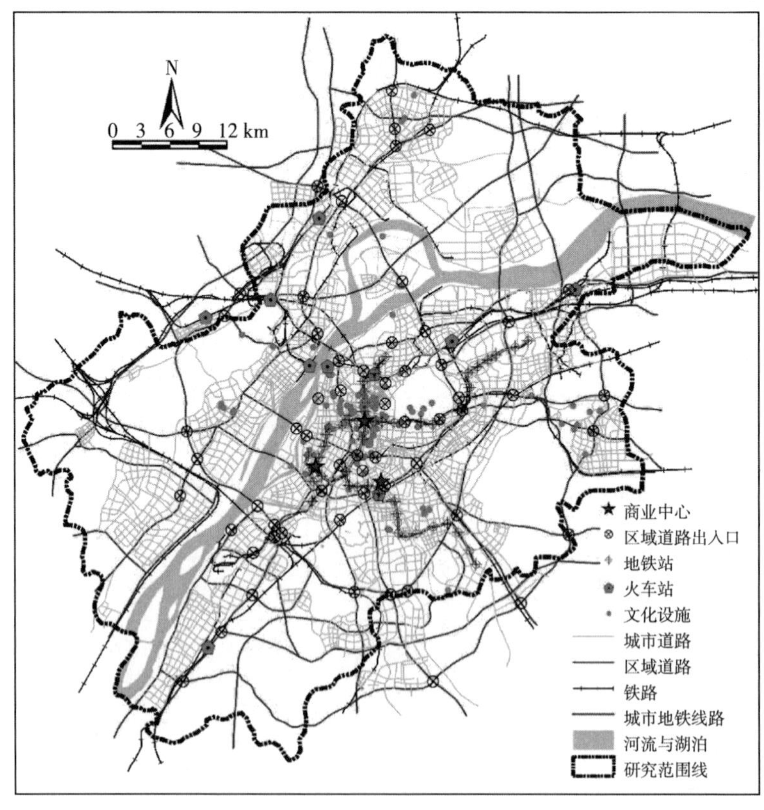

图 7-2　由 18 个图层叠加而成的南京市城市空间地理信息数据

和图 7-3 所表达的信息全部复制传导至 NetLogo 的“世界”中，进而定义“世界”中每一个嵌块(patch)的用地属性，由此确定哪些地块可以被文化创意企业当作办公空间占用，哪些地块可以被文化创意工人当作居住空间占用。例如，在本模型中，文化创意企业仅允许进入具有“文化创意产业孵化器、创意/高科技产业用地和商业企业用地(根据实地调查的结果，一些公司也可以在商业区租用办公室)”属性的嵌块，而文化创意工人只能进入具有“居住用地”属性的嵌块。

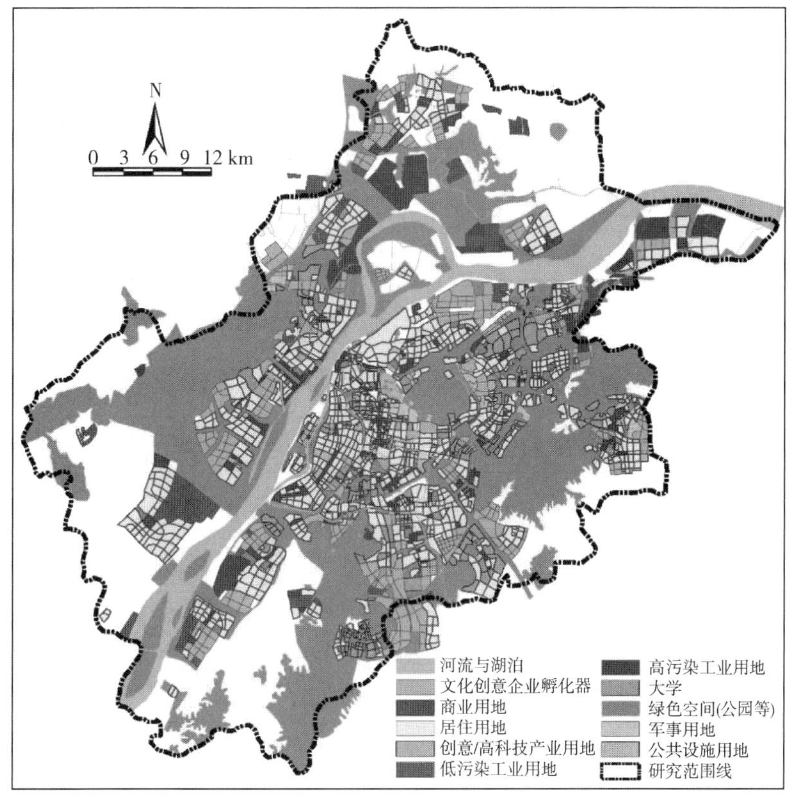

图 7-3 依据《南京市城市总体规划(2011—2020 年)》绘制的土地利用规划图

7.3 模型功能模块及界面设计

在第 6 章，我们已经介绍了在抽象的城市空间模型下如何建立包括文化创意企业和文化创意工人等行为主体动态竞合的多智能体模拟模型及其模拟结果的解读，并在本章开篇提出为了提高模型的实用性，有必要将基于多智能体建模(ABM)技术与地理信息系统(GIS)技术进行有效融合。为了便于叙述，我们将第 6 章所介绍的模型称为文化创意产业模型(Cultural and Creative Industries Model, CCID)，将本章即将介绍的、融合了地理信息系统(GIS)技术的新模型称为地理文化创意产业模型(Geo-CCID)。

如前文所述,为了建立抽象的城市空间模型,文化创意产业模型(CCID)在相应的用户界面(参见图 6-9)上用了 14 个参数来设定城市地理空间属性,并建立了近千行代码来实现相应的城市空间模拟。与此相比较,在地理文化创意产业模型(Geo-CCID)中,城市空间则将使用按照规范要求准备好的地理信息系统(GIS)数据来代替。因此,原用户界面的"14 个参数"(图 6-9 中的 A 部分)将被删除,相应的需要在"setup"程序模块内增加导入地理信息系统(GIS)数据的模块(具体方法在第7.4.2节介绍)。

此外,文化创意产业模型(CCID)在处理城市政府政策的过程中,为了简化模型,仅仅将政府最倾向于使用的三种支持政策考虑在内,分别为较低的税收(包括免税)、较低的土地(办公空间)租金以及产品交易的促进与交易文化氛围的提升(产品的市场对口服务和专门的知识产权保护措施)。在地理文化创意产业模型(Geo-CCID)中,为了增强其在规划中的实用性和加强城市政府在模型运行中运用相关政策介入的功能,我们将通过社会调查总结的 10 种可能的支持性政策均考虑进来(图 7-4)。

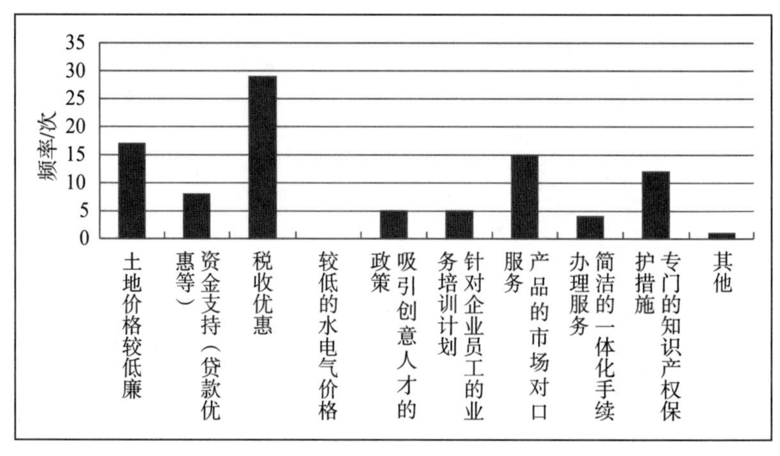

图 7-4　文化创意企业受到城市政府政策支持的种类及其强度分布情况

图 7-5 展示了地理文化创意产业模型(Geo-CCID)的用户界面。如图 7-5 中的 A 部分所示,在用户界面上设计了上述 10 个政策选项(图 7-6),表 7-2 给出了各个变量所对应的政策类型。用户可以根据实际调查研究结论,指定每个政策在 10 个政策中的相对重要性(取值范围为 0—100)。而通过"policy-support",用户可以调整支持政策包的数量。此外,在用户界面还增加了按钮"add-policy",用户可以利用该功能在模型运行过程中增加或者减少支持政策包,政策包的数量则通过"add-number"指定,从而模拟城市政府在文化创意产业发展过程中的调控作用。

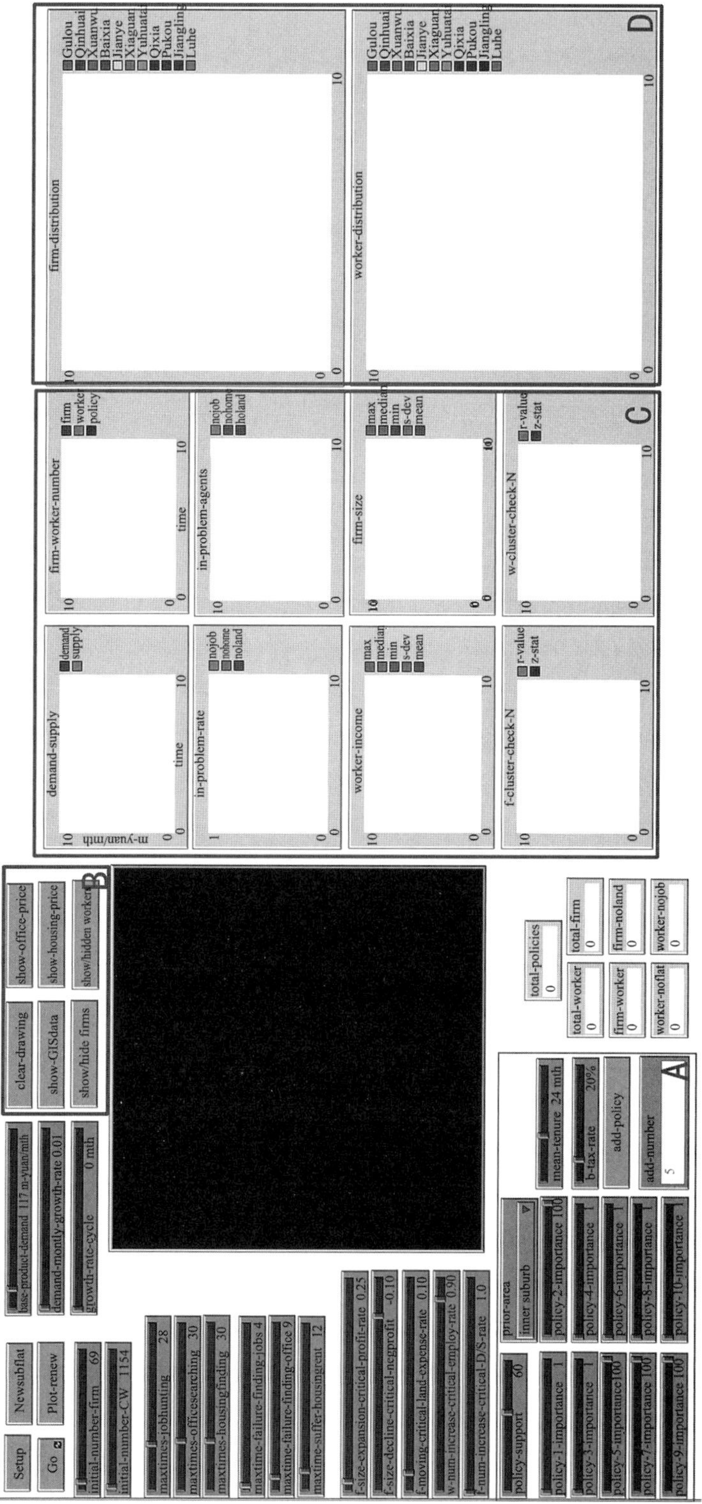

图 7-5　地理文化创意产业模型(Geo-CCID)的用户界面设计示意图

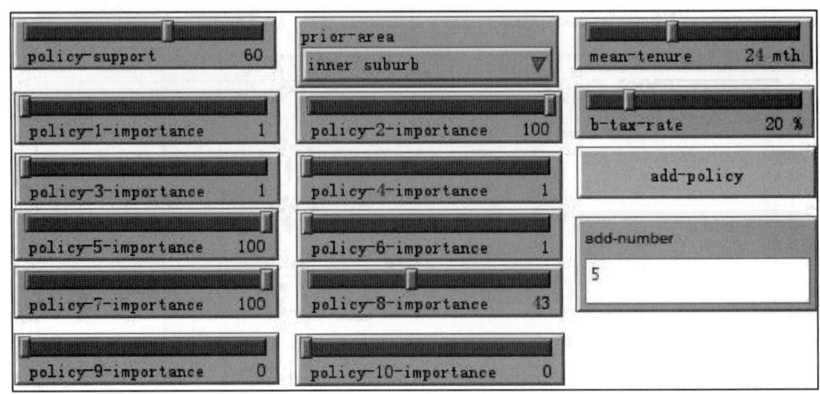

图 7-6　地理文化创意产业模型(Geo-CCID)用户界面的政策板块示意图

表 7-2　政策板块用户界面控制变量及其对应的支持政策

有关政策的 10 个控制变量名称	对应的支持政策	有关政策的 10 个控制变量名称	对应的支持政策
policy-1-importance	土地价格较低廉	policy-6-importance	针对企业员工的业务培训计划
policy-2-importance	资金支持(贷款优惠等)	policy-7-importance	产品的市场对口服务
policy-3-importance	税收优惠	policy-8-importance	简洁的一体化手续办理服务
policy-4-importance	较低的水电气价格	policy-9-importance	专门的知识产权保护措施
policy-5-importance	吸引创意人才的政策	policy-10-importance	其他

在设定支持政策时,除了指定政策包的数量外,还需要通过"prior-area"指定优先支持的城市空间。在文化创意产业模型(CCID)模型中,可供选择的城市空间为"中央商务区、内市区、外市区、内郊区和外郊区"。在地理文化创意产业模型(Geo-CCID)中,由于使用了描述南京市地理空间特征的地理信息系统(GIS)数据,因此这些可供选择的选项需要按照南京市的行政区划情况来进行设定(图 7-7)。具体方法是在"界面"工作场景下单击鼠标右键,选择新建"选择器",在弹出的对话框中设定全局变量为"prior-area",然后在"选择"框下面详细列出可供选择的选项,例如,在方框中写入"xuanwu"(注意选项需要使用英文的双引号才符合语法要求),则表示增添了南京市的"玄武区"这一选项。除了 11 个区以外,还提供了另外 5 个选项,其中"equally in all districts"表示支持政策将平均分布于 11 个区;而根据南京市的实际情况可知,"inner urban area"指鼓楼区、秦淮区和玄武区;"outer urban area"指白下区、建邺区和下关区;

"inner suburb"指雨花台区、栖霞区和浦口区;"outer suburb"指江宁区和六合区。

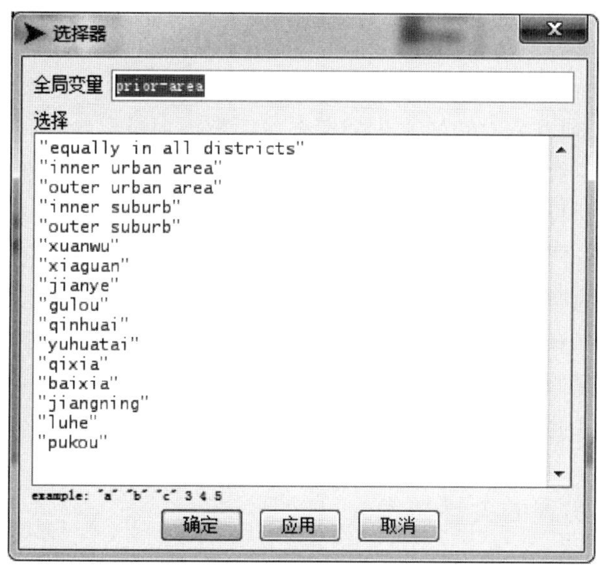

图 7-7　支持政策中优先支持地区的选项设定示意图

为了增加模型在"世界"(world)窗口(图 7-5 的黑色部分)中输出结果的可读性,在新的模型中还增设了六个可视化功能按钮(图 7-5 的 B 部分和图 7-8)。模型用户按下某一个功能按钮,则会在"世界"窗口中生成相应的专题地图。例如,当按下"show-GISdata"时,在"世界"窗口中将隐藏所有的文化创意企业、文化创意工人等,单独显示导入模型中的地理信息系统(GIS)数据信息。其他五个功能按钮的作用分别如下:"clear-drawing"用于清除地理信息系统(GIS)地图信息;"show-office-price"用于清除地理信息和隐藏各类行为主体,并生成办公空间的价格地图;"show-housing-price"用于清除地理信息和隐藏各类行为主体,并生成居住空间的价格地图;"show/hidden firms"用于隐藏或显示文化创意企业;"show/hidden workers"用于隐藏或显示文化创意工人。

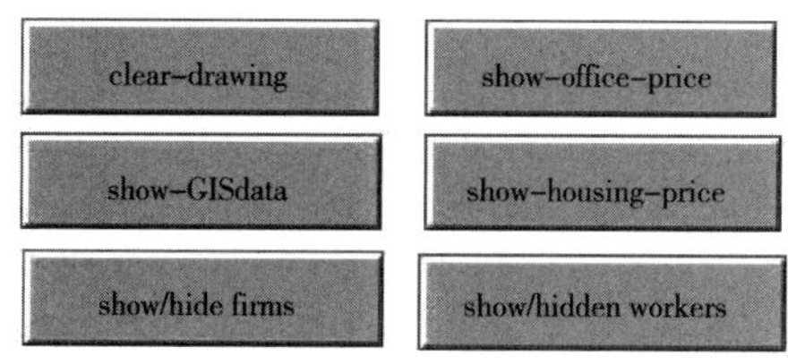

图 7-8　六个可视化功能按钮示意图

图 7-5 中的 C 部分和 D 部分则是利用"图"(plot)来记录各类指定统计量的时空变化过程。其中,C 部分的图形"demand-supply"用于记录文

化创意产品的总需求与总供给的变动情况；图形“firm-worker-number”用于记录文化创意企业、文化创意工人和支持政策的数量变动情况；图形“in-problem-rate”用于记录没有找到工作的文化创意工人的比例、没有找到办公空间的文化创意企业的比例和没有找到居住空间的文化创意工人的比例。图形“in-problem-agents”用于记录没有找到工作的文化创意工人的数量、没有找到办公空间的文化创意企业的数量和没有找到居住空间的文化创意工人的数量。图形“work-income”和“firm-size”则分别用于记录文化创意工人的收入分布情况以及文化创意企业的规模分布情况。图形“w-cluster-check-N”和“f-cluster-check-N”则分别用于记录文化创意工人和文化创意企业的空间集聚水平(使用基于最近邻分析方法的 R 统计量)。D 部分的图形“firm-distribution”用于记录文化创意企业在南京市 11 个区的数量分布情况；图形“worker-distribution”则用于记录文化创意工人在南京市 11 个区的数量分布情况。

7.4 模型实现的关键技术

7.4.1 模型代码的总体架构

如前文所述，一个基于多智能体建模(ABM)模型的代码从结构上来说一般分成声明模块、初始化例程模块、运行例程模块和子例程模块。由于本模型是在原有的文化创意产业模型(CCID)基础上的改进，因此基本思路是在声明模块和初始化例程模块实现对地理信息系统(GIS)的读取，并将上文所提到的 18 个地理信息系统(GIS)图层的图形数据和属性数据转换到 NetLogo 中的相应“嵌块”之中。一旦这些工作完成后，运行例程模块和子例程模块则无须做出大的调整，只需要开展局部微调。由于在地理文化创意产业模型(Geo-CCID)中要调用地理信息系统(GIS)扩展模块，因此与文化创意产业模型(CCID)的代码相比，在声明模块中需要增加语句“extensions [GIS]”。同时，在初始化例程模块中需要增加四个部分内容：第一，定义一系列的全局变量，用来存储所读取到的 NetLogo 中的地理信息系统(GIS)数据，如定义全局变量“admin-dataset”，用来存储行政边界数据；第二，增加用户自己编写的子例程“import-GISdata”，用来导入准备好的地理信息系统(GIS)数据文件；第三，增加用户自己编写的子例程“draw-GISdata”，用来在“世界”中可视化所导入的地理信息系统(GIS)文件的图形数据；第四，增加用户自己编写的子例程“transfer-property”，用来将图形数据和属性数据导入“世界”中的“嵌块”里。详细技术方法将在下一节描述，表 7-3 给出了模型代码的基本构成。

表 7-3　模型结构及其逻辑解释

类别	代码及其解释
声明模块	extensions [GIS] ;声明在该模型中可以调用地理信息系统(GIS)扩展模块的相关命令和变量 globals[total-demand R-f R-w admin-dataset …] ;;声明全局变量,如"total-demand"表示对创意产品的总需求;"R-f" 表示文化创意企业的空间集聚水平;"R-w"表示文化创意工人的空间集聚水平;"admin-dataset"用来存储地理信息系统(GIS)数据中所对应的行政边界的数据 breeds [CIs CI] breeds [CWs CW] breeds [PPs PP] ;;定义模型中所涉及的各种行为主体类型,如 CIs 和 CI 表示文化创意企业;CWs 和 CW 表示文化创意工人;PPs 和 PP 表示政策包(也代表城市政府) CIs-own [CI-utility real-size profit-rate …] ;;声明文化创意企业的属性变量,如"CI-utility"表示文化创意企业在某一空间区位所取得的区位效用大小;"real-size"表示文化创意企业的规模大小;"profit-rate"表示文化创意企业的月利润率 CWs-own [CW-utility housing-area real-income …] ;;声明文化创意工人的属性变量,如"CW-utility"表示文化创意工人在某一居住地点所取得的区位效用大小;"housing-area"表示文化创意工人的人均住房面积大小;"real-income"表示文化创意工人所获得的月实际收入 PPs-own [tax-abate-rate planned-time-in-service …] ;;声明政策包的属性变量,如"tax-abate-rate"表示削减税率的百分比;"planned-time-in-service"表示政策包的计划服务周期 patches-own [land-rent land-use housing-rent max-volume …] ;;声明地块的属性变量,如"land-rent"表示办公用地的租金价格;"land-use"表示地块的规划用地性质;"housing-rent" 表示居住用地的租金价格;"max-volume"表示地块所规划的最大容积率
初始化例程模块	to setup ;;建立初始化例程"setup" clear-all ;;清除所有运行痕迹 import-GISdata ;;在 NetLogo 中导入准备好的地理信息系统(GIS)数据 draw-GISdata ;;将导入的地理信息系统(GIS)图形数据在"世界"中进行可视化 transfer-property ;;将地理信息系统(GIS)图形数据和属性数据转换到"嵌块"的属性之中,包括用地类型、用地容积率阈值等 setup-CIs ;; 设定文化创意企业的初始属性,包括办公区位、资本总额、盈利水平等 setup-CWs ;;设定文化创意工人的初始属性,包括居住区位、收入水平、就业情况等

续表 7-3

<table>
<tr><th>类别</th><th>代码及其解释</th></tr>
<tr><td>初始化例程模块</td><td>setup-PPs
;;设定政策包,包括空间安排、政策内容和执行周期等
reset-ticks
;;重置时间计步器
end
;;“setup”例程结束标志</td></tr>
<tr><td>运行例程模块</td><td>to go
;;建立初始化例程“go”
ask CIs
;;召唤文化创意企业
[check-CI-death-or-live
;;检查文化创意企业的盈利水平和资金水平等情况,确认文化创意企业是否死亡
search-for-office
;;计算企业在待选地块上的区位效用,进而选定办公区位
CI-impact-on-plots
;;根据企业的空间区位选择,进一步计算该企业的区位选择对该地块及周围地块属性的影响以及更新后的地块属性值
]
ask CWs
;;召唤文化创意工人
[check-CW-death-or-live
;;检查文化创意工人的就业情况及其收入情况,确认文化创意工人是否放弃在文化创意产业领域就业
search-for-jobs
;;计算待选企业的属性和工资水平与文化创意工人预期之间的关系,确定文化创意工人就业的情况
search-for-housing
;;计算企业在待选地块上的区位效用,进而选定办公区位
CW-impact-on-plots
;;根据文化创意工人的居住空间区位选择,进一步计算工人区位选择对该地块及周围地块属性的影响以及更新后的地块属性值
]
ask PPs
;;召唤政策包
[check-PP-on-or-off
;;计算政策包实际执行期与有效期的对比情况,确认政策包是否撤销
allocate-PPs
;;根据政策调控要求安排政策包的空间布置
PP-impact-on-plots
;;计算政策包对其所在地块及周围地块属性的影响以及更新后的地块属性值
]
update-total-supply-demand-gap
;;计算所有文化创意产业的总产出以及市场总需求,进而更新需求—供给关系</td></tr>
</table>

续表 7-3

类别	代码及其解释
运行例程模块	update-employment-rate ;;计算运行系统中的就业水平并比较其与产生新文化创意工人的就业阈值的关系 tick ;;更新时间计步器 end ;;"go"例程结束标志
子例程模块（子模型）	此处省略

7.4.2 地理信息系统文件的导入与图形数据可视化

一般来说，要将地理信息系统(GIS)矢量数据导入 NetLogo 之中需要处理两个核心问题：第一，在 NetLogo 中定义一系列的全局变量，分别将各个地理信息系统(GIS)图层中所保存的图形数据和属性数据赋予各自对应的全局变量。第二，要解决原有地理信息系统(GIS)中的坐标系统与 NetLogo 中的坐标系统的转换问题。这是因为，地理信息系统(GIS)数据以一套严谨的投影坐标系统为基础(例如，我国当前常用的 2000 国家大地坐标系，简称 CGCS 2000)，各个地理要素(点、多段线和多边形)都包含了经严格测量计算的地理坐标信息，这些信息表达了它们在地理坐标系统之中的绝对位置。而在 NetLogo 系统之中，"世界"(world)使用的是笛卡尔的直角坐标系，且其大小具有可变性(即横坐标、纵坐标上的最大"嵌块"数可以根据需要进行修改)。因此，为了保证地理信息系统(GIS)数据和 NetLogo 数据之间的互操作并保持地理要素之间空间拓扑关系的正确性，需要通过坐标变换使得两者保持地理信息的一致性。

在读取地理信息的过程中，最常用的一个内置命令是"GIS：load-dataset"，其基本的语法格式如下：

GIS：load-dataset *file*

其中，*file* 表示需要导入的地理信息系统(GIS)数据所对应的 shape 格式文件(此处以矢量数据导入为例)。值得注意的是，这里的 *file* 除了要给出文件的准确文件名外(需要区分大小写)，还需要给出文件所在文件夹的详细路径。在通常情况下，为了避免模型在不同设备上因找不到指定的地理信息系统(GIS)文件而无法运行的问题，较好的处理办法包括：第一步，新建一个文件夹并按个人需要将其命名[如命名为"Nanjing-model"(南京模型)]；第二步，打开 NetLogo 程序，任意新建一个模型(可以先不设置任何界面信息和代码)，对其命名(如命名为“Geo-CCID”)并存储在“Nanjing-model”文件夹下；第三步，将按照前文所述的规范准备好的地理信息系统(GIS)数据(18 个图层)文件统一放在一个文件夹下面(如将文件夹命名为“nanjing”)，并将该文件夹同样也存储到第一步新建的文件夹“Nanjing-model”下。在完成这些操作后，则可以在 NetLogo 中使用“GIS：load-dataset”来读取文件夹“nanjing”下面的地理信息系统(GIS)数据。例如，现在要读取南京市行政边界的地理信息系统(GIS)数据(对应的文件名为“admin. shp”)，并将其存储到 NetLogo 中的全局变量“admin-dataset”中，则对应的代码如下：

```
globals [admin-dataset]
set admin-dataset GIS:load-dataset "nanjing/admin. shp"
```

以此为例，则可以将剩下的其他地理信息系统(GIS)数据根据需要逐一读取到 NetLogo 中并分别赋予相应的全局变量。

将这些数据赋予相应的变量后，还可以根据需要对这些数据进行地理坐标和投影坐标的转换，其中最常用的命令是“GIS：set-coordinate-system *system*”。其中，“*system*”必须是按照知名文本(Well-Known Text，WKT)规范描述且被 NetLogo 所支持的地理坐标系和投影坐标系[具体支持的名录可参见 NetLogo 使用手册的地理信息系统(GIS)扩展模块部分的解释]。其中地理坐标系的格式为<geographic cs> = GEOGCS["<name>", <datum>, <prime meridian>, <angular unit>]；投影坐标系的格式为<projected cs> = PROJCS["<name>", <geographic cs>, <projection>, {<parameter>,} * <linear unit>]。当然，用户也可以使用“GIS：load-coordinate-system *file*”来读取某一个具体对象的地理坐标系和投影坐标系，如读取上文所提到的文件“admin. shp”使用的地理坐标系和投影坐标系，则可以写成如下形式：

```
GIS:load-coordinate-system "nanjing/admin. prj"
```

如果要导入的地理信息系统(GIS)数据原坐标体系 NetLogo 并不支持，或者说要导入的多个地理信息系统(GIS)数据使用的不是相同的坐标体系，则上述坐标体系的转换就显得十分必要。而在不十分必要的情况下，我们一般不会重新定义地理信息系统(GIS)数据原坐标体系。在确定了在 NetLogo 模拟模型中要使用的地理坐标和投影坐标后，还需要将这些数据的地理信息系统(GIS)图形数据缩放到与 NetLogo 中的坐标空间范围相一致，即进行两者比例尺的转换。实现这一目标最常用的命令是“GIS：set-transformation GIS-envelope netlogo-envelope”和“GIS：set-transformation-ds GIS-envelope netlogo-envelope”。两者的区别在于前者在横轴和纵轴上保持同样的缩放比例尺，而后者则是根据 NetLogo 中横轴、纵轴的长短对原地理信息系统(GIS)数据进行拉伸，使其适应整个“世界”的长和宽。例如，现在不希望拉伸原有地理信息系统(GIS)数据，并以短轴为参考充满“世界”，则其对应的代码如下：

```
GIS:set-transformation [-180 180 -90 90] [min-pxcor max-pxcor min-pycor
max-pycor]
```

如果用户不希望地理信息系统(GIS)数据充满整个“世界”，而是希望将其置于“世界”中的指定位置和范围内，则上述命令非常有用。但是，在通常情况下，我们都倾向于将地理信息系统(GIS)数据无变形地充满整个“世界”。但是，使用上述命令的一个不方便的问题在于用户需要写出地理信息系统(GIS)数据横轴、纵轴的最值以及 NetLogo 中“世界”的横轴、纵轴的最值。但是，如果用户不知道要导入的地理信息系统(GIS)数据的投影坐标信息，那么要写出其横轴和纵轴的最值是比较困难的；同时，NetLogo 中“世界”的大小是容易被用户改动的，因此要使用“min-pxcor”等命令来读取“世界”横轴和纵轴的最值也显得比较冗长。

基于上述考虑，为了简化编程，地理信息系统(GIS)扩展模块首先提供了“GIS:envelope-of *thing*”命令，用户可以使用该命令来读取“thing”横轴、纵轴的最值，返回的是一个包含四个数值的列表，如[minimum-x maximum-x minimum-y maximum-y]。这里的“thing”可以是某个智能体(agent)、某个智能体的集合(agentset)、某个栅格数据集(raster dataset)、某个矢量数据集(vector dataset)或者某个矢量对象(vector feature)。其次，地理信息系统(GIS)扩展模块还提供了“GIS:set-world-envelope GIS-envelope”命令，即免除了需要写出“世界”横轴和纵轴最值的麻烦。例如，现在要将上文所提到的地理信息系统(GIS)数据“admin. shp”按照横轴、纵轴等比例且充满“世界”变换到 NetLogo 中，则可以使用如下代码：

```
GIS:set-world-envelope (GIS:envelope-of admin-dataset)
```

其中，“admin-dataset”是已经存储了地理信息系统(GIS)文件“admin. shp”的图形数据和属性数据的全局变量。但是，在实际操作过程中，我们往往要转换的不止一个地理信息系统(GIS)文件[如在被研究案例中就包括了 18 个地理信息系统(GIS)图层]。为此，我们需要获得所有这些图层叠加在一起的横轴、纵轴的最值。解决这个问题的办法是我们需要用到“GIS: envelope-union-of *envelope*1 *envelope*2 …”命令。其中，“*envelope*1 *envelope*2 …”是需要统筹叠加的所有地理信息系统(GIS)数据横轴、纵轴的最值列表。例如，现在我们除了要同时转换“admin. shp”“subway station. shp”“road_centre. shp”三个地理信息系统(GIS)文件到

NetLogo 中，则相对较为完整的代码如下：

```
globals [admin-dataset underground_station-dataset housing-dataset]

set admin-dataset GIS:load-dataset "nanjing/admin.shp"
set underground_station-dataset GIS:load-dataset "nanjing/subway station.shp"
set road_centre-dataset GIS:load-dataset "nanjing/ road_centre.shp "

GIS:set-world-envelope (GIS:envelope-union-of (GIS:envelope-of admin-dataset)
  (GIS:envelope-of underground_station-dataset)
  (GIS:envelope-of road_centre-dataset)
)
```

在 NetLogo 环境下，当完成这些数据导入后，其包含的点、多段线和多边形等图形数据并不会在“世界”中自动显示。因此，为了将导入的地理信息系统(GIS)数据在“世界”中展示，还需要对这些导入的地理信息系统(GIS)数据进行可视化。为此，需要用到两个命令 “GIS:set-drawing-color *color*”和“GIS:draw *vector-data* *line-thicknes*”。其中，前者用来设定绘画画笔的颜色，“*color*”表示指定的颜色；后者则是采用当前设定颜色的画笔以“line-thickness”粗细的线条来绘制出矢量对象“vector-data”所描述的图形数据。例如，要将上述三个导入地理信息系统(GIS)文件的图形数据可视化，我们建立子例程 draw-GISdata 予以实现，其代码如下：

```
to draw-GISdata
GIS:set-drawing-color gray
GIS:draw admin-dataset 3
GIS:set-drawing-color red
GIS:draw underground_station-dataset 1
GIS:set-drawing-color gray
GIS:draw road_centre-dataset 0.2
end
```

将所有地理信息系统(GIS)数据导入 NetLogo 后的效果如图 7－9 所示。

7.4.3 地理信息系统属性数据的转换与可视化

如前文所述，利用地理信息系统软件(ArcGIS)建立的 shape 格式文件数据属于矢量数据，而在 NetLogo 环境中，其表示空间的“世界”是由类似于栅格的“嵌块”排列而成。因此，要将地理信息系统(GIS)各个地理对象

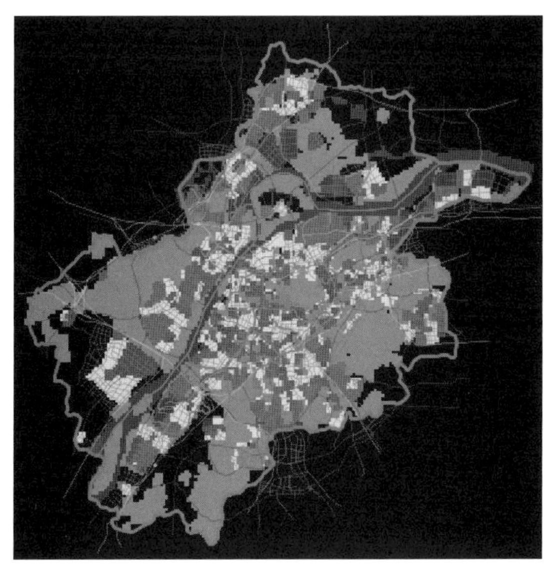

图 7-9　南京市地理信息系统(GIS)数据导入 NetLogo 后的效果图

的属性数据转换到 NetLogo 中的“嵌块”上,需要采取一定的算法技术来克服两者因格式差异所产生的数据互操作困难。

总体来说,地理信息系统(GIS)的矢量图形数据从几何特性来说分成了点、多段线和多边形三种类型,而 NetLogo 中的空间表达只使用了一种几何形状类型,即“嵌块”(patch)。因此,要实现两者的互操作,实际上就是要回答如何将点的属性、多段线的属性和多边形的属性传导给与之对应的“嵌块”上。

在 NetLogo 的地理信息系统(GIS)扩展模块中提供了“GIS: apply-coverage VectorDataset property-name patch-variable”,可以直接将“VectorDataset”变量所表示的地理对象(feature)的属性变量“property-name”的值赋予“嵌块”的属性变量“patch-variable”。但是,需要指出的是,该命令要求“VectorDataset”所表示的地理对象必须是多边形数据,而对于点状数据和多段线数据则无法支持。

在运行该命令的过程中,会检查“VectorDataset”所包含的多边形与“嵌块”的空间拓扑关系,并把与“嵌块”相交的多边形的属性值赋予“嵌块”的属性变量“patch-variable”。但是,在实际操作过程中,往往会存在多个多边形与同一个“嵌块”相交的情况,这个时候面临的一个问题就是,到底将哪一个多边形的属性值赋予“patch-variable”。

如图 7-10(a)所示,现在有三个多边形(PL1、PL2 和 PL3)与“嵌块”c 相交,三个多边形与“嵌块”相交部分的面积分别为 PLS1、PLS2 和 PLS3。在算法上分成了两种情况:第一种情况是如果多边形属性的值是字段,那么通过比较 PLS1、PLS2 和 PLS3 的大小,并将其中相交面积最大的多边形的属性值赋予“嵌块”。第二种情况是如果多边形的属性值是数字(分别记作 N1、N2 和 N3),那么进一步计算 PLS1、PLS2 和 PLS3 相加的总面积(记作 TPLS)并计算三者占总面积的百分比,分别记作 PCT1、PCT2 和 PCT3,则赋予嵌块的属性值为 N1×PCT1+ N2×PCT2+ N3×PCT3。

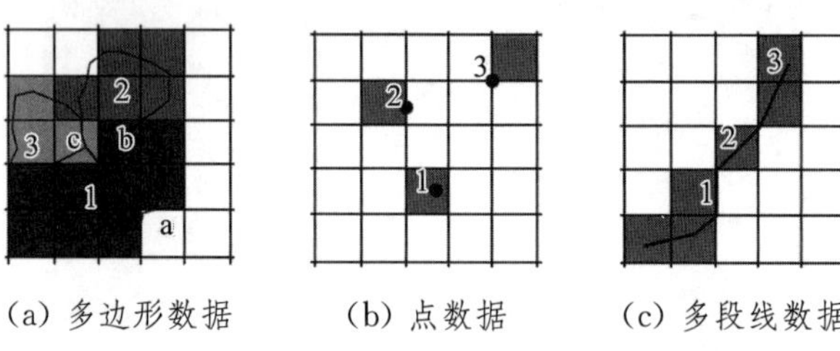

(a) 多边形数据 (b) 点数据 (c) 多段线数据

图 7-10 属性数据转换的拓扑运算规则示意图

一般来说,利用上述规则基本上都能够解决多边形属性转换到“嵌块”上的问题。但是,如果某个多边形与“嵌块”相交的面积过小[图 7-10(a)中的 a 嵌块],那么从实际意义上来说,该“嵌块”应该不能继承该多边形的属性,为了避免这一情况的产生,在地理信息系统(GIS)扩展模块中设置了一个内置变量“GIS: coverage-minimum-threshold”,也就是说如果所有与“嵌块”相交的总面积占嵌块的面积小于这个阈值,那么该“嵌块”的属性值将被设定为“NOT A NUMBER”(非数值)。与此类似,如果一个多边形与某一个“嵌块”相交的面积占据了该嵌块的很大一部分,即超过了某一个阈值,那么直接将该多边形的属性值赋予该“嵌块”,控制该阈值的内置变量为“GIS: coverage-maximum-threshold”。然而,如图 7-10(a)中的 b 嵌块,如果在某个“嵌块”内存在两个或两个以上的多边形占据的面积比例超过了这个阈值,系统则会将位序处于前面的多边形的属性值赋予该“嵌块”。在系统中,“GIS: coverage-minimum-threshold”的默认值为 10%;“GIS: coverage-maximum-threshold”的默认值为 33%。根据需要,用户可以利用“GIS: set-coverage-minimum-threshold”和“GIS: set-coverage-maximum-threshold”两个命令分别修改这两个阈值。

在地理信息系统(GIS)扩展模块中,没有现存的命令可以用来转换点和多段线的属性给“嵌块”,因此,用户需要根据实际需要编写实现这一功能的子例程。为此,我们在模型中将根据点对象与嵌块之间的拓扑关系执行如下计算规则:第一,如果落入某个嵌块的点不止一个,那么就将这些点中位序排在最前面的点的属性值赋予该嵌块;第二,如图 7-10(b)中的点 1 所示,如果落入某个嵌块的点只有一个,那么该嵌块直接继承该点的属性值;第三,如图 7-10(b)中的点 2 所示,如果点对象正好落在了两个嵌块的临界边上,则随机选择其中的一个嵌块使其继承该点的属性值;第四,如图 7-10(b)中的点 3 所示,如果点对象正好落在了四个嵌块的交叉点上,则随机选择其中一个嵌块使其继承该点的属性值。

对于多段线数据而言,我们在模型中首先检查多段线与某个嵌块是否存在相交(也就是嵌块与多段线至少有一个交点)的拓扑关系,然后执行如下计算规则：第一，如果只有一条多段线与嵌块相交，那么每一个被穿过的嵌块都将用来代表该多段线的一部分，因此其将继承该多段线的属性值[图 7-10(c)中的多段线第 3 段]；第二，如果多段线正好落在两个嵌块的边界上[图 7-10(c)中的多段线第 1 段]；第三，如果某个嵌块有两条及以上的多段线与之相交，则该嵌块仅仅继承位序最靠前的多段线的属性值；第四，如果该嵌块没有多段线穿过，则保持该嵌块的变量为系统默认值(数字型变量通常情况下为 0)。

对于多边形数据，现假设我们需要根据地理信息系统(GIS)数据“admin. shp”在 NetLogo 的“世界”中确定哪些嵌块应该被划入南京市的行政边界内，同时，我们还需要根据地理信息系统(GIS)数据“Housing. shp”来确定“世界”中哪些嵌块被规划为居住用地，那么可以使用如下命令来予以实现：

```
ask patches
[
if (GIS:intersects? admin-dataset self)
        [set land-boundary "urban-patch"]
]
set urban-patches (patches with [land-boundary = "urban-patch"])
foreach GIS:feature-list-of housing-dataset
[? 1 -> ask (urban-patches GIS:intersecting ? 1)
[set land-use "R" set pcolor yellow ]
]
```

在上述代码中，首先召唤所有的嵌块，检查其与“admin-dataset”(行政边界数据集)是否存在相交关系，如果两者相交，则将该嵌块的属性变量“land-boundary”(用地边界)设定为“urban-patch”(城市嵌块)，然后通过代码“set urban-patches (patches with [land-boundary = "urban-patch"])”定义城市嵌块的集合为“urban-patches”。值得注意的是，在语句“GIS:intersects? admin-dataset self”中，“self”表示的是“自己”，在这里是指被召唤的嵌块。在 NetLogo 中，还有一个与此非常相近的变量“myself”，一般它表示的是召唤主体，而“self”则表示被召唤主体。例如在如下代码中：

```
ask turtle 1
[ ask patches in-radius 3
[ set pcolor [color] of myself
]
]
```

“myself”表示的是“turtle 1”(海龟)，整个代码就是要将“turtle 1”周围以 3 为半径的范围内所有嵌块的颜色都设置为和“turtle 1”一样的颜色。

要根据“Housing. shp”来划定“世界”中哪些嵌块属于居住用地，其基本思路为：首先，将表示“Housing. shp”的全局变量“housing-dataset”包含的所有多边形进行列表，其使用的内置报告器是“GIS：feature-list-of”；然后，逐个检查列表中的多边形与“urban-patches”是否相交(使用“GIS：intersecting”)，如果相交，则将该“城市嵌块”的用地属性“land-use”设定为“R”，表示其属于居住用地。这样就完成了数据的转换。

在上述代码中，为了“逐个”检验“多边形”与“嵌块”是否相交，使用了“foreach”命令，其语法格式为：foreach list command 或 foreach list1 list2 … command。下面对两种情况分别通过简单代码予以说明。对于只有一个列表的情况，如果代码写成“foreach [1. 1 2. 2 2. 6] show”，则其输出的结果就是 1. 1、1. 2 和 2. 6。而如果我们需要对列表(list)里面的各个要素进行运算并输出结果，其相应的代码则应该写成“foreach [1. 1 2. 2 2. 6] [x->show round x]”，则其输出结果为 1、2 和 3。值得注意的是，在这里使用了“->”这个符号，其作用在于运算一个匿名函数或者报告器并返回运算结果。那么，该函数的输入参数则是“->”前面的“x”，其代表的是每一轮所读取的列表(list)中的要素对象。

对于有两个或者多个列表的情况，则遵循如下规则，现假设有如下代码：

```
foreach [1 2 3] [2 4 6]
  [
  [a b] -> show (a + b)
  ]
```

该代码中的输入参数是列表[a b]，其是按顺序分别在[1 2 3]和[2 4 6]中取值，最终展示的结果就是 a 与 b 之和，运算结果是 3、6 和 9。

根据上文所述的算法，对于多段线数据的数据转换则比较容易实现。例如，现在需要将城市地铁线的数据“subway line. shp”转换到嵌块之上，则可以使用如下代码实现：

```
set underground_line-dataset GIS:load-dataset "nanjing/subway line. shp"
if (GIS:intersects? underground_line-dataset self)
    [set land-use "underground"
      ]
```

对于点数据而言，要将其属性转换到嵌块上的算法则相对要复杂一些。例如，现在要将城市地铁站点的数据转换到嵌块中，其基本思路为：首先，获取每一个点对象的坐标(x, y);其次,检查每一个嵌块是否在指定的嵌块之内;最后,如果在嵌块之内,则将相应的嵌块的用地类型改换成地铁站,同时创建一个“海龟”来表示地铁站。具体来说,实现这些功能的代码如下:

```
set underground_station-dataset GIS:load-dataset "nanjing/subway station.shp"
set underground_station_list GIS:feature-list-of underground_station-dataset
foreach underground_station_list
  [ ? 1 -> let location GIS:location-of (first (first (GIS:vertex-lists-of ? 1)))
      if not empty? location
      [ create-underground-stations 1
        [ set xcor item 0 location
          set ycor item 1 location
          set land-use "underground station"
          ]
        ]
      ]
```

在上述代码中,“GIS:feature-list-of underground_station-dataset”的作用是读取“underground_station-dataset”(城市地铁站点)中的所有点对象,并形成列表。在此基础上,下一步是利用“foreach”逐个读取列表中每一个对象的坐标。需要注意的是,如上文所述,“foreach”后面默认是可以处理多个列表的列表,如“foreach [点 1] [点 2]”。因此,在上述代码中,“foreach underground_station_list”(城市地铁站点列表中的对象)读取的对象,即“? 1”所表示的对象,依然还是一个对象列表[[station1] [NULL] …]。使用“GIS: vertex-lists-of”则同样是返回一个有关对象的顶点的列表[[vertex1 NULL] [NULL] …]。因此,为了读取到第一个顶点的坐标,需要使用两次“first”(表头)命令,第一次返回结果为“[vertex1 NULL]”,第二次返回结果为“vertex1”(顶点 1)。然后通过“GIS:location-of”则可以读取“vertex1”的坐标列表[x y],并将其赋予局部变量“location”(区位),使用“not empty?”来检验“location”是否为空,如果不为空,表示该点在该嵌块范围内,则首先在此嵌块上创建一个代表地铁站点的“海龟”(underground-station),然后将其 x 坐标(xcor)设定为坐标列表的第一个元素 item 0,即列表[x y]中的“x”;将其 y 坐标(ycor)设定为坐标列表的第二个元素 item 1,即列表[x y]中的“y”,并将其所在嵌块的用地类型(land-use)设定为"underground station",即表示用地类型为地铁站点。

7.4.4 模拟土地价格的空间可视化

为了进一步研究文化创意产业的发展对城市办公空间租赁价格和城市住房租赁价格的影响,有必要对办公租赁价格和住房租赁价格在空间上的分布情况进行可视化。在模型中，每一块用来表示城市地块的“嵌块”都设有“office-rent”和“housing-rent”，分别用来记录每一地块的办公租赁价格和住房租赁价格。因此，要可视化模拟得到的土地价格，实际上就是要根据这两个属性变量的取值对所有这些“嵌块”进行着色。

在模型中，我们设置了“show-office-price”（办公租赁价格展示）和“show-housing-price”（住房租赁价格展示）两个按钮来实现上述功能。以“show-office-price”为例，具体做法是在“界面”工作场景下点击右键，选择“按钮”，在弹出的对话框中执行主体选择“观察者”，显示名称处写“show-office-price”，同时也可以在“快捷键”后面的方框内填入字母以定义快捷键。在命令栏下面填入如下代码：

```
clear-drawing
GIS:set-drawing-color gray
GIS:draw admin-dataset 2
GIS:draw admin-2-dataset 1
ask turtles
[set hidden? true]
ask urban-patches
[if (pcolor ! = black) [set pcolor black]
  let max-price max [office-rent] of urban-patches
    let min-price min [office-rent] of urban-patches
    if (office-rent>0)
    [set pcolor scale-color red (lnoffice-rent) (ln max-price) (ln min-price)]
]
```

上述代码的基本思路：第一，为了优化可视化效果并清楚无关价格的要素，使用“clear-drawing”命令将使用画笔在“世界”范围内绘制的地理信息系统(GIS)图形清除。第二，根据需要设定画笔的颜色和粗细，而后将行政区划边界绘制出来。同时，将所有“海龟”的“hidden?”(是否隐藏)属性设置为“true”(真)来将它们隐藏。第三，将可视化的背景色设置为黑色。第四，为了使得可视化的办公租赁价格在空间上具有逐渐递减的效果，我们需要用到“scale-color”(渐变着色)命令，该命令有四个参数，其语句格式为“scale-color *color number range*1 *range2*”。其中“*color*”定义了需要着色的主色，如红色；“*number*”一般来说是需要着色的嵌块的变量值，在本例中是“office-rent”(办公租赁价格)；“*range*1”和“*range2*”定义了色彩递减所参照的数字区间。如果“*range*1”小于“*range2*”，则“*number*”的值越大，其色彩越淡；如果“*range*1”大于“*range2*”，则“*number*”的值越大，其色彩越浓。如果“*number*”小于“*range*1”，则使用最浓色，如果“*number*”大于“*range2*”，则使用最淡色。可以看到，在实际的代码中，对三个参数“*number*”“*range*1”“*range2*”的取值采取了对数处理，其效果在于能够使得递减的幅度和效果更加平滑匀称。

7.5 文化创意企业与工人时空分布特征模拟分析

7.5.1 初始条件设置

由于在地理文化创意产业模型(Geo-CCID)中融入了南京市的地理信息系统(GIS)地图,因此我们的相关分析就可以以南京市的真实情况为基本参照。受到数据的限制,仅以展示为目的,我们将2010年设置为基准年,并运行模型的120个步骤(相当于10年,即两个五年计划的时间)。同时,为了能够更好地在恰当的时间节点和合适的空间进行宏观政策介入从而促进文化创意产业的发展,本节将重点分析文化创意企业与文化创意工人在时间上的变动特征、在空间上的分布特征。

根据实地调查结果可知,南京市在2010年启动了将文化创意产业逐步引入郊区行动计划,因此,在该模型中,我们将支持政策优先支持的区域设置为“内郊区”(inner suburb)。根据南京市2010年的实际文化创意产业产出情况,在假设地均产出一致的情况下,在模型中,将文化创意产品基础需求设定为每月1.17亿元。根据调查数据可知,南京市文化创意产业年增长率为25%。以此为参照,我们假设模拟期(未来10年)文化创意产品的需求平均年增长率在15%左右,相应的,我们将文化创意产品需求的月增长率设置为1%。表7-4给出了其他参数设置的详细说明。

表7-4 初始条件设置详细情况

参数分组	取值设定	变量意义
政策参数	policy-support:60	政策支持力度
	mean-tenure:24	平均执行期
	policy-1-importance:29	土地价格较低廉
	policy-3-importance:27	税收优惠
	policy-5-importance:0	吸引创意人才的政策
	policy-7-importance:0	产品的市场对口服务
	policy-9-importance:0	专门的知识产权保护措施
	prior-area:“inner suburb”	重点支持区域
	b-tax-rate:20 (means 20%)	减税百分比
	policy-2-importance:0	资金支持(贷款优惠等)
	policy-4-importance:0	水电气价格低
	policy-6-importance:0	针对企业员工的业务培训计划
	policy-8-importance:0	简洁的一体化手续办理服务
	policy-10-importance:0	其他

续表 7-4

参数分组	取值设定	变量意义
行为主体变量	initial-number-firm:100	初始文化创意企业数量
	initial-number-CW:2 000	初始文化创意工人数量
初始文化创意产品需求	base-product-demand:117	初始产品平均月需求量
	growth-rate-cycle:0	增长率的变化周期
	demand-monthly-growth-rate:0.01	需求量月增长率
关键阈值	f-size-expansion-critical-profit-rate: 0.20	文化创意企业规模扩张的利润率阈值
	f-size-decline-critical-negprofit-rate: −0.1	文化创意企业规模缩减的利润率阈值
	f-moving-critical-land-expense-rate:0.1	文化创意企业能够承担的最大办公租金占利润的比例阈值
	w-num-increase-critical-employ-rate:0.8	新的文化创意工人进入模型所依据的就业率阈值
	f-num-increase-critical-D/S-rate:1.0	新的文化创意企业进入模型所依据的需求供给比例阈值

7.5.2 文化创意企业的时空分布特征模拟分析

图 7-11 记录了 2010 年到 2020 年的 10 年间南京市 11 个区的文化创意企业空间分布动态变化过程。在第一个 5 年期间，可以看到在初期这 11 个区的文化创意产业数量各有不同，但是它们之间的差距相对较小。然而，随着时间的推进，各区文化创意产业的数量逐步发生分野。在这一时期的中期，雨花台区的文化创意产业数量发生大幅度的增长。到 2014 年，

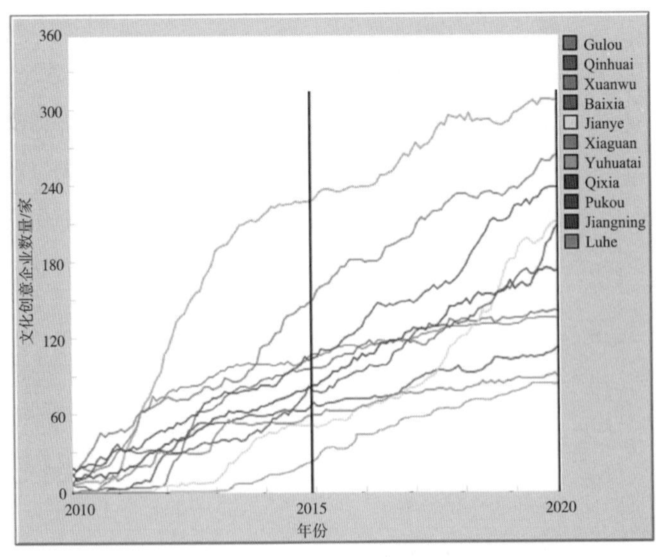

图 7-11　文化创意企业空间分布的时空变动

玄武区的文化创意产业开始大幅度繁荣，并在企业数量上超过了鼓楼区，跃居 11 个区的第二位。2015 年后，栖霞区表现出了强劲的增长势头，迅速跃升到第三位。至此，雨花台区、玄武区和栖霞区分别居于第一位、第二位和第三位，并且将这一基本格局保持到了 2020 年。相比之下，其他各区的发展则相对落后，但是，可以看到建邺区在接近 2020 年期末表现出了新的增长势头。这一模拟开发过程与政府的规划预期不谋而合，即南京市市政府期望将文化创意产业逐步引向外城区和内郊区。

从模拟结果中我们也可以看到，一个区在开始阶段具有良好的吸引力和发展基础并不表示这一优势会长期保持下去。例如，从 2012 年到 2015 年左右，鼓楼区的文化创意企业数量位列 11 个区的第三位，但是 2015 年之后，它对文化创意企业的吸引力逐步降低，到 2020 年，鼓楼区的文化创意企业的数量降到了第八位。与鼓楼区相比，建邺区的发展过程表明：在早期阶段被文化创意企业视为不具吸引力的区域也可能有机会成为未来吸引文化创意企业的赢家。可以看到，在 2015 年之前，除了六合区外，它吸引文化创意企业的数量居倒数第一位。然而，在 2015 年之后，建邺区对文化创意企业的吸引力大增并迅速吸引了大量文化创意企业的入驻，在 2020 年，其所吸引的文化创意企业的数量达到了第四位，在培育创意产业方面表现出了强大的竞争力。根据这些模拟结果可知，各区的决策者可以事先制定相关决策，制定分时序的文化创意产业发展策略，防止或者扭转文化创意产业发展衰退的局面。例如，在(未来)某个时期，当预期一个地段的创意产业将会出现衰退时，当地的决策者可以有的放矢地退出相关振兴策略，回复该地段的吸引力。或者，政策制定者可以有针对性地、有步骤地逐步放弃创意产业的发展，同时引进和培育其他产业的发展，如电子商务等。

众所周知，要想吸引、维护和培育文化创意产业，需要城市政府和潜在的开发商投入大量资本。但是，我们首先需要回答的问题是，我们应该在什么时间将资本投入哪些地段？一种最为直接的方案就是将投资直接投放到被城市规划划定的“工业”或者“商业”地块之上，从而引导文化创意产业向这些预期的区域发展。这一回答虽然可以接受，但仍然没有解决核心问题，也就是既没有指出值得优先投资的地块也没有指出投资的时序。

通过比较文化创意企业在 2010 年、2015 年和 2020 年三个不同年份的空间分布情况(图 7-12)及其与官方批准的南京市土地利用规划(参见图 7-3)，我们可以看到，有大量的地块(规划为工业或商业用地的地块)上并没有吸引或培育出一定数量的文化创意产业，也就是说如果将投资置于某些地块很有可能就是一种资源浪费。比如说，有些地块远离市区中心，对于文化创意产业来说并没有太多的吸引力。从图 7-12 的三张图可以看到，10 年来这些地块上的文化创意企业数量非常少，以至于其影响力可以忽略不计。比较而言，图中所圈出的那些位置才是最应该优先予以投资和支持的地段。

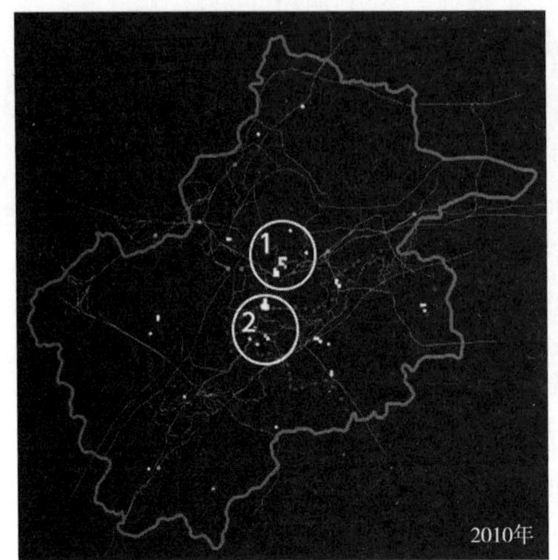

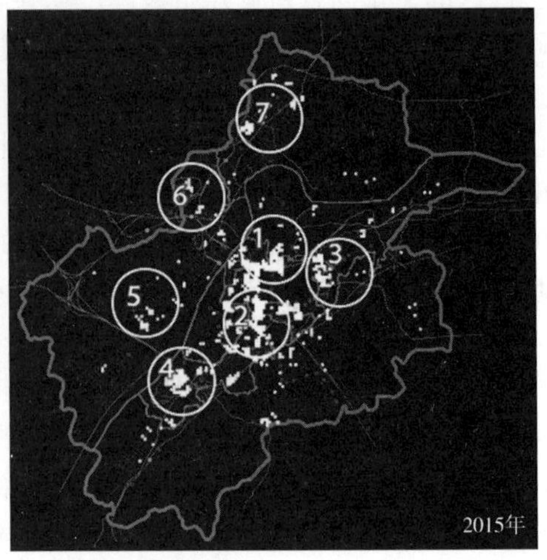

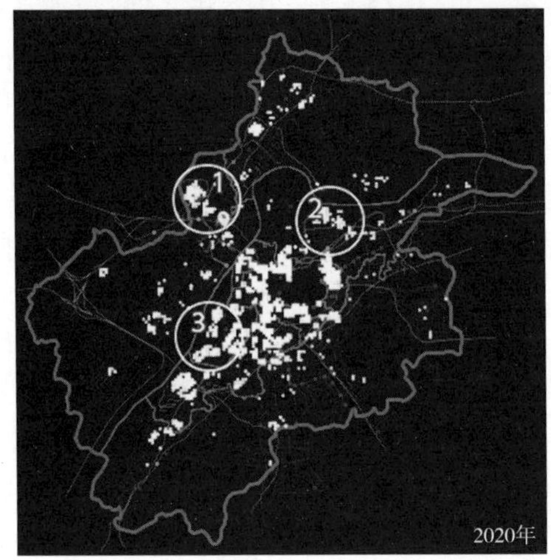

图 7-12　南京市文化创意企业空间分布的时空变动模拟结果

关于投资时序问题，如图 7-12 中的第一幅图所示（表示 2010 年模拟结果），在初期阶段，投资的重点区域应该在两个地段：一个是南京火车站周边，即图中圆圈 1 所辖的范围，在该范围内有大量的旧工厂，它们为文化创意产业的发展提供了适宜且相对便宜的办公空间；另一个地段是南京市的中央商务区（CBD）新街口的周边地区，即图中圆圈 2 所表示的范围。

在第二阶段，即图 7-12 中的第二幅图所示的阶段（2015 年），可以看到在 2010 年就已经表现出巨大投资优势的中央商务区（CBD）周边和南京火车站周边的区域在 2015 年依然非常繁荣，且其所吸引的文化创意产业数量还表现出了大幅度的上升趋势。除此以外，还有两个地段表现出了强大的潜能：一个位于紫金山东北部（图 7-12 第二幅图中的圆圈 3）；另一个位于雨花台西南部（图 7-12 第二幅图中的圆圈 4）。同时，我们还可以看到，在该阶段，长江以北的三个地区，即圆圈 5、6 和 7 所表示的区域显示出了一定的发展潜力。因此，在此阶段向这些区域投资并制定对应的支持政策将能够收到较好效果。

到 2020 年(图 7-12 中的第三幅图)，可以看到上述潜在区域依然较为繁荣，但是其增长的幅度较为有限。相比之下，有两个新的区域显示出了新在增长机会：一个是在栖霞区圆圈 2 所示的地段；另一个是在建邺区圆圈 3 所示的地段。也就是说，从 2015 年到 2020 年，投资的重点可以考虑这两个地段。

7.5.3 文化创意工人的时空分布特征模拟分析

相比文化创意企业而言，文化创意工人的空间分布呈现出明显的差异。首先，在前五年，文化创意工人在 11 个区的分布数量表现出较为激烈的无规则性的变动，但是相互之间的差距相对较小。但是，在 2015 年到 2020 年的五年间，各区之间的文化创意工人数量发生了明显的分异，且表现出相对规律的周期波动性(图 7-13)。这反映出无论是在第一阶段还是在第二阶段，文化创意工人在住房租赁市场中都表现出了激烈的竞争关系。同时，第二阶段的周期波动性表明，文化创意工人由于相互之间激烈的竞争，有很大一部分工人由于无法承受房价的大幅度上涨而必须频繁搬家，或者通过努力寻找报酬优厚的工作从而降低搬迁风险。

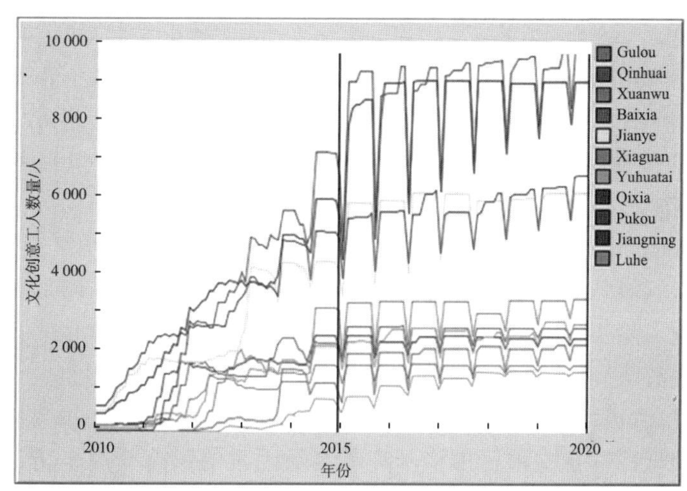

图 7-13 文化创意工人空间分布的时空变动

除上述差异外，无论是在第一个阶段还是在第二个阶段都表现出了一个共同特征，即 11 个区在文化创意工人的数量上表现出显著的层级差异性。在第一阶段，这 11 个区可以分成两组，其中江宁区、浦口区、建邺区和栖霞区属于第一梯队；下关区、雨花台区、白下区、秦淮区、玄武区、鼓楼区和六合区属于第二梯队。到第二阶段(2015—2020

年）后，原来属于第二梯队的 7 个区依然隶属第二梯队，且相互之间的差距具有收敛的趋势。相比之下，原来的第一梯队则进一步分异成为两组，其中浦口区和江宁区逐步表现出明显优势而步入第一集团，而建邺区和栖霞区则隶属第二集团。这表明，郊区的住房已经成为文化创意企业的重要选择。

如表 7-5 所示，进一步比较文化创意企业和文化创意工人在 11 个区的数量分布的差异性，我们可以提出如下建议：第一，对于雨花台区和玄武区来说，相比之下更加适合发展适合于文化创意产业生产的办公地产；对于浦口区和江宁区而言，相对明智的选择是发展住房地产。与上述两个区相比较，建邺区和栖霞区表现出了非常不同的特点，其既受到文化创意企业的青睐也受到文化创意工人的青睐，也就是说在这两个区可以考虑同时发展适合于文化创意产业发展的办公地产和适合于文化创意工人居住的住房地产。

表 7-5　文化创意企业和文化创意工人数量分布的优势区比较

类别	2015 年	2020 年
文化创意企业的分布	雨花台区、玄武区、鼓楼区、栖霞区	雨花台区、玄武区、栖霞区、建邺区
文化创意工人的分布	浦口区、江宁区、栖霞区、建邺区	浦口区、江宁区、栖霞区、建邺区

就具体投资的时序安排而言，我们需要知道在何时将资本投向何处。如图 7-14 所示，在 2010 年，有三处地段对于文化创意工人来说非常具有吸引力，第一处在栖霞区，是圆圈 1 所示的位置；第二处在建邺区，是圆圈 2 所示的位置；第三处在江宁区，是圆圈 3 所示的位置。这三个地段的一个共同点在于，它们都与大学等科研机构或者与地铁站点相邻。

到 2015 年，这三个地段依然表现出了强劲的吸引力（图 7-14 中的第二幅图），这意味着政府应该进一步在这些地段开展投资并增加相关公共服务设施。除了这三个地段外，我们发现还有其他多个地段也表现出了良好的发展势头，其主要原因在于从 2010 年到 2015 年文化创意企业得到了广泛的发展，因此其对文化创意工人的需求也大大增加，这些文化创意工人受到原地段的住房租赁价格升高等多重因素的影响而逐步转移到这些新增的热点地区（如图 7-14 第二幅图所示的 13 个地段）。值得注意的是，这些新兴的热点地区大部分都属于郊区。这表明，对于这些区政府来说，其应该引导住房地产的投资向这些区域倾斜。

在 2015 年到 2020 年这一时期，从图 7-11 可以看到，文化创意企业的数量变动相对较小，因此，文化创意工人的数量相对增长较小，相应的居住需求也没有发生太多改变。但是，通过比较图 7-14 中的第二幅图和第三幅图，可以看到第二幅图中的圆圈 9、11 和 12 的地段在 2015 年已经较为

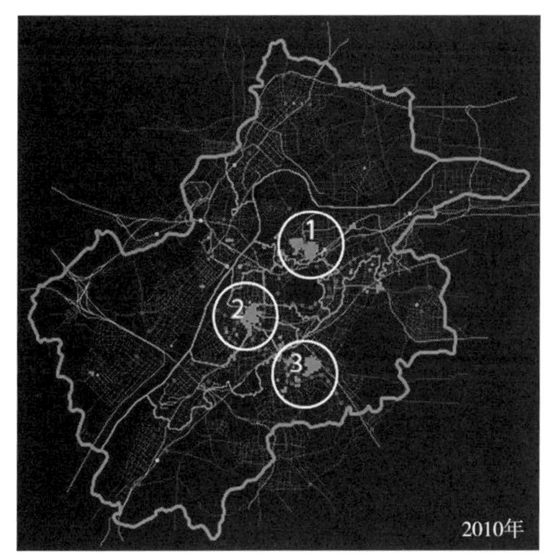

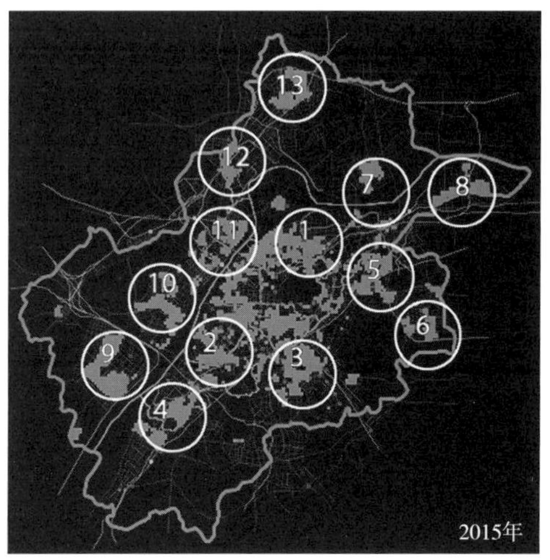

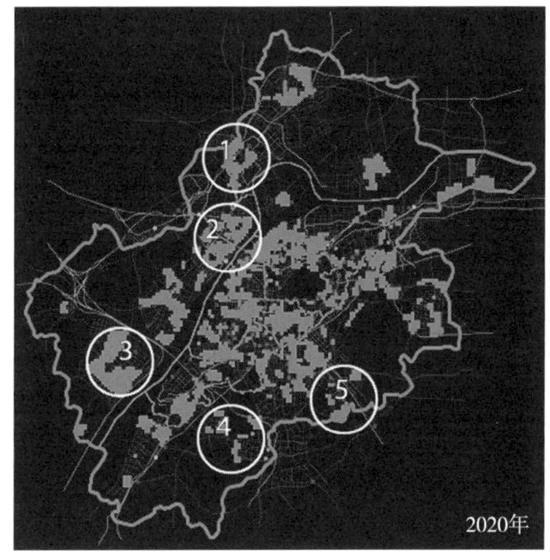

图 7-14 南京市文化创意工人空间分布的时空变动模拟结果

繁荣，到 2020 年，这三个地段(第三幅图中的圆圈 3、2 和 1)的文化创意工人数量依然表现出显著的增长。也就是说，在城市中有部分地段一直都表现出增长扩张态势。需要指出的是，这些地区都出现在郊区，分别是六合区、浦口区和江宁区。也就是说，从投资角度来说，这三个地段应该是住房地产重点投资的区域。

7.6 租赁价格的时空变动特征模拟分析

7.6.1 办公租赁价格的时空变动特征模拟分析

图 7-15 通过在 NetLogo 中可视化的方法，对文化创意产业发展过程中城市不同区位在 2010 年、2015 年和 2020 年的办公租赁价格进行了描述。我们知道，文化创意企业办公空间的租赁价格不仅受到文化创意企业

区位选择的影响，而且受到其他地理区位要素和市场预期等因素的影响。在图 7-15 中，使用了不同颜色的比例标尺来表示办公租赁价格的高低。其中，纯白色表示其租赁价格最低，随着颜色饱和度的升高，其所表示的租赁价格也越高，到达纯黑色时则表示其租赁价格最高。

从图 7-15 中的第一幅图可以看到，在 2010 年办公租赁价格最高的地点位于城市的中央商务区(CBD)，这一区域是鼓楼区(编号 1)、玄武区(编号 2)和白下区(编号 3)三区接壤之地。除此以外，我们还发现有两处地段的租赁价格仅仅稍低于中央商务区(CBD)地区的价格水平：第一个地段是玄武区(编号 2)与下关区(编号 7)的交界地段；第二个地段则处于栖霞区(编号 8)。这表明，这两个地段在未来很有可能成为文化创意产业发展和投资最热的地段。此外，还可以发现在郊区有少部分地段的租赁价格也呈现出较高特点，但总体上还是低于中央商务区(CBD)地区。通过核算，在 2010 年到 2015 年这一阶段，内城区办公租赁价格的平均水平大约为 85 元/(m^2 · 月)。

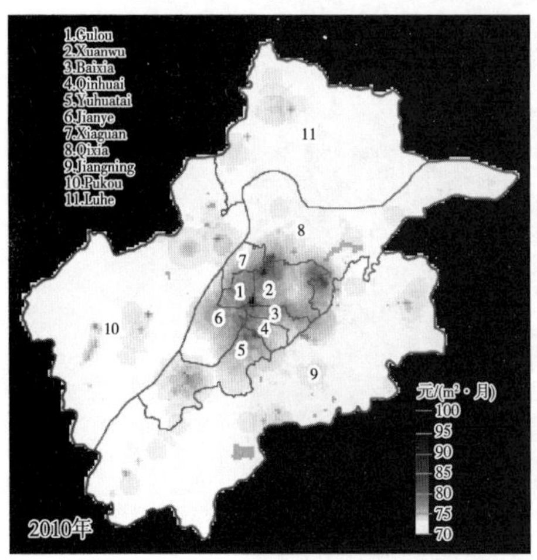

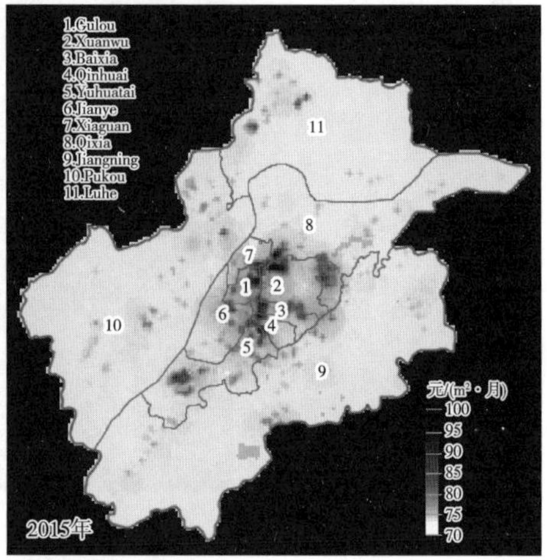

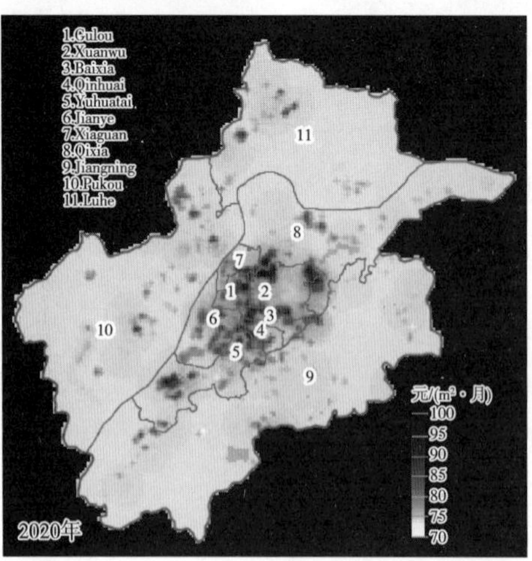

图 7-15　2010 年、2015 年、2020 年办公租赁价格的时空变动模拟

然而，办公租赁价格的这种空间分布格局并没有持续不变地保持下去。到 2015 年(图 7-15 中的第二幅图)，办公租赁价格最高的地段变成了下关区、玄武区和栖霞区三区交界的地段。虽然如此，作为中央商务区(CBD)，新街口一带的办公租赁价格仍然处于高位，但不是价格最高的地段。此外，我们可以看到，有三个新的地段其办公租赁价格几乎与中央商务区(CBD)相同：第一个在雨花台区西南部，另外两个则分别在鼓楼区和秦淮区。通过比较，可以看到这三个地段地价上涨的主要原因在于这些地段同时也是创意企业高度集聚的地段(图 7-12)，这种集聚大大提升了相应地段的办公租赁价格。

从图 7-15 中的 2020 年模拟结果可以看到，其与 2015 年的结果相比较差异并不大。但是，值得注意的是，从 2015 年到 2020 年，城市郊区的办公租赁价格普遍发生了较为明显的增长。将三个时间节点的模拟结果对比来看，可以发现各个区的平均办公租赁价格水平存在明显的差别，且其空间分布格局总体上还是服从经典的规律：离中央商务区(CBD)越近，其租赁价格也就越高。

7.6.2 住房租赁价格的时空变动特征模拟分析

与可视化办公租赁价格的技术方法一样，图 7-16 展示了 2010 年、2015 年和 2020 年三个时间节点上文化创意工人住房租赁价格的模拟结果。总体来说，住房租赁价格的空间分布与办公租赁价格的空间分布具有较为明显的差异性。以第一阶段(图 7-16 中的第一幅图)为例，住房租赁价格的最高地段主要集中在城市的三个商业氛围浓厚的地段而不是城市文化创意产业园区或文化创意产业孵化器的周边区域。这一结果与在南京市的社会调查结果相一致，文化创意工人总体上趋向于居住在利于日常生活和工作通勤的地段，即具有良好日常休闲、购物与娱乐设施的区域，而不是传统的产业园区周边。

我们知道，在城市开发过程中，每一个地块上的住宅开发强度都受到相关规划的刚性控制，因此在模型中不可能让所有的文化创意工人(行为主体)集中居住在一个或少量几个地块。因此，当文化创意工人的数量快速增长时，他们之间就会产生激烈竞争，其竞争的要点在于文化创意工人的租赁价格支付能力。在此情况下，那些负担不起不断上涨的住房租赁价格的文化创意工人就会被迫搬到其他租赁价格较低的地段，而那些拥有高收入的个体则会继续居住在租赁价格高启的地段。这一过程反映到住房租赁价格的空间分布特征上，就表现为上述三个价格最高地段的价格主导地位的相对弱化。这是因为，到 2015 年新的租赁价格高地开始显现，这些新出现的热点主要在图的右上角，即建邺区与江宁区、栖霞区相邻接的边界地段。此外，我们还在秦淮区(编号 4)识别出了两个新的高价值地段。总体来说，住房租赁价格的上述空间格局特征从 2015 年到 2020 年的变化不大，这一结果与文化创意工人的空间分布总体格局及其变动特征之间具有高度的一致性。

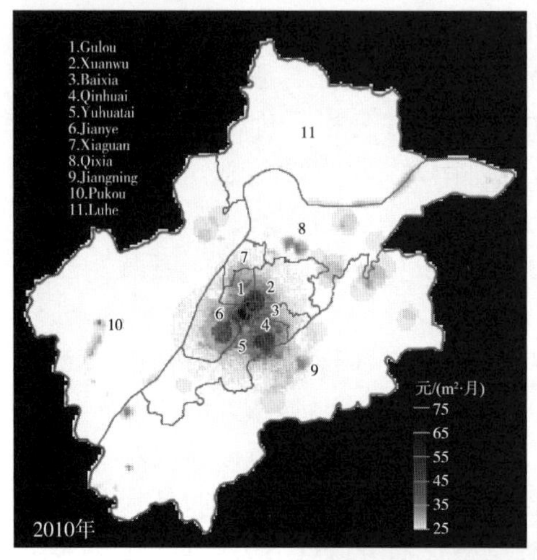

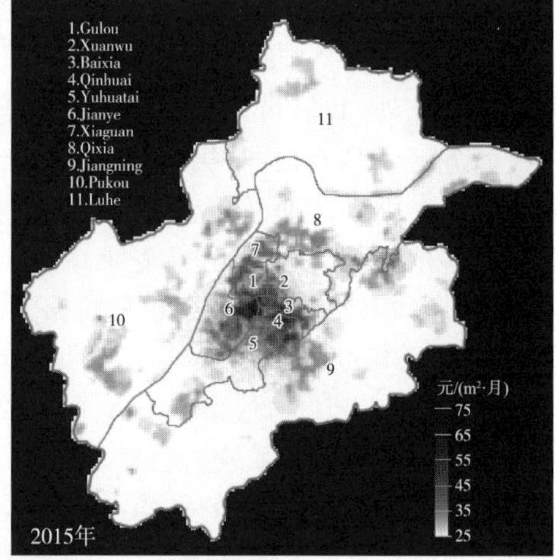

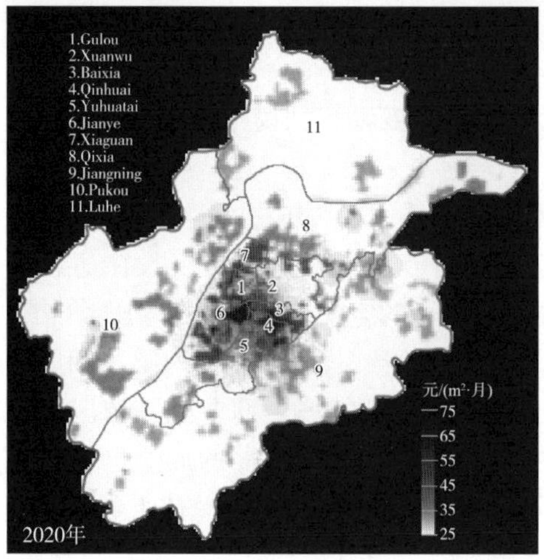

图 7-16　2010 年、2015 年、2020 年住房租赁价格的时空变动模拟

8　空间网络的多智能体模拟

8.1　空间网络分析的理论基础

8.1.1　空间网络形成机制的理论

1）图论与网络

图论属于数学中拓扑学的分支，是研究网络的一个主要理论工具。图论的相关理论与方法用于指导网络节点之间的相互关系与作用的构建和维护，在空间网络的图形化表示、网络运算和网络分析中也具有重要地位。图论中的图是由若干给定的点及连接两点的线所构成的图形，这种图形通常用来描述某些事物之间的某种特定关系，点代表事物，连线代表两个事物间所具有的特定关系。据此，网络就可以视为一幅图，图论中的网络图的概念与相关分析算法在网络的表示和网络分析中具有积极作用。一个具体的网络可以抽象为一个由点集 V 和边集 E 组成的图 $G=(V,E)$。将节点数记为 $N=|V|$，边数记为 $M=|E|$。E 中每条边都有 V 中的一对点与之相对应。

实际网络的图表示方法可以追溯到著名的“哥尼斯堡七桥问题”。哥尼斯堡是普鲁士（现俄罗斯加里宁格勒）的一个城镇，在该地的一座公园里，有七座桥将普雷格尔河中的两座岛与河岸连接起来（图 8-1）。是否可能存在从这四块陆地中的任意一块出发，恰好通过每座桥一次，再回到起点？欧拉于 1736 年研究并解决了此问题，他把问题归结为如图 8-1 右图的“一笔画”问题，证明上述走法是不可能存在的。

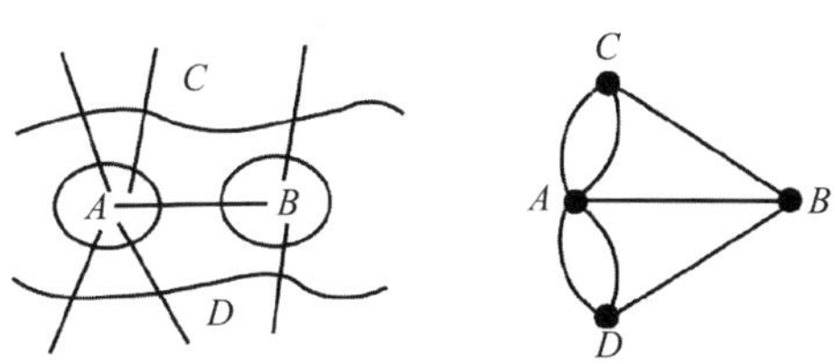

图 8-1　哥尼斯堡七桥问题

当今关于网络的研究与欧拉对“七桥问题”的研究在某种程度上是一致的，都在探讨网络结构与性质的关联（汪小帆等，2006）。网络由节点和连线构成，表示一群对象及其相互联系。时至今日，网络的内涵已经发展得极为丰富。不少学科在拓扑学中定义“网络是一种图”的基本内涵上进行了发展与延伸。在物理含义上，网络是从某种相同类型的实际问题中抽象出来的模型；在计算机领域中，网络是信息传输、接收、共享的虚拟平台，通过它把各个点、面、体的信息联系到一起，从而实现这些资源的共享；在社会学领域内，网络用于描述不同团体内部的成员“关系”，成为刻画社会结构的重要工具；在地理学中，各类基础设施所构成的实体网络也实实在在地影响着人类的生活。

2）地理空间网络

地理空间网络没有确切定义，通常指现实世界中存在的各式各样的网络实体和网络现象，包括有形的铁路网络、公路网络、河流网络、供水管道网络、输电线路网络等，也包括无形的信息传输网络、文化传播网络、疾病传染网络、知识流通网络等（陈宇翔，2002）。地理空间网络对上述网络实体和网络现象进行抽象、描述、记录和再现，并试图分析与利用这些网络特征。一般是将线性地理实体或现象抽象为网络链，点状的实体或现象被抽象为网络节点、网络站、网络中心等。根据抽象的过程和抽象的程度，抽象后的地理网络被分为几何模型与逻辑模型。构成地理空间网络的元素可以分为地理网络链（边），地理网络节点、站、中心、拐角和障碍等。每类元素都有相应的属性，如阻碍强度、资源需求量、容量、费用、消耗等。

空间网络分析的重要工具是地理信息系统（GIS）平台。地理信息系统（GIS）网络分析的原理是依据网络拓扑关系，以数理模型为基础，根据网络元素的空间及属性数据，探索网络性能特征的一种分析计算。地理空间网络分析的主要功能包括网络跟踪、路径分析、资源分配、定位配置分析、地址地理编码等，在包括电子导航、交通旅游、城市规划管理以及电力、通信等在内的各类市政管网的布局设计中发挥了重要的作用。

3）社会网络与复杂网络

关系是人类社会的重要特征，也是社会网络形成的核心概念。社会网络是指社会行动者及其之间关系的集合（刘军，2004）。社会网络中的节点被称为社会行动者，包括个体、公司或者集体性的社会单位等，任何一个社会单位或者社会实体都可以被看作“点”。可以看出，社会行动者一般具有相同类型。而行动者间的关系——边，通常代表的是关系的具体内容或者实质性的在现实中产生的关联，其内涵是十分丰富的。从亲属关系、朋友关系到城市间的临近关系等都可以作为关系的研究类型。在社会网络中，人在社会环境中的相互作用可以表达为基于关系的一种模式或规则，而这种关系所形成的不同团体成员间的规律、模式正是社会拓扑结构的反映，这种结构的量化分析是社会网络分析的出发点。因此，社会网络理论构建了权力地位、派系、子群、核心边缘结构等概念来刻画社会网的拓扑结构特性，成为认知人类社会运行与发展的重要方式。今天，各类社交小程序(app)的大规模使用，使得各类社会网络不断涌现出来，数据的丰富也使得相关研究大量出现。社会网络分析的主要研究领域包括职业流动、城市化对个体的影响、世界政治和经济体系、国际贸易等。

复杂网络则是以大规模网络为研究对象，研究其特征与行为复杂性的理论方法。通常将既不是规则网络也不是随机网络，而是具有与前两者皆不同的统计特征的真实网络称为复杂网络(周涛等，2005)。作为一门新兴的网络科学，其主要针对网络自身特性的发掘与运用。此前，在随机图理论的影响下，人们一般认为网络结构是随机的。直到20世纪末，随着巴拉巴西(Barabasi)和沃茨(Watts)在1999年将各自发现的网络无标度和小世界特性分别发表在世界著名的《科学》和《自然》杂志上之后，人们逐渐认识到网络的复杂性。由此，复杂网络的研究进入新阶段。过去关于实际网络结构的研究往往基于几十个乃至几百个节点的网络，而当前关于复杂网络的研究中基本包括几万个乃至几百万个节点的大规模网络。规模的扩大导致复杂网络研究的工具与方法有所不同。主体上，复杂网络理论的主要研究内容包括以下四个方面：① 规律发现，聚焦于揭示、刻画复杂网络结构的统计性质以及测度这些特征的方法；② 网络建模，通过适当的网络模型去探索不同统计性质的意义与机制；③ 行为分析，基于单个或整体网络节点的结构特性模拟网络行为；④ 网络控制，从网络稳定性、同步性 、信息流通与传播等方面提出提升已有网络性能与构建新网络的算法及运用(汪小帆等，2006)。

8.1.2 空间网络的特征及其测度统计量

1) 空间网络的特征

空间网络作为一种网络的特殊性在于，它是以地理空间数据为基础，以空间要素相互作用关系为主要内容的时空数据模型。具体来讲，空间网络特性包括以下几个方面：

(1) 空间意义。空间网络是由地理空间数据组成，网络节点是与现实中特定的地域空间单元对应的，比如地级市、县(县级市)、村庄等。它们之间的相互关系是根据不同地域单元之间所存在的人、物、信息、资金等要素流动而形成的。

(2) 多重性。地理空间网络的抽象程度和尺度大小有关。不同比例尺下的地理空间网络的表示形式不一样。以城市给水网络为例，在大比例尺下，管道阀门、支线等需要当作独立的顶点和边表示出来，而在小比例尺的情况下，就可以把它们抽象成独立的顶点。

(3) 时空动态性。一般意义上的网络是静态的，而空间网络是动态的，随着时间和空间的变化而变化。如城市交通网络，随着市政工程和城市交通的发展，交通网络也随之变化，表现为道路连接方式的变化和线路的增加等。

2）网络的特征指标

为了刻画空间网络结构的统计特性，不同领域的学者提出了许多的测度概念与方法，其中主要的测度指标包括以下几种：

（1）度与度分布

在网络中，任意节点的度被定义为与该节点连接的边数。显而易见，一个节点的度越大，在某种意义上这个节点在网络中就越重要。网络中所有节点的度值的平均值被称为平均度。了解网络中所有节点的度分布情况是研究网络特性的重要方式。规则网络的度分布是德尔塔（Delta）分布，随机网络的度分布属于泊松（Poisson）分布，而无标度网络的节点度分布则遵循幂律分布。

（2）平均路径长度

将网络中两个节点间的距离定义为连接这两个节点的最短路径上的边数。距离的倒数称之为两节点间的效率，通常用于度量节点间的信息传递速度。

（3）度中心性

中心性反映了网络中各节点的相对重要性。测度节点中心性的主流方法包括度中心性、介中心性、接近中心性与特征向量中心性。度中心性可以分为节点中心性与网络中心性，前者指节点在与其直接相连的节点当中的中心程度；而后者则侧重节点在整个网络中的中心程度，表征的是整个网络的集中程度。节点 v_i 的度中心性 $C_D(v_i)$ 就是其度 k_i 除以最大可能的度 $N-1$，计算公式为

$$C_D(v_i)=k_i/(N-1) \tag{8-1}$$

（4）介中心性

网络中节点的介中心性即节点的归一化介数。对于无向网络，若节点 v_i 的介数为 B_i，则将其介中心性 $C_B(v_i)$ 定义为

$$C_B(v_i) = 2B_i/[(N-1)(N-2)] \tag{8-2}$$

（5）接近中心性

接近度是拓扑空间里的基本概念。节点接近度反映了节点在网络中居于中心的程度，是衡量节点中心性的指标之一。节点的接近度越大，表明节点跃居于网络的中心，在网络中就越重要。将接近中心性定义为节点到其他所有节点最短距离之和的倒数乘以其他节点个数，即

$$C_C(v_i) = (N-1)/\sum_{j=1}^{N} d_{ij}\,(j \neq i) \tag{8-3}$$

其中，d_{ij} 表示节点 i 与节点 j 之间最短网络路径的距离。

（6）特征向量中心性

特征向量中心性也是节点重要度的测度之一。它指派给网络中的每

个节点一个相对分数，在对某个节点分值的贡献中，连到高分值节点的连接比连到低分值节点的连接的重要性大。对于节点 v_i，其中心性分值 x_i 正比于连到该节点所有节点的中心性分值的总和，计算公式为

$$x_i = (1/\lambda) \sum_{j=1}^{N} a_{ij} x_j \tag{8-4}$$

其中，α、λ 分别为矩阵 A 的特征向量及对应的特征向量值。上式矩阵表示法为 $x=(x_i, \cdots, x_n)$，相当于 $Ax=\lambda x$。

此外，空间网络还包括聚类系数、图的密度、图的中心势等测度指标，以此来说明网络整体与内部结构的特征。目前，通过聚类方法与社团探测方法分析网络内部的子群结构是重要的研究内容，但由于涉及的方法类型较多、计算原理趋于复杂，本书不做过多介绍。

8.2 空间网络模拟模型的建模关键技术

8.2.1 空间多智能体的记忆与学习能力

多智能体系统具有自主性、分布性、协调性，并具有自组织能力、学习能力和推理能力，在解决实际应用问题中具有很强的鲁棒性和可靠性，并具有较高的问题求解效率。在多智能体系统中，每个智能体具有独立性和自主性，能够针对给定的问题自主地推理和规划并选择适当的策略，并以特定的方式影响环境；各智能体之间互相通信，彼此协调，并行地求解问题；每个自治智能体都有自己的进程，按照自己的运行方式异步处理。多智能体模拟的关键是多个智能体之间的通信和协调。

在建立模型的过程中，我们可以根据需要赋予多智能体记忆能力。具有记忆的智能体指的是具有记忆单元的单个智能体。记忆单元记录该个体最近时刻的状态信息；当新的信息产生时，最初的信息将被丢弃。在第 T 时刻，每个个体内存储着最近时刻的历史状态信息，该历史状态信息反映了个体所积累的“经验”。根据个体记忆单元的状态信息，可利用最小二乘法拟合出个体近期的运动轨迹，并估计下一时刻的运行状态，该状态对群体运动有指导作用。具有记忆能力的智能体，每个个体记录并且传递当前感知范围内的环境信息，即是否存在障碍物，在此基础上对具有二次积分特性的智能群体实现群集运动控制与模拟。当个体的感知范围内存在障碍物时，记忆单元属性置为 1；当记忆单元感知范围内不存在障碍物时，记忆单元属性置为 0。邻近个体间传递个体的状态信息与记忆单元内的信息，当记忆单元为 1 时，个体的连接权重减小，使个体远离周围存在障碍物的邻近个体；当记忆单元为 0 时，连接权重不变，由个体间的实际距离决定，从而生成有向的动态网络拓扑结构。

同样的，在建立的模型中，我们还可以赋予空间多智能体学习能力，即

赋予其认知能力并在此基础上通过学习累积来增强自身能力，对环境变化做出持续改进的决策反应。智能体的认知模型是对智能体特性的形式化描述，以及智能体根据各种信息对环境进行推理和决策的过程。认知模型将智能体视为一个意识系统，并试图形式化表达智能体的各种精神状态。在多智能体系统中，环境在多个智能体的联合动作下进行状态的迁移。多智能体的学习可以分成三类：乘积(multiplication)形式、分割(division) 形式与交互(interaction)形式。这种分类方法要么将多智能体系统作为一个可计算的学习智能体，要么是每个智能体都有独立的强化学习机制，通过与其他智能体适当交互加快学习过程。每个智能体拥有独立的学习机制，并不与其他智能体交互的强化学习算法被称为独立并发强化学习(Concurrent Isolated RL，CIRL)。CIRL 算法只能够应用在合作多智能体系统，并只在某些环境中优于单智能体强化学习。而每个智能体拥有独立的学习机制，并与其他智能体交互的强化学习算法被称为交互强化学习(interactive RL)。

8.2.2 空间智能体的相互作用网络及其应用

自身所具备的记忆与学习能力，能够保证智能体与其他智能体进行互动并储存彼此间的互动信息，这就为不同智能体之间通过相互通信从而组建相互作用网络打下基础。网络内的空间智能体可分为节点、站、中心、拐角等功能类型，并可根据实际研究需要赋予不同的空间位置。网络中的链是两个智能体之间的连线。与智能体不同，链没有位置信息，因此链与节点(智能体)之间的距离是不可测度的。与其他网络类似，智能体间的链也可分为有向链与无向链。在智能体系统中，一对智能体之间的同种类的无向链不能超过 1 个(无种类的链不能超过 2 个)，也不能有超过 1 个的同向的同种类的有向链，但是可以有 2 个同种类(或者两个未分种类的链)的反向的有向链。

而依据地理空间网络系统的连接规则可知，并不是所有类型的链都能够和结点相连接，也不是所有类型的结点都能够与链相连接。比如在实际网络中，消防栓与居民用的水龙头不能相连接，在交通网络中立交桥与下穿道路间也不存在连接节点。连接法则就是约束和规定地理网络元素在相互连接中的相互限制，包括类型的限制和数量的限制。连接法则的确定同其他属性的确定一样，需要同具体的实际网络情况相结合。

城镇体系作为一种典型的城市空间网络，有望采用多智能体模拟技术进行分析研究。但是，目前空间多智能体网络模拟技术主要应用于城市与区域用地模拟、城市扩张与演化、城市空间结构演变等方面，对城镇体系这一重要研究对象则缺乏深入研究(鲍超等，2014)。目前来看，仅有零星的学者采用了此技术方法对城市体系进行了研究。例如，李平星等(2014)以广西西江经济带为例，借助最小累积阻力模型对经济带内主要城市的扩张进行情景模拟，进而分析了城市扩张对其形态和位序—规模特征的影响；陈晖(2011)基于分形理论对陕西省城镇体系规模进行了仿真模拟，通过Swarm平台来模拟城市群豪斯多夫维数的变化，认为陕西省城镇体系问题主要在于中小城市的规模不足，未来应当促进中小城市的发展。通过运用空间智能体进行动态模拟，在一定约束条件下对区域城镇体系的发展做出预测，相对于传统规模—位序法则的静态分析，能够更加科学地把握地区发展的趋势，并对城镇发展结构做出优化。

8.2.3 空间网络的可视化

不包含空间信息的智能体间的相互作用网络的可视化可以通过网络图的形式进行表达。例如，大型复杂网络分析工具Pajek和网络分析集成软件UCINET都可以用于分析多智能体之间所形成的复杂网络。但是，在规划领域，其核心特点之一就是所有数据都具有空间性。因此，要模拟由多智能体构成的空间网络，需要能够支持空间显性模型的平台。如前文所述，NetLogo不仅可以利用“世界”来表示地理空间，而且可以通过地理信息系统(GIS)扩展模型导入地理信息数据库以表示城市或区域空间。

我们知道，网络由两个基本要素构成：点和边。点即行动主体；边即行动主体之间的连接关系。在NetLogo中，这些“点”通常用“海龟”来表示，“边”则使用其内置的对象类型“链”(link)来表示。在现实生活中，点之间的相互联系在强度、方向、表达的社会意义等方面具有差异性，因此有必要对这些差异性进行区分。基于这一考虑，在NetLogo中，用户可以给“链”定义多个属性变量。下面给出一段示例代码来解释如何实现上述基本功能：

```
links-own [strength]
;;为“链”定义属性变量“strength”，用于存储其联系的强度
to setup-links
;;建立一个子例程“setup-links”
clear-all
;;清除模型中所有的内容
create-turtles 5
;;创建 5 个“海龟”
[set label who]
;;将海龟标签设置为其身份代码“who”
layout-circle sort turtles 10
;;将创建的 5 个“海龟”均匀分布在以原点为圆心、以 10 为半径的圆周上，且按照
其身份代码由小到大顺时针排列
ask turtle 1
;;召唤 1 号“海龟”
```

```
[create-link-with turtle 2]
;;建立 1 号“海龟”与 2 号“海龟”之间的无向关系“链”
create-turtles 1
;;新创建 1 个“海龟”
[set label who
;;将海龟标签设置为其身份代码“who”
create-links-with other turtles ]
建立该新创建的“海龟”与其他所有海龟之间的无向关系“链”
end
;子例程结束标志
```

通过上述代码，首先创建了 5 个代表节点的“海龟”。为了让所创建的示例网络图形的可读性更强，我们需要将这 5 个“海龟”均匀排列在半径为 10 的圆周上，其使用到的命令是“layout-circle *sort* *agent-set* *radius*”，其中“*agent-set*”表示的是需要进行排列的对象；“*radius*”表示的是圆周的半径大小；“*sort*”则是将这些参加排列的对象按照“身份编号”从小到大的顺序进行排列。然后召唤这些新建“海龟”中的 1 号“海龟”，建立起 1 条与 2 号“海龟”之间的关系“链”，使用到的命令是“create-link-with *single-turtle*”，其中“*single-turtle*”表示某个单一的“点”对象。在代码的最后，再次创建 1 个“海龟”并将其置于原点，通过“create-links-with other turtles”创建与均匀分布于圆周上的 5 个“海龟”相联系的无向“链”，其最终效果如图 8-2 中的(1)所示。

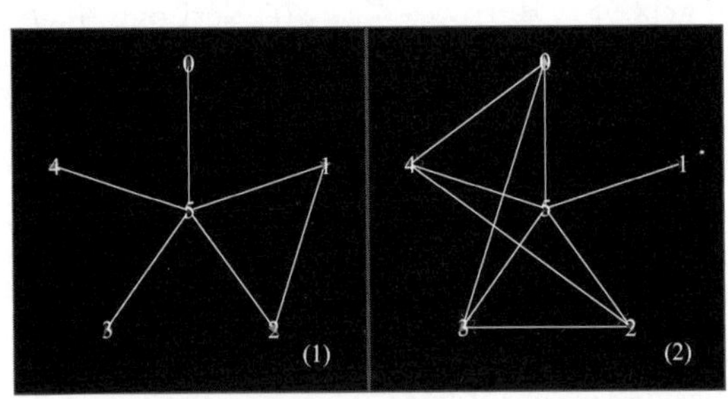

图 8-2　无向“链”(1)与有向“链”(2)创建示意图

上述代码展示了无向“链”的创建方法，但是在现实中，社会关系往往具有方向性，例如，在某种信息网络中，存在着信息发出源头与信息接收终端的关系。在 NetLogo 中，要创建有向“链”，首先需要定义一个新的有向“链”的类型，例如，我们需要建立一个名字为“e-link”(电子链接)的新型“链”，则可以使用代码“directed-link-breed [e-links e-link]”实现。而创建有向“链”有两个常用的命令，其一为“create-link-to *single-turtle* ”，其二为“create-link-from *single-turtle*”。而如果要创建多条有向“链”，则需要使用“create-links-to *turtle-set* ”或“create-links-from *turtle-set* ”。下面以一段示例代码来阐述有向“链”创建的具体方法。

```
links-own [strength]
;;为"链"定义属性变量"strength",用于存储其联系的强度
directed-link-breed [e-links e-link]
;;定义新的"链"类型"e-link"(电子链接)
to setup
;;建立一个子例程"setup"
clear-all
;;清除模型中所有的内容
create-turtles 5
;;创建 5 个"海龟"
[set label who
;;将海龟标签设置为其身份代码"who"
layout-circle sort turtles 10 ]
;;将创建的 5 个"海龟"均匀分布在以原点为圆心、以 10 为半径的圆周上,且按照其身份代码由小到大顺时针排列

ask turtle 0
;;召唤身份编号为"0"的"海龟"
[ create-e-links-to turtles with [who>2] [ set strength 4]]
;;创建从 0 号"海龟"出发到 3 号、4 号"海龟"的两条关系"链"
ask turtle 2
;;召唤身份编号为"2"的"海龟"
[create-e-link-to turtle 3 [set strength 3]
;;创建一条从 2 号"海龟"到 3 号"海龟"的关系"链",并将其强调属性设置为 3
create-e-link-from turtle 4 [set strength 1]]
;;创建一条从 4 号"海龟"到 2 号"海龟"的关系"链",并将其强度属性设置为 1
create-turtles 1
;;创建一个"海龟"(编号为 5)
[ set label who
;;将海龟标签设置为其身份代码"who"
create-e-links-to other turtles [ set strength 5] ]
;;以 5 号"海龟"为起点,创建五条有向关系"链"到剩下的其他"海龟"
end
;子例程结束标志
```

上述代码首先定义了新的有向"链"类型——"电子链接"(e-link)。其次创建了五个"海龟",将其按顺序均匀排列在以原点为圆心、以 10 为半径的圆周上。再次,选择其中编号为 0 的"海龟",创建了从其出发连接 4 号、5 号"海龟"的有向关系"链"(在图形上,有向"链"使用箭头来表示方向)。然后,又创建了从 2 号"海龟"到 3 号"海龟"的有向关系"链"、从 4 号"海龟"到 2 号"海龟"的有向关系"链"。最后,创建了 5 号"海龟",并建立了以

其为起点，连接其他“海龟”的有向“链”。图 8-2 中的(1)是可视化的结果。

我们知道，一个网络往往会包含很多“链”，在可视化过程时，NetLogo 提供了排列这些“链”的三种基本方式，使用到的三个命令分别是 layout-radial(径向布局)、layout-tutte(力导向布局)和 layout-spring(弹簧布局)。

对于树形的网络结构可以使用径向(radial)模式进行展示，其语法形式如下：

layout-radial <u>*turtle-set*</u> <u>*link-set*</u> <u>*root-agent*</u>

径向布局(layout-radial)将一个根主体(root agent)作为中心节点放在原点(0, 0)处，按同心圆模式安排其他节点。将距离根节点 1 度的节点安排在离中心最近的圆上，将 2 度的安排在第二层，依次进行。该方式还可以将某个种类作为输入参数，这样只使用某个种类的“链”对网络进行布局。下面的示例代码展示了径向布局(layout-radial)的用法，图 8-3 中的(1)展示了该段代码的可视化结果。

```
to layout-rad
  clear-all
  set-default-shape turtles "circle"
  create-turtles 6
  ask turtle 0
[ create-link-with turtle 1
    create-link-with turtle 2
    create-link-with turtle 3 ]
  ask turtle 1
[ create-link-with turtle 4
    create-link-with turtle 5 ]
  ask turtles [set label who]
  layout-radial turtles links (turtle 0)
end
```

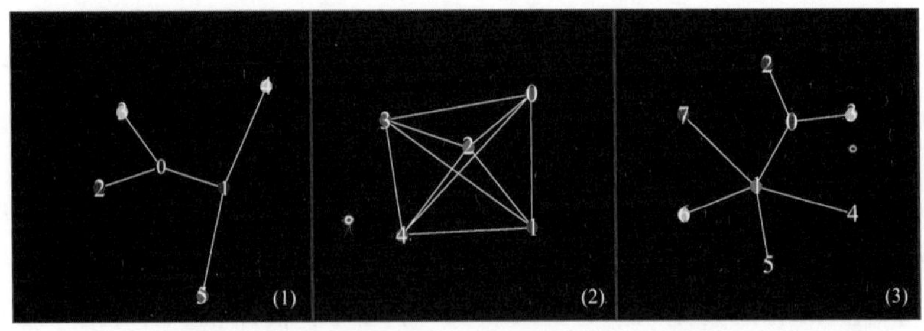

图 8-3　NetLogo 中三种网络可视化方式及效果

弹簧布局(layout-spring)适用于可视化多种类型的网络，其缺点是计算时间相对较长，为了使得可视化效果较好，避免节点堆集在一起，需要循环多次才能实现，其语法形式如下：

layout-spring *turtle-set* *link-set* *spring-constant* *spring-length* *repulsion-constant*

该语句的基本思维是，海龟之间由“链”联系，这些“链”组成了“链”集合(*link-set*)，这些“链”就好像弹簧(*spring*)，因此参与排列的“海龟”集合(*turtle-set*)中的各个“海龟”会相互排斥，而没有被包含在“海龟”集合(*turtle-set*)中的海龟则被视为锚点，不会被移动。“*spring-constant*”是弹簧的弹力系数，它大概表达了改变弹簧自然长度 1 个单位所需要的力的大小。“*spring-length*”则表示弹簧在零外力作用下的自然长度。“*repulsion-constant*”表示的是节点之间相距 1 个单位时的排斥力的大小。排斥效应试图使节点尽可能远离彼此，以避免拥挤，而弹簧效应试图使它们与它们所连接的节点保持“大约”一定的距离。结果是整个网络的布局方式突出了节点之间的关系，同时不会堆集在一起。下面的代码展示了该命令的使用方法，其效果如图 8-3 中的(2)所示：

```
to layout-spr
  clear-all
  set-default-shape turtles "circle"
  create-turtles 5
  ask turtles
  [ create-links-with other turtles ]
    repeat 10 [ layout-spring turtles links 0.2 12 1]
end
```

和弹簧(spring)模式一样，在力导向(tutte)模式中，“链”类似于弹簧，节点之间存在排斥力，具体来说，其语法形式如下：

layout-tutte *turtle-set* *link-set* *radius*

其中，在具体算法过程中，由“链”集合(*link-set*)连接的所有“海龟”中，列入“海龟”集合(*turtle-set*)中的“海龟”会被排列在以原点为圆心、以“*radius*”(半径)为半径的圆周上。没有列入“海龟”集合(*turtle-set*)中的“海龟”则被当作锚点，其将处于与其相连接的“海龟”所构成的多边形的质心(centroid)所在的位置。基于上述算法，经过几轮重复运算后[一般会使用“repeat”(重复)命令]，其基本会稳定下来。下面的代码展示了该命令的使用方法，其效果如图 8-3 中的(3)所示：

```
to layout-tut
  clear-all
  set-default-shape turtles "circle"
  create-turtles 8
  ask turtle 0
  [ create-link-with turtle 1
    create-link-with turtle 2
    create-link-with turtle 3 ]
  ask turtle 1
  [ create-link-with turtle 4
    create-link-with turtle 5
    create-link-with turtle 6
    create-link-with turtle 7 ]
  repeat 10 [ layout-tutte (turtles with [count link-neighbors>1]) links 8 ]
  ask turtles [set label who]
end
```

在传统地理空间网络的可视化问题上，其可视化分析的主要平台为地理信息系统软件 ArcGIS。地理信息系统软件 ArcGIS 支持的网络类型包括几何网络（水流等定向的网络）与网络数据集（交通等非定向网络）。地理信息系统（GIS）包含有数据采集功能模块，数据存储、管理、维护、更新模块，数据分析处理模块，地图显示、图形输出模块等多个功能模块。目前，NetLogo 软件已经支持对地理信息系统软件 ArcGIS 中地理数据的分析，二者的结合发挥了地理信息系统（GIS）网络数据集对网络数据信息存储的优势与 NetLogo 对于主体行为动态模拟的优势，为空间网络的可视化提供了更多的选择与呈现方式。此外，NetLogo 平台还拥有专门的网络分析扩展，允许用户自定义生成或从外部导入网络文件，并展开相应的网络分析，其需要调用网络（Networks）扩展模块。在实际的规划实践中，往往需要基于实际的网络来进行分析研究。因此，当我们已经知晓某个特定的网络或者通过其他软件（如网络分析与可视化软件 Gephi）已经建立了网络数据，为了发挥 NetLogo 中行为主体可以相互影响、相互演进的建模优势，则需要将这些已有的网络数据或者真实世界的网络数据导入 NetLogo 之中进行模拟分析并可视化。

8.3 基于城镇关联网络的空间网络模拟模型

8.3.1 空间网络模型设计思路

城镇体系规划是引导区域城镇健康、有序发展的重要区域政策，对区域整体的协同发展具有重要参考意义。因此，对城镇体系的定量化测度是进行城镇体系优化与区域政策制定的重要研究基础。网络分析能够量化分析城镇体系内不同节点的网络地位与组团结构，已经成为研究城镇体系的新工具。通过构建区域城镇关联网络并导入 NetLogo 仿真模拟平台进行网络分析与可视化呈现，就能分析出城市群中不同城市节点的发展在整个城市群体系中的影响；结合区域发展所处的阶段与社会经济水平能够给出应对策略以辅助区域发展决策。

研究以云南中南部地区作为案例区，该地区地处中越边界，南部地区与越南交界，并拥有河口等重要对外口岸；共包括昆明市、曲靖市、玉溪市、普洱市 4 个地级市与楚雄、红河、西双版纳、文山 4 个自治州，共有县与县级市、区 72 个。研究将昆明中心四区合并，共得到 69 个空间单元作为网络中的节点(图 8-4)。研究所需的客运班次数据有两部分来源，其中公路客运班次数据采用网络爬虫爬取自车次网，铁路班次数据来源于 12306 官网。研究采用不同节点间的客运班次数量来表示城镇彼此间的关联强度。数据存储为 csv 格式，形式表达为“起点”“终点”“权重”三个字段(本次研究采用无向网络，在研究中对同一对节点间的关联度进行加和处理)。

图 8-4　研究区域空间单元划分

研究从四个部分展开(图 8-5)：首先提出区域关联网络与体系结构测度的问题，并选取云南中南部地区作为案例区，以客运班次数据作为关联数据来构建城镇关联网络；其次，将关联网络数据存储为网络图文件，并导入 NetLogo 平台；再次，调用网络分析扩展模块计算网络的关键性指标，并用图表输出计算结果；最后，根据模型输出结果分析的城镇体系问题与区域发展的实际，为区域未来发展提出优化建议。在模型的建立过程中，仿真模拟限定在上文所述的 69 个单元内展开，并假设不同城市之间具有各自的独立性，它们之间不存在行政意义上的上下层级与控制关系。

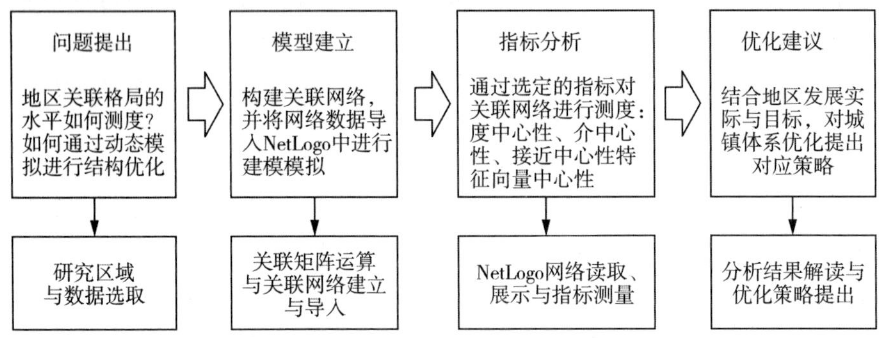

图 8-5　研究思路

8.3.2　空间网络建模逻辑

仿真过程可以分为四个板块（图 8-6），包括数据的预处理、网络读取与建立、网络可视化、网络分析。

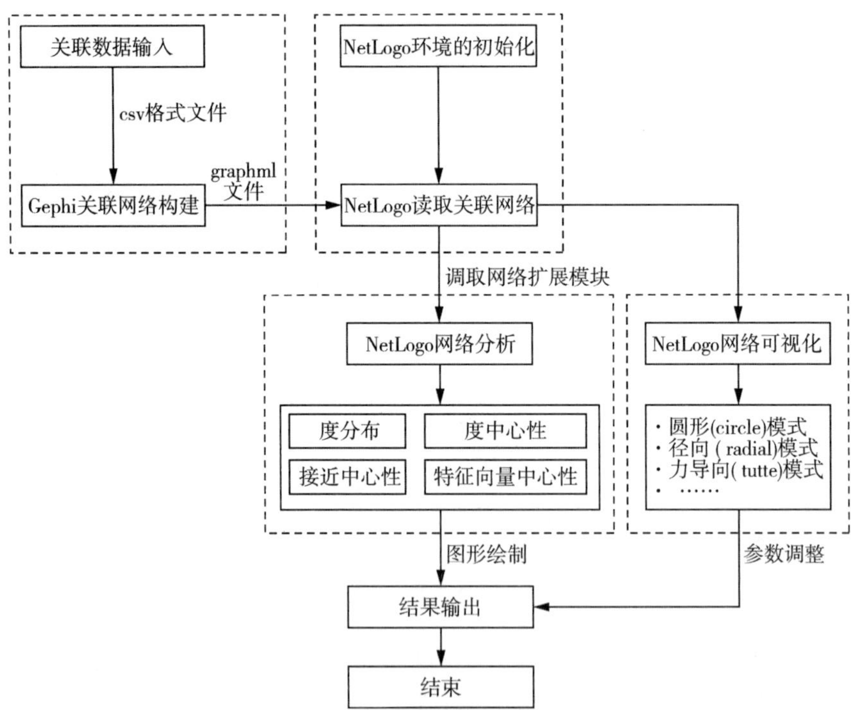

图 8-6　NetLogo 空间网络模拟建模逻辑图

在仿真模型运行前，首先对数据进行预处理。由于 NetLogo 中的网络分析模块是基于网络分析与可视化软件 Gephi 开发的，故此处采用网络分析与可视化软件 Gephi 进行数据转换。网络分析与可视化软件 Gephi 能够将网络数据存储为多种文件格式，是一款外接性很好的软件。将 csv 格式的关联数据导入网络分析与可视化软件 Gephi 中，并将获得的网络数据另存为 graphml（图形描述）文件备用。

接下来，启动 NetLogo，通过代码编写与界面设计来设置相关的仿真环境与分析模块（具体的代码解析见下节）。将模型存储为“. nlogo”文件，并将前一板块中获得的 graphml 文件与该模型文件放置于同一文件夹内。建议模型文件存储在默认文件夹内。随后，在 NetLogo 中加载网络数据，完成数据输入。

然后，调取 NetLogo 中的网络扩展模块，对网络特征展开数据分析，包括度分布、度中心性、介中心性等。需要说明的是，目前 NetLogo 的网络分析模块仅支持无权重的网络，因此在构建网络时需要将网络文件进行二值化处理。

同时，网络数据导入后运用网络图的方式对网络进行可视化，具体可以包括圆形（circle）模式、径向（radial）模式、力导向（tutte）模式等，每种类型的布局方式可以通过相关参数进行调节以得到合适的图形展示。

最后，将网络可视化与网络分析的结果进行图形绘制后输出。

8.3.3 模型界面及其功能简介

以上文所述的模型设计思路与建模逻辑为依据，利用 NetLogo 进行建模和分析，并将分析结果进行可视化。根据功能的不同，模型的用户界面可以分成五个板块，分别在图 8-7 中用 A、B、C、D、E 标记。

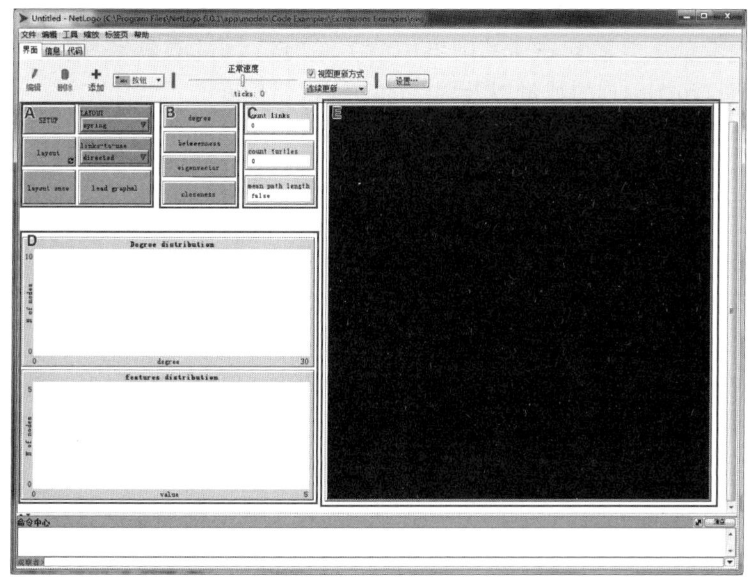

图 8-7　模型界面示意图

1）模型初始化与数据导入

图中A方框内的功能模块主要实现三个方面的功能：第一，模型环境的初始化；第二，网络数据的导入；第三，网络可视化参数的选择及其可视化。具体来说，"SETUP"为模型初始化按钮，用于对模型运行所需的环境进行设置。通过下拉选择器"links-to-use"，用户可以选择所要建立的网络类型，即确定建立有向网络还是建立无向网络。选择好网络类型后，就可以加载网络数据了，在模型中通过"load graphml"按钮来实现。当网络数据加载成功后，则可以通过可视化的模块来将其进行可视化。右侧的"LAYOUT"下拉选择器用于选择不同的布局模式，有三种选择，分别是"spring"（弹簧）、"radial"（径向）和"tutte"（力导向），而"layout"按钮则用于可视化网络的布局。值得注意的是，按钮右下角的标志表示该按钮为永久性按钮，即按下该按钮后，模型将无限次执行可视化网络的操作，直到在此按下该按钮则停止执行可视化。而如果只想执行一次网络布局的可视化，则可以使用下方的"layout once"按钮进行操作。

2）网络特征分析模块

网络特征分析的功能位于图中B方框内，共包括四个按钮。其中"degree"按钮分析网络中的度分布，并在后面的图表中输出；"betweenness"按钮用于分析网络中的节点介中心性，并在视图中与图表中输出结果；"eigenvector"按钮用于分析网络中节点的特征向量，并在视图中与图表中输出结果；"closeness"按钮则用于分析网络中节点的接近中心性，并同时在视图中与图表中输出结果。

3）网络数据监测

方框C中包含了三个监视器，用于显示模型中实时的相关统计信息。实际上，当载入网络数据时，监视器便会显示网络的信息。这里的监视器显示的信息从上至下分别为网络中的关系"链"（links）数量、网络内节点[即海龟（turtles）]的数量以及网络的平均路径长度。

4）网络特征分析

网络特征要进行比较分析则需要通过图（plot）来输出。D框中共有两个图形输出工具，上面的图用于显示各节点的度分布，下方的图则用于显示各节点的中心性指标。在网络分析命令执行时，相应的数据会自动绘制在对应的图表内。

5）仿真窗口与视图展示

界面内E区域的大块黑色区域是二维（2D）视图，它是NetLogo内海龟（节点）和嵌块世界的可视化表达。载入网络数据后网络就会出现在视图内，接下来对网络的可视化与分析过程中的相应动态都会显示在该视图中。可以通过该视图查看网络中的节点与连接线的各项属性，也可以通过右键将视图切换至三维（3D）模式进一步展示网络的结构。

8.3.4 模型功能模块实现代码解析

基于上述模型设计思路、模型建模逻辑与模型界面功能，下面主要介绍为网络分析提供原始条件的模型准备模块的代码以及网络分析模块的代码。

模型准备模块用于调取扩展模块、确定模型内的全局变量，并初始化模型内的设置，下面是其代码及意义的解释：

```
extensions [ nw ]
;;在 NetLogo 中调用网络(Networks)扩展模块，该扩展默认的原语前有“nw:”标识
directed-link-breed [ directed-edges directed-edge ]
undirected-link-breed [ undirected-edges undirected-edge ]
;;声明全局变量
to setup
clear-all
set-default-shape turtles "circle"
reset-ticks
;;模型环境初始化，清除模型内已有主体，指定海龟的默认形状为圆形(circle)，设置海龟(节点)的默认特征，重设时间计步器(ticks)
end
;;结束例程

to-report get-links-to-use
report ifelse-value (links-to-use = "directed")
    [ directed-edges ]
    [ undirected-edges ]
;;报告链接集与所用的链接类型(links-to-use)选择框中的对应值并返回值获取所用链接(get-links-to-use)
end
to load-graphml
    nw:set-context turtles get-links-to-use
    nw:load-graphml "DZN. graphml"
end
;;载入 graphml 文件，设置海龟(节点)间的连接线属性为上述返回值，然后加载指定的文件。此处加载的文件名为 DZN 的 graphml 文件
to layout-turtles
if layout = "radial" and count turtles>1
;;radial 模式
[ let root-agent max-one-of turtles [ count my-links / 5 ]
;;确定作为中心节点的根主体
```

```
layout-radial turtles links root-agent ]
;;利用"layout-radial"命令排列海龟(节点),并制定"海龟"集、"链"集与根主体
if layout = "spring"
;; 弹簧(spring)模式
[ let factor sqrt count turtles
;;为方便应对所有类型的网络,这里先引入一个因子来保证根据网络状况调整相应参数
if factor = 0 [ set factor 1 ]
layout-spring turtles links (1 / factor) (15 / factor) (12 / factor)]
;;该原语中需要指定海龟主体集、链接集以及三个参数:弹簧紧度、弹簧的自然长度、节点间斥力

if layout = "tutte"
;; tutte 模式
[ layout-circle sort turtles max-pxcor * 0.8
;;先将海龟(节点)进行圆形排列布局
layout-tutte max-n-of (count turtles * 0.4) turtles [ count my-links ] links 15 ]
;;该原语中需要指定防灾内圈的海龟主体集(这里选择度数位于前 40%的)、链接集、半径
normalize-thickness-and-colors
;;选择了布局方式后重设连接线的宽度与颜色
normalize-turtles-sizes-and-colors
;;重设海龟的大小与颜色
display
;;完成上述步骤后展示网络布局
end
;;结束例程

to normalize-thickness-and-colors
;;重设连接线的宽度与颜色
let weights sort [ thickness ] of links
;;让初始权重按递增排列
let beta last weights - first weights
;;最大值与最小值间的差值
ifelse beta = 0
[ ask links [ set thickness 0.1] ]
;;如果所有节点一样大,就赋予统一宽度
[ ask links [ set thickness ((thickness - first weights) / beta) * 0.5+0.1] ]
;;重绘连接线的宽度为 0.1 到 0.6
ask links [ set color 48 ]
;;设置连接线的颜色为 48(NetLogo 中的颜色表达方式,4 代表黄色,8 代表亮度)
end
;;结束例程
```

```
to normalize-turtles-sizes-and-colors
;;重设海龟的大小与颜色
if count turtles>0
;;判断海龟数量是否大于 0
[ let sizes sort [ count my-links] of turtles
;;让初始大小按递增排列
let alpha last sizes - first sizes
;;最大值与最小值间的差值
ifelse alpha=0
[ ask turtles [ set size 1 ] ]
;;如果所有节点一样大,就赋予统一大小
[ ask turtles [ set size ((size - first sizes ) / alpha) * 0.5 + 1] ]
;;重绘节点大小为 1 到 1.5
ask turtles [ set color scale-color blue size 3 0 ]
;;为海龟设置渐变颜色,此处设置为按 0—3 渐变的蓝色
]
end
;;结束例程
```

网络分析模块通过网络特征统计量对加载的网络进行指标计算,并通过网络图与图表的形式对计算结果进行可视化。下面列出了实现这些功能的代码以及对代码的基本解释:

```
to degree
;;计算海龟(节点)的度
set-current-plot "Degree distribution"
;;由于模型中包含了不同的图,因此绘图前需要先声明当前所绘制图的图名
set-current-plot-pen "Degree"
;;指定画笔
histogram [count my-links] of turtles
;;用直方图显示不同节点的度
end
;;结束例程

to betweenness
;;计算海龟(节点)的介中心性
centrality [ -> nw:betweenness-centrality ]
;;调用介中心性计算原语
end
;;结束例程
```

```
to centrality [ measure1 ]
;;采用 centrality measure1 作为报告器任务来计算所有节点的中心性值,并通过重置节点属性来展示相应的计算结果
nw:set-context turtles get-links-to-use
;设置海龟(节点)间的连接线属性为上述返回值
ask turtles
[ let res (runresult measure1)
;;对所有海龟执行该任务
set label precision res 2
;;标签设置为保留两位小数精度的计算结果值
set size res ]
;;此处的大小会在后面进行重置
set-current-plot"features distribution"
;;指定当前图形
set-current-plot-pen "betweenness"
;;指定当前画笔
histogram [size] of turtles
;;绘制节点介中心性直方图(这里写 size 是由于计算结果 res 已经被赋予到节点大小值上了)
normalize-sizes-and-colors
;;绘图完毕后再对节点重置大小与颜色并在视图中展示
end
;;结束例程

to eigenvector
;;计算海龟(节点)的特征向量
centrality [ -> nw:eigenvector-centrality ]
;;调用特征向量计算原语
end
;;结束例程

to centrality-2 [ measure2 ]
;;计算所有节点的特征向量值,并通过重置节点属性来展示相应的计算结果(不同的例程不能重名,因此此处加入数字,下同)
nw:set-context turtles get-links-to-use
;;设置海龟(节点)间的连接线属性为上述返回值
ask turtles
[ let res (runresult measure2)
;;对所有海龟执行该任务
ifelse is-number? res
[ set label precision res 2
;;标签设置为保留两位小数精度的计算结果值
set size res ]
```

```
;;此处的大小会在后面进行重置
[ set label res   set size 1 ] ]
;;没有连接线的图特征向量计算结果返回值为 false(报错),此时结果不为数字
set-current-plot"features distribution"
;;指定当前图形
set-current-plot-pen "eigenvector"
;;指定当前画笔
histogram [size] of turtles
;;绘制节点特征向量直方图
normalize-sizes-and-colors
;;绘图完毕后再对节点重置大小与颜色并在视图中展示
end
;;结束例程

to closeness
;;计算海龟(节点)的接近中心性
centrality [ -> nw:closeness-centrality ]
;;调用接近中心性计算原语
end
;;结束例程

to centrality-3 [ measure3 ]
;;计算所有节点的接近中心性值,并通过重置节点属性来展示相应的计算结果
nw:set-context turtles get-links-to-use
;;设置海龟(节点)间的连接线属性为上述返回值
ask turtles [ let res (runresult measure3)
;;对所有海龟执行该任务
set label precision res 2
;;标签设置为保留两位小数精度的计算结果值
set size res ]
;;此处的大小会在后面进行重置
set-current-plot"features distribution"
;;指定当前图形
set-current-plot-pen "closeness"
;;指定当前画笔
histogram [size] of turtles
;;绘制节点接近中心性直方图
normalize-sizes-and-colors
;;绘图完毕后再对节点重置大小与颜色并在视图中展示
end
;;结束例程
```

```
to normalize-sizes-and-colors
;;通过节点的大小与标签来显示不同的指标值，并利用渐变颜色来表达对不同的值的大小
if count turtles>0 [ let sizes sort [ size ] of turtles
;;让初始大小按递增排列
let delta last sizes - first sizes
;;尺度大小的极差
ifelse delta=0 [ ask turtles [ set size 1 ] ]
;;如果所有节点一样大，就赋予统一大小
[ ask turtles [ set size ((size - first sizes) / delta) * 2 + 1 ] ]
;;重绘节点大小为 1 到 3
ask turtles [ set color scale-color red size 6 0 ]
;;为海龟设置渐变颜色，此处设置为按 0—6 渐变的红色；使用较高的范围值(0 为最高)以防止颜色太白
  ]
end
;;结束例程
```

8.4 城镇空间网络基本特征及城镇中心性分析

8.4.1 城镇空间网络基本特征

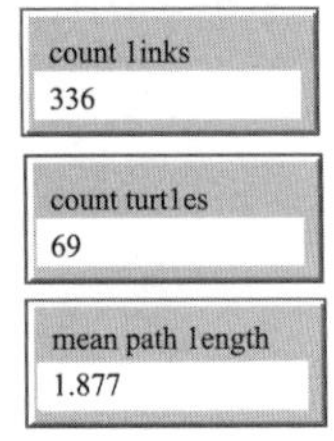

图 8-8 云南中南部地区城镇空间网络统计特征

在模型中载入云南中南部地区的客运网络，通过监视器窗口可以发现网络中总共包括 69 个节点(图 8-8)。这些节点间的连接线有 336 条，由此计算出网络的密度为0.14，说明客运网络的发育程度还处于成长阶段，内部的联系还不够致密。而不同节点间的平均路径长度为 1.887，说明不同节点间的距离还是比较近的，信息流通的障碍较小。

选择不同的布局模式对网络进行可视化操作，发现采用弹簧(spring)可视化模式能够较好地反映网络的基本特征，径向(radial)模式和力导向(tutte)模式的形式感更强，但反映的信息比较有限。从图 8-9 中我们可以看到，昆明中心城区是网络中最重要的节点，占据着网络的中心位置；而大部分县市则游离于边缘地区，节点对外的连接能力比较低。

8.4.2 城镇空间网络中心性分析

为了进一步研究网络中各个城镇的中心性，我们采取上文所述的四个指标分别对其进行测度和可视化。这四个指标分别是度中心性、介中心

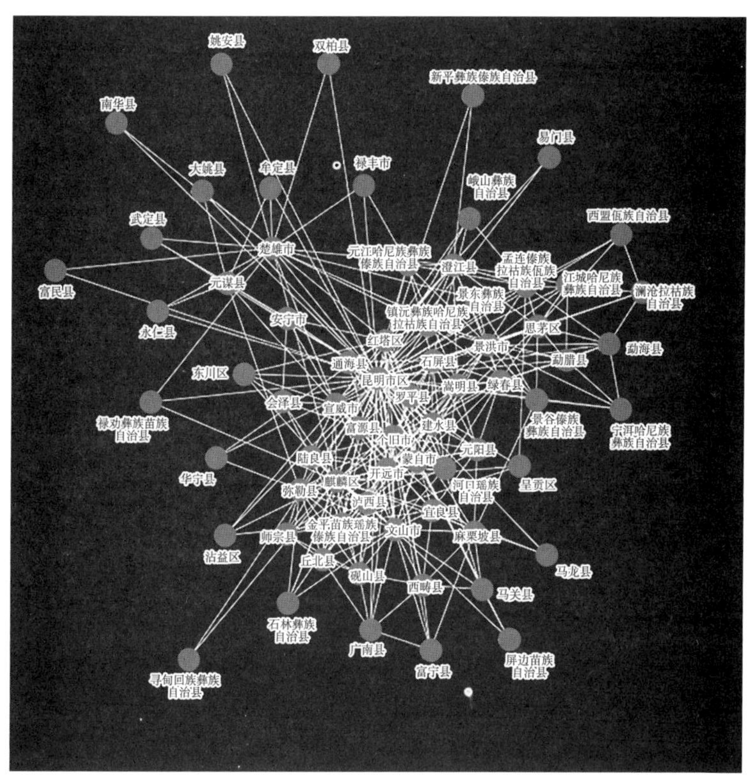

图 8-9　采用弹簧(spring)模式对云南中南部地区城镇空间网络可视化

性、特征向量中心性和接近中心性。

节点的度中心性可以从直观上反映该节点在网络中的重要性。云南中南部地区客运网络的节点度分布总体呈度数越大的节点数量越少的特点(图 8-10),但并没有表现出明显的分布规律。其中,度的最大值为 66,为昆明市区,最小值为 2,共有 7 个节点。在 27—65 区间内没有节点出现,具有明显的断档,说明网络中基本只有昆明这一核心,而次一级的节点能级还比较小,也侧面表明云南中南部地区的城镇化现状发展是以小城镇为主的状态,除昆明市区外,还没能出现明显的区域次中心。

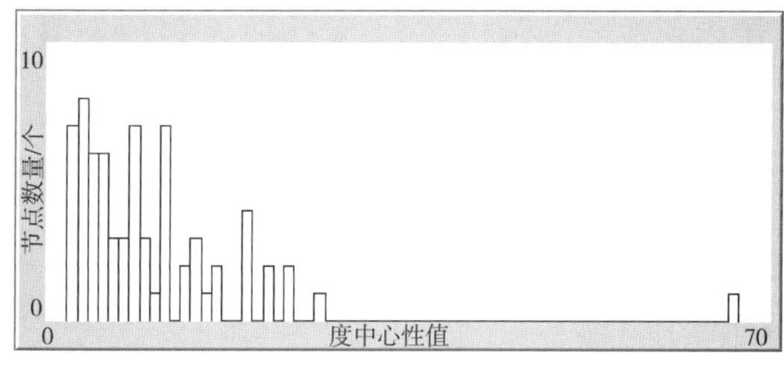

图 8-10　云南中南部地区城镇空间网络节点度中心性分布

介中心性反映了节点在网络中的中介作用,即该节点影响其他节点的能力。通过节点的介中心性分布图(图 8-11、图 8-12)不难发现,网络中的中介作用基本全部集中于核心——昆明市区,它的介中心性值达到 1 389.84;其他的节点的中介作用极其有限,最大的仅为 83.15,与昆明的介中心性有两个数量级的差别。介中心性在网络中的布局也可以反映这一特征,昆明位居所有节点中心,是大多数节点连接的必经之路。这说明,云南中南部地区的客运网络是以昆明市区为中心的“树形”向心网络,内部节点间的横向联系不足,导致区域内部因协作强度不够而难以形成紧密的城镇组团。

图 8-11 云南中南部地区城镇空间网络节点介中心性分布

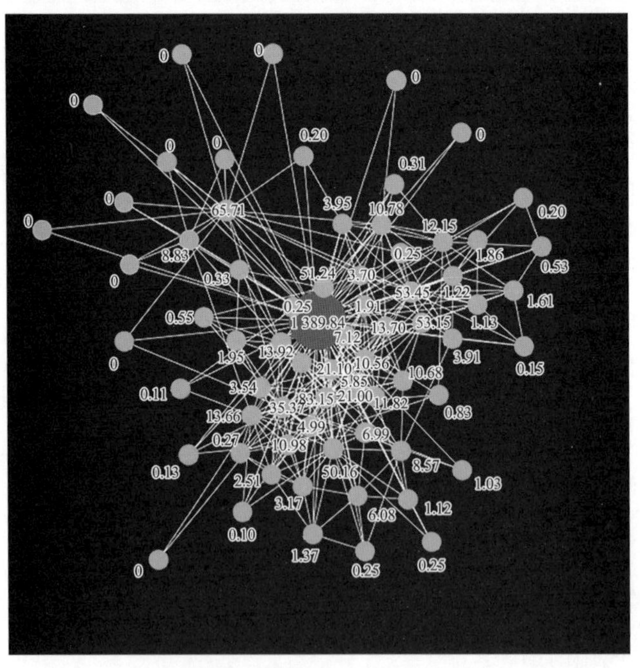

图 8-12 云南中南部地区城镇空间网络节点介中心性可视化

特征向量中心性也是节点重要度的重要测度之一,目的在于从整个网络结构的意义上找到网络中最核心的成员。特征向量中心性的分布呈现出明显的极化现象(图 8-13、图 8-14),其中最大值为 1,仍然为昆明市区,是网络中最核心的节点；而有 35 个节点（占据了总节点数一半）的特征向量中心性值低于 0.2。从布局上来看，特征向量中心性以昆明市区为中心呈圈层式向外递减分布。大量特征向量中心性指数为 0 的节点分布在外围，说明云南中南部地区的小城镇发展受地理条件的约束较大，对外的客运交通联系较少，难以拥有有效的影响力。

图 8-13　云南中南部地区城镇空间网络节点特征向量中心性分布

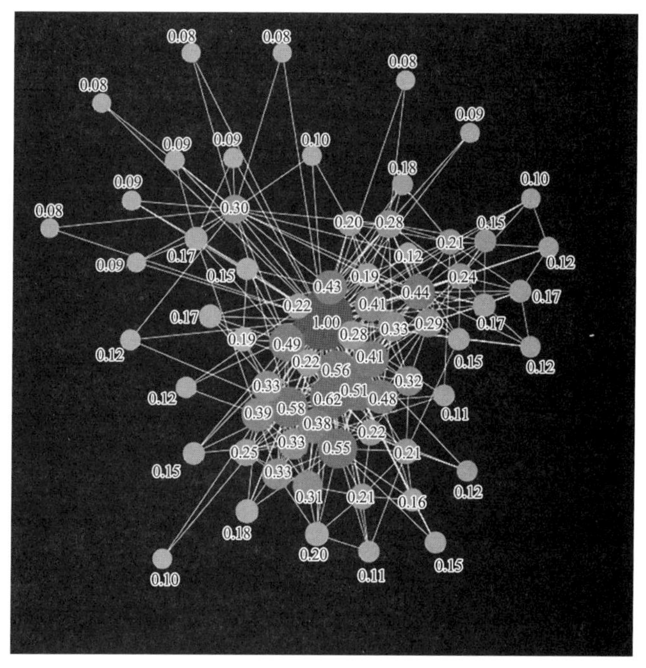

图 8-14　云南中南部地区城镇空间网络节点特征向量中心性可视化

接近中心性是衡量网络中节点不被其他节点控制的能力的指标。从接近中心性值的分布上来看，只有少数节点受其他节点约束的影响较小，大部分节点的接近中心性值较低，受到网络中重要节点的控制与约束（图 8-15、图 8-16）。昆明市区的接近中心性最大，表明昆明市区在区域内是影响力最大的点，几乎不受其他节点的牵制；反过来，大多数节点都要在一定程度上受到昆明市区的牵制，自主性就小得多。这一特征更加凸显在云南中南部地区昆明市区“一城独大”，大多数城镇受地理条件与交通等基础设施不足等的限制而发展水平有限的城镇体系特征。

图 8-15　云南中南部地区城镇空间网络节点接近中心性分布

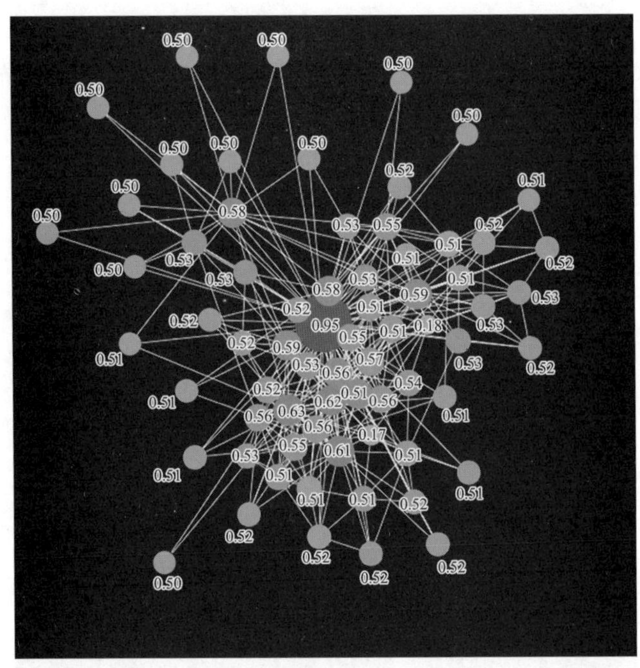

图 8-16　云南中南部地区城镇空间网络节点接近中心性可视化

8.5　城镇体系特征及优化策略

8.5.1　城镇体系特征分析

通过模型的结果输出，对云南中南部地区城镇关联网络进行分析后，可以得到其城镇体系的三个主要问题：

第一，城镇规模两极分化严重，次区域中心缺失。通过上述各类指数的分析可以发现一个明显的现象，即云南中南部地区的城镇体系呈现出严重的两极分化特征。昆明市区的首位度极高，处于明显的中心位置，与其他城镇节点间存在着数量级的差距，“一城独大”的地位难以撼动；而众多小城镇的影响力能级有限，在网络中只能处于依附的角色。网络中权力序列中次一级层次节点的缺失说明城镇体系等级结构出现断层，导致所有的节点必须通过昆明来获取资源；边远城镇与昆明的联系度弱，加之没有次区域中心的辐射，导致获得的资源有限，发展受到限制。

第二，中小城镇数量多、影响低，缺少对外连接途径。对于大部分的小城镇而言，仍然处于地方化发展的状态中：其对外连接主要是与本地级市（自治州）的联系，与同等级或上一级节点间的联系较少，在城镇体系网络内的融入严重不足。这类小城镇数量多，是云南中南部地区的主要城镇化形式，直接决定了该地区以小城镇为主的城镇化发展道路。但目前小城镇对外连接的交通、信息、网络等要素流通通道较为匮乏，极大限制了小城镇的发展。

第三，城镇体系处于低水平发展阶段，横向联系少。目前该地区城镇客运关联网络的密度仅为 0.14，而且大部分的联系为上下层级间的联系，使得网络更倾向于一种传统的层级化网络，网络化发展的程度不高，即说明该地区的城镇体系仍处于低水平发展阶段。同层级节点间横向联系的不足约束了彼此之间的联系，使得地区间的合作与协同发展难以深入开展，不利于城镇体系内部组团结构的形成。

8.5.2 城镇体系优化策略

针对云南中南部地区城镇体系的特征与问题，从促进城镇体系健康有序发展的角度出发，提出如下三个优化策略：

第一，培育次区域中心城市，优化城镇规模分布。在云南中南部地区应当培育除昆明外若干具有次区域辐射作用的大城市，发展具有一定区域影响力的城市外向功能，承担一部分的地区责任；充实城镇体系规模等级中的断档区，优化城镇规模分布。而就该地区的发展实际来看，现阶段单个城镇很难具有成长为区域副中心城市的潜力，在这样的情形下，组团发展一体化协同构建是一条可行的路径。例如，红河哈尼族彝族自治州个旧、开远、蒙自三市通过推进一体化建设来构建“滇南中心城市”，提出建设“国家门户、滇南中心”的目标，即以区位优势与地区担当为思路构建区域副中心的有益尝试。一主多次的地区城镇体系格局的形成有利于发挥地缘优势、挖掘边境贸易的巨大潜力，将地区发展与响应国家倡议结合起来。

第二，促进众多小城镇建设，提升整体发展水平。小城镇的发展壮大是云南城镇化工作的重点任务，发挥小城镇的作用对提升云南整体发展水平与人居环境质量具有重要意义。而由于自身资源有限与吸引能力的不足，小城镇自主发展的动力有限，仍然需要接受区域增长极核的辐射，应当在区域内寻找特色功能分工，利用网络摆脱贫困锁定。对于云南中南部地区而言，毗邻昆明这一全省的中心城市可以借助滇中城市群的有效组织，来带动周边小城镇的整体成长；而距离昆明较远的城镇则更多地依靠区域副中心城市的带动力，针对自身发展的特点吸引特质资源，走特色化发展之路。最终在网络中形成多个专业化的节点，分工协作、差异化发展，形成错位竞争、区域合作的竞合态势，提升区域竞争力，完善内部功能布局。区域发展必须突出重点、兼顾全局，强调群体协作的策略。滇中城市群核心区与个(旧)开(远)蒙(自)组团现状已经初具规模，发展态势良好，在网络中的作用较为突出。未来应当作为重要的组团予以引导，加强内部空间统筹、产业协作，突出节点间的相互支撑与互补作用。

第三，加强交通等基础设施建设，建立更为广泛的连接。目前来讲，该地区客运网络密度不高、关联强度较弱，不利于功能走廊的建立。而在城市网络中，强调利用紧密高强度的联系来促进区域内要素的流动，带动网络中节点的互动交流，引导中小节点的成长。在整体提升的过程中应注重区域发展的公平性。基础设施建设向落后地区倾斜，加强其网络融入度，以期达到整体上的协调发展。在现代化发展要求下，除了基础交通网络的网络化发展，还应当注重通信、互联网等物联网设施的建立，丰富区域间联系内涵，增强彼此间的互联互通；通过有限的多要素通道的建立来帮助区域重要产业走廊的构建与提升。尤其是，云南中南部地区地处中越交界地区，面向的是中南半岛众多南亚、东南亚国家，对外贸易是经济发展中的重点与难点。因此，应该与贸易相关国之间也建立起广泛的连接，借助“一带一路”倡议等对外发展契机，发挥边境口岸的门户作用，促进区域人流、物流、资金流等的流动，为地区的发展添加活力。

9　前景与展望

在人类漫长的历史长河中，“理性”被作为人性的光辉受到重视可以追溯到古希腊时期。这一时期，与之相应的一个词是古希腊的赫拉克利特最早提出的“逻各斯”(logos)。在赫拉克利特看来，逻各斯是规范万物生灭变化的根据或规律，也是每个人生存与生活的依据。在古希腊先贤们看来，逻各斯可以分成内在逻各斯和外在逻各斯两个部分，内在逻各斯是理性和本质，外在逻各斯是对理性和本质的一种论说。柏拉图认为以理性为基石所得到的知识是一种自然的真实，而没有理性推理所得到的看法只能是个人意见。亚里士多德则指出，人类的思维活动和实践分成了理性和非理性，其中理性是一种最为崇高、神圣的活动。

理性的价值发现构成了古希腊精神的重要一环，由此，理性精神构成了西方哲学思想的源头。但是，西方文明在古希腊文明这一基石上的演进过程，还受到希伯来文明的影响。古希腊文明和希伯来文明两者的漫长冲突与融合，构成了西方文明的两条基本基因主线。在所谓的长达千年之久的中世纪，希伯来文明带来的基督教信仰(在此过程中分化为多个分支)在西方社会占据了统治地位，人类的理性光辉一度被隐没，由此也形成了宗教信仰与理性精神的相互冲突与曲折发展。在文艺复兴时代，古典人文主义与宗教神学针锋相对，高度肯定了人的主体地位和人性的价值，并开启了近代理性主义的源头。理性主义光辉的重启奠定了现代科学的思想基础，并由此催生了现代科学的大发展。

在1898年，霍华德的著作《明天：通往真正改革的平和之路》出版，这标志着现代意义上的城市规划的形成(孙施文，2007)。在该著作中，霍华德不仅关注城市土地利用与空间配置问题，而且关心城镇发展中的社会和经济维度方面的问题，如最优人口规模的确定、城市土地利用制度的创新、城市管理与运行的社会经济可行性以及城市社会发展的效率与公平问题等。总之，在霍华德看来，城市规划具有强烈的社会性、系统性和实践性。作为现代科学和理性精神的产物之一，现代城市规划的理论发展和社会实践不可避免地带有理性的深深烙印。

在规划理论领域，具有明显理性主义痕迹的规划理论是兴盛于20世纪60年代和70年代的规划系统论，其发展和兴盛主要得益于麦克劳林(McLoughlin，1969)和查德威克(Chadwick，1971)的系统性探索。受到生物科学中系统思维的深刻影响，他们提出系统存在于所有的自然与人工环境之中，人类可以通过控制系统中的不同组成部分之间的交流来控制系统。后来的规划系统论者普遍认为，城市与区域是由相互联系的部分组成的复杂集合，并处于不断变化的状态。规划，作为系统分析与控制的一种形式（Taylor，1998），其本身必须是动态的，并且要对各种外在变化做出及时响应。

基于理性的规划系统论是实证主义规划理论的顶峰。但是，以自然科学为支撑依据的思维方式面对具有更加复杂和开放属性的社会科学问题时是否仍然具有其强大的适应性和可行性值得质疑。其中典型的问题如下：第一，早期的系统论是典型的自上而下思维，对规划所涉及的行为主体和利益主体的关系以及他们在规划中的主动性并没有给予应有的重视。第二，规划的对象是区域、城市、城镇和乡村，无论哪一个都是由时空要素构成的复杂体系，我们如何能够论证这些复杂的感知要素可以被系统化认知并进行模型化计算？第三，规划作为一种公共权力的行使行为和公共产品的提供方式，其合理性与合法性问题如何确立？第四，系统论显然对于规划所立足的社会权力结构和经济结构关注甚少，而在新马克思主义者看来，这显然是影响规划实践和规划利益关系的根本性力量。第五，规划不是一张蓝图，也不是一种控制，而是一个过程，是多方协商的结果，因此规划的过程显得尤为重要，那么规划的过程将如何组织，其公正性与合理性如何确立？第六，理性是不是我们知识来源的唯一途径？规划过程中仅仅涉及理性因素而没有任何非理性要素吗？第七，任何一个规划方案的制定都会受到一个或多个核心价值观的指引，我们如何确认规划背后的价值观的合理性？基于上述这些思考，随后出现了一系列的规划理论与实践，如有限理性规划、新自由主义规划、实用主义规划、批判性规划、新马克思主义规划、后结构主义规划、沟通式规划和倡导性规划等。然而，无论哪一种规划理论，都或多或少地面临各种理论困境和实践难题。例如，后现代主义规划理论提供了颇具启示意义的规划思想但缺乏可操作的系统化规划实践工具而颇受诟病；沟通式规划为规划中的利益主体的公平参与提供了实践层面的可能性，但通过沟通是否能够得到统一的价值观和统一的规划解决方案是值得深刻怀疑的。

在回应上述困境的各种解决方案中，兴盛于20世纪60年代的规划系统论再次受到重视，但其思想内核与早期的机械和简单的数量分析模型已经大为不同。在充分理解并融合上述各种理论的基础上，规划的复杂性日益被理解，由此而催生了将复杂性理论运用于规划领域的理论探索与实践探索。从技术方法上来看，表现之一就是复杂系统理论与基于复杂系统理论的规划决策支持系统的发展与实践。复杂性，在部分人看来，其大约就等同于“不可解决或难以解决”，因此规划的复杂性特质在规划实践中往往被人有意或无意避而不谈；同时，复杂性还与规划对象，即区域、城镇和乡村未来发展前景的“不确定性”具有千丝万缕的关系，而规划的初衷原本是为了获得一种“确定性”的解决方案，因此“不确定”在规划实践过程中往往难以被接受，在我国现有的文化背景和规划制度下，这一特点尤其明显。然而，为了所谓的“确定性”解决方案而无视规划复杂性的事实，这样的规划方案往往不能解决实际问题。基于此，本书以复杂性理论为思考的起点，对规划中常见的问题之一，即区位问题和城镇空间布局优化问题进行了较为系统化的探索。

本书通过研究文化创意产业的发展与城市空间土地利用的关系，提出了以多智能体模拟技术为支撑的产业发展—城市土地利用一体化模型的理论框架，并在此基础上结合 NetLogo 建模平台，详细阐述了建立抽象城市空间的技术方法，展示了模拟文化创意企业、文化创意工人和城市政府之间相互博弈过程的建模技术。在所建立的文化创意产业模型（CCID）基础上，采用了多情景模拟分析方法展示了复杂性理论下基于多智能体建模（ABM）技术是如何辅助和支持城市规划决策实践的。

为了进一步提升模型的实践价值，本书还介绍了如何结合地理信息系统（GIS）技术，在基于多智能体建模（ABM）的模拟模型中融入能够较为客观反映城市空间特征的地理信息系统（GIS）数据。在阐述模型设计和建模关键技术的基础上，介绍了所建立的地理文化创意产业模型（Geo-CCID）的界面构成与功能模块，并展示了如何利用该模型开展多情景模拟。利用此模型，可以辅助解决城市文化创意产业集聚区的规划选址、投资时序和城市土地价值的预测等规划问题。

以批判的眼光审视模型，无论是文化创意产业模型（CCID）还是地理文化创意产业模型（Geo-CCID），在模型的空间环境维度上，城市地理空间要素以及这些要素的空间分布均处于静止不变的状态，这显然有违城市发展的事实。就我国的城市发展而言，其正处于快速扩张与高质量发展的交汇时期，城市空间日新月异，各种大型设施和公共服务设施层出不穷。因此，为了提升模型的可靠性与实用性，未来有必要将模拟模型中的“城市空间”活化，使得行为主体之间的复杂互动与城市空间的发展变化形成双向协同的演化关系，其可能的解决方案之一在于集成业已较为成熟的元胞自动机（CA）技术。但是，元胞自动机（CA）技术目前还依然依赖于整齐划一的栅格元胞这一底层数据结构，这与行政主体所辖空间往往具有空间边界不规则性的现实难以充分对接。由此，未来如何突破栅格元胞的元胞自动机（CA）技术本底，发展出基于矢量而非标量的不规则多边形的元胞自动机（CA）技术方法就颇为关键。此外，在我国的规划语境下，城市政府的力量对于城市发展而言具有不可低估的影响力。受到政府行政实践和社会文化力量的综合影响，政府的行政力量在各类土地利用活动的空间安排上具有不稳定性、不确定性和周期性。因此，元胞自动机（CA）技术所依赖的元胞就近影响与元胞分裂机制能否有效刻画和反映上述现实是需要深入探讨的。

审视文化创意产业模型（CCID）和地理文化创意产业模型（Geo-

CCID),可以看到模型所涉及的行为主体的智能水平有待更高的提升。在模型中,无论是文化创意企业,还是文化创意工人,两个模型都没有赋予其记忆能力和学习能力。例如,在模型中,一个屡次被同一家企业拒绝的文化创意工人,即使在该企业已经明确告诉他其不可能被招聘的条件下,其依然可能会持续不断地到该企业寻找就业机会。同时,在模型运行过程中,一个文化创意工人的产出效率自始至终都没有发生变化,也就是说该工人并不具备自我学习能力,并不会从一个生手演变成一个熟练工人。所有的这些都与现实有所不符。为了解决这一问题,当前蓬勃发展的大数据与人工智能技术为其提供了新的可能,例如,在未来的模型发展过程中,可以赋予多智能体深度学习的能力,即通过大量的试错和对自身“经验”的反思与学习,它们可能学会更加灵活的谈判技能并不断提升自己的能力水平,进而影响模型的总体模拟结果。

从多智能体模拟技术与地理信息系统(GIS)技术的融合水平来看,上述地理文化创意产业模型(Geo-CCID)仅仅实现了基于多智能体建模(ABM)与地理信息系统(GIS)的初步融合。首先,这一处理方法基于两个软件系统(仿真模拟软件 NetLogo 和地理信息系统软件 ArcGIS)。其次,两个系统的文件转换及交换需要通过手动完成,而非自动完成。这些不足导致有必要将基于多智能体建模(ABM)与地理信息系统(GIS)这两个系统进行高度整合,以提升其在现实政策决策中的效率和应用价值,具体来说可以有三种尝试方案:第一,将地理信息系统(GIS)作为主要分析平台,通过自主开发的程序模块或脚本,调用基于多智能体建模(ABM)软件的相关功能;第二,将基于多智能体建模(ABM)系统作为主要分析平台,在其内开发相关的程序模块或脚本,调用地理信息系统(GIS)现有的相关分析功能模块;第三,根据研究的具体问题和目标,自行开发第三方软件模块,提取两个系统所能提供的相关功能模块,组成新的应用程序组。虽然上述三个方案看起来比较令人鼓舞,但是其依然面临巨大的挑战,原因在于要解决基于多智能体建模(ABM)系统和地理信息系统(GIS)的数据结构不兼容性(data structure incompatibility)问题非常棘手,同时要实现两个系统的数据互操作(data interoperability)也存在巨大困难(Crooks et al.,2012)。

我们知道,城市各种功能的发挥以及这些功能的发展演化,其内在的核心动力来自城市的基本经济(社会)活动,即为城市其他区域服务的活动。从城市空间的外在表象来看,城市拥有较为明确的空间边界。但是,如果从城市功能的角度来看,城市的边界在哪里实在是一个难于回答的问题。这是因为在一个万物互连的信息社会中,流动空间而非实体的地理空间越来越成为塑造城市空间的重要力量,这种流动空间主要借助于各种网络得以建立和演化。基于这一认识,本书在第 8 章详细阐述了利用 NetLogo 来建立城镇空间网络的技术方法。其中涉及的关键技术包括两点:第一,如何描述网络的拓扑特征并在 NetLogo 中对其进行计算和可视化;第二,如何将抽象的网络空间特征转化为规划实践中的规划实践话语,并依据研究结果给出科学建议。

网络作为流动空间的基础支撑,具有多种存在形式。从网络的理论结构模型来说,包括四种典型的网络:随机网络(random network)、规则网络(regular network)、小世界网络(small-world network)与无尺度网络(scale-free network)。在现实生活中,随机网络和规则网络都并不常见,而真正常见的是小世界网络与无尺度网络。小世界网络是"六度分离"(six degrees of seperation)理论的一种典型网络结构形式,而无尺度网络则是符合幂律分布规律的一种网络结构形式。

从构成网络的节点属性来看,本书所介绍的在文化创意产业发展过程中形成的关系网络和城镇空间网络,在某种程度上属于"一模网络",即其中涉及的网络节点代表的仅是同一种类型的对象。例如,本书所提到的城镇网络,其中的节点只是城镇这一类型对象。以此为基点,我们可以进一步对每一个城镇本身进行考察,扩大分析的视野。首先,作为节点的每一个城镇,其中必然包含了多个银行,而银行自身作为一个有别于城镇的系统,构成了错综复杂的金融网络。如果我们将城镇网络和银行网络作为一个系统来看,此时网络中的节点就包含了两种类型的对象,这种网络我们可以称之为"二模网络"。以此为基本逻辑,我们会认识到由城市链接而形成的网络实际上是一个"多模网络",如果超越动物、植物、文化和物质界限,我们发现城市网络可以扩展成为一个万物互联的"无限模网络"。

如果我们把目光不局限于城市,而是从人类聚居的角度出发,关注区域、城市、村镇、村庄和个体的人,那么这一网络也必将是无界网络。因此,从这个意义出发,规划的对象,即人类聚居的空间,本质上就是一个无限维、无边界的网络空间,即万物聚而唯一,不可拆分。正如老子所讲:"道生一,一生二,二生三,三生万物。万物负阴而抱阳,冲气以为和。"也就是说,我们的生存环境本质上是一个完整而不可分割的整体。因此,从追寻事物本质的角度出发,对人居环境的认识、理解、研究与分析需要采用整体论的思维。

但是,从人类早期探索自然和社会本质的经验来看,无论是西方的柏拉图和亚里士多德,还是中国的老子和庄子等,都主张以整体论思维认知世界。但是,限于人类认知能力的有限性和分析工具的有限性,在以整体论为指引的寻求世界"本质"的道路上,人类在相当长一段时间内陷入了无限的宏大和抽象的漩涡,并最终服膺宗教信仰和道德信仰。但是,在经历漫长的生活实践、物质追求与社会功用主义的洗礼后,这一理论指引最终让位于文艺复兴后的"还原论"(reductionism)。所谓的"还原论",就是认识到整体意义上的复杂系统超越了人的认知,因此有必要将这一复杂系统(或者现象、过程)进行合理的分解,在对局部理解后再将局部组装成原系统,进而期望理解原系统整体的属性和规律。随后,还原论在现代科学上取得了伟大的成功,并使其以压倒一切的优势为人类所推崇。

我们必须充分认识到，对整体的肢解过程实际上改变了原系统的整体属性和特质，同时也改变了构成该整体的各个局部的属性和特质。然而将这些被改变的局部进行组装并不能得到原有的整体。例如，现代医学通过解剖人体器官来理解各个器官的机能，但是对这些拆解后的器官机能的清晰认知，并没有帮助我们破解作为一个完整生命体的个人的属性和特质，比如一个活体生命的人，其产生思想的运行系统和运行机制在今天依然无从知晓，虽然有人尝试从神经科学角度来理解人脑的思想工作机制，但那也许只是冰山一角，远未触及事情的本质，也许这就是人类用还原论来认识自身甚至周身世界所必然要遭遇的困境。整体论，作为一个并不新鲜的方向指引，看起来虽然颇具前景，但其规定的路径却超越了人类的认知能力和实践能力，在寻求真知的道路上，人类已经颇有成绩但困厄从未解除。因此，面对现实生活的认知实践需求，我们只能退而求其次，在一个有限维度和有限边界内采取整体论的思维，利用复杂网络系统的技术方法，来认识世界、理解世界和改造世界。例如，隶属于老三论的系统论、控制论、信息论和隶属于新三论的耗散结构理论、协同论、突变论都是这样一种努力和尝试的具体表现。

再次回归到本书的写作内容上。虽然本书不断强调规划的复杂性，且提出需要采用整体论思维和复杂系统的观点来理解、分析和模拟城市规划中的经典问题并给出规划建议。但是，不得不说，书中所言内容依然是以理性主义为内核，所分析和研究的系统也好，网络也好，都是属于有界的、低维度的甚至是单维度的模拟分析。同时，本书重点展示的基于多智能体建模（ABM）技术，也只不过是研究和分析复杂问题的各种技术方法中的一种，未来可能还有更多的新技术和新方法甚至是新思想需要我们去想象、探索和尝试。

基于上述论述可以看到，整体论为我们准确理解世界提供了一种系统化的思维模式。但是，从社会生活实践的功用主义出发，过度热衷于整体论必将使人陷入过度抽象思辨与困顿于自身认知能力瓶颈约束的泥沼而难于前进。同时，从生活经验来看，在城市社会的日常生活实践中，我们的行为和决策往往依靠的是非理性的经验而不是基于理性主义的精细分析计算。可以想象，一旦人们变得“非常有理性”，我们的生活和决策将会变得几乎不可能。不可否认，现代理性以及由此而生的现代科学与技术，在改善人类生存环境、生存能力和造福人类上确实取得了令人瞩目的成就。但是，将理性与科学所达成的这种成就看作一种伟大的成功，也许只有在人类自身利益圈这一有限尺度下方能成立。思接千载，视通万里，以无界无限维的网络视角以观之，理性与科学的成就是否具有普遍的积极性和正面性依然是一个有待深刻反思与探索的问题。因此，无论是在认识人居环境，还是在以规划的方式改造人居环境的过程中，都需要慎重审视理性主义这一锐利工具的潜在缺陷和风险，时刻警醒自己通过理性主义和复杂性理论进行的各种分析、模拟和预测，只不过是宏大整体中的某一微小篇章，其所描述和揭示的知识和规律远不是事情本来的面目。因此，各种理论、模型和分析结论必将只能在有限维度、有限尺度上发挥有限作用，其结论的泛化与无视尺度和特定场景而将其盲目运用到规划实践中必将产生违背常识的荒谬。

参考文献

·中文文献·

爱因斯坦,2009. 爱因斯坦文集:第1卷[M]. 范岱年,许良英,赵中立,编译. 增补本.北京:商务印书馆.

鲍超,陈小杰,2014. 中国城市体系的空间格局研究评述与展望[J]. 地理科学进展, 33(10): 1300-1311.

贝塔朗菲,1987. 一般系统论:基础、发展和应用[M]. 林康义,魏宏森,等译. 北京:清华大学出版社.

曹立伟,2012. 基于可计算一般均衡模型的城镇建设用地需求预测研究:以南宁市为例[D]. 桂林:广西师范学院.

常绍舜,2008. 从整体与部分的辩证关系看系统论与还原论的适用范围[J]. 系统科学学报,16(1):87-89.

常绍舜,2011. 从经典系统论到现代系统论[J]. 系统科学学报,19(3):1-4.

陈国卫,金家善,耿俊豹,2012. 系统动力学应用研究综述[J]. 控制工程,19(6):921-928.

陈红兵,2008. 复杂性科学对近现代科学范式的转型[J]. 山东理工大学学报(社会科学版),24(3):12-15.

陈晖,2011. 基于分形理论的陕西省城市体系规模的优化与仿真[D]. 西安:西安建筑科技大学.

陈莉,李运超,2014. 基于遗传算法—支持向量机的我国创新型城市评价[J]. 中国科技论坛 (11):126-131.

陈彦光,2005. 分形城市与城市规划[J]. 城市规划,29(2):33-40.

陈彦光,2008. 分形城市系统:标度·对称·空间复杂性[M]. 北京:科学出版社.

陈宇翔,2002. 基于GIS的地理网络分析[D]. 郑州:中国人民解放军信息工程大学.

程世丹,2007. 当代城市场所营造理论与方法研究[D]. 重庆:重庆大学.

崔铁军,等,2016. 地理空间分析原理[M]. 北京:科学出版社.

邓力,俞栋,2016. 深度学习:方法及应用[M]. 谢磊,译. 北京:机械工业出版社.

段晓东,王存睿,刘向东,2012. 元胞自动机理论研究及其仿真应用[M]. 北京:科学出版社.

顾朝林,管卫华,刘合林,2017. 中国城镇化2050:SD模型与过程模拟[J]. 中国科学(地球科学),47(7):818-832.

何春阳,史培军,陈晋,等,2005. 基于系统动力学模型和元胞自动机模型的土地利用情景模型研究[J]. 中国科学(地球科学)(5):464-473.

黄欣荣,吴彤,2005. 从简单到复杂:复杂性范式的历史嬗变[J]. 江西财经大学学报(5):80-85.
霍尔,1985. 城市与区域规划[M]. 邹德慈,金经元,译. 北京:中国建筑工业出版社.
金艳鸣,白建华,何建武,等,2012. 煤电产业布局对区域经济协调发展的影响研究:基于多区域可计算一般均衡模型分析[J]. 科技和产业,12(9):48-53.
赖世刚,韩昊英,2009. 复杂:城市规划的新观点[M]. 北京:中国建筑工业出版社.
黎夏,李丹,刘小平,等,2009. 地理模拟优化系统 GeoSoS 及前沿研究[J]. 地球科学进展,24(8):899-907.
黎夏,叶嘉安,刘小平,2006. 地理模拟系统在城市规划中的应用[J]. 城市规划,30(6):69-74.
黎夏,叶嘉安,刘小平,等,2007. 地理模拟系统:元胞自动机与多智能体[M]. 北京:科学出版社.
李才伟,1997. 元胞自动机及复杂系统的时空演化模拟[D]. 武汉:华中科技大学.
李洪心,2008. 可计算的一般均衡模型:建模与仿真[M]. 北京:机械工业出版社.
李敏强,寇纪淞,林丹,等,2002. 遗传算法的基本理论与应用[M]. 北京:科学出版社.
李平星,樊杰,2014. 城市扩张情景模拟及对城市形态与体系的影响:以广西西江经济带为例[J]. 地理研究,33(3):509-519.
李少英,黎夏,刘小平,等,2013. 基于多智能体的就业与居住空间演化多情景模拟:快速工业化区域研究[J]. 地理学报,68(10):1389-1400.
李学伟,吴今培,李雪岩,2013. 实用元胞自动机导论[M]. 北京:北京交通大学出版社.
廖守亿,王仕成,张金生,2015. 复杂系统基于 Agent 的建模与仿真[M]. 北京:国防工业出版社.
刘合林,席尔瓦,2017. 创意产业时空过程模拟[M]. 南京:东南大学出版社.
刘继生,陈彦光,2000. 城市地理分形研究的回顾与前瞻[J]. 地理科学,20(2):166-171.
刘军,2004. 社会网络分析导论[M]. 北京:社会科学文献出版社.
刘润姣,蒋涤非,石磊,2016. 主体建模技术在城市规划中的应用研究评述[J]. 城市规划,40(5):105-112.
刘小平,黎夏,艾彬,等,2006. 基于多智能体的土地利用模拟与规划模型[J]. 地理学报,61(10):1101-1112.
罗宾逊,1988. 规划中的悖论[J]. 陈荃礼,译. 经济学译丛(1):70-73.
罗平,李全,2010. 城市土地利用演化预警及政策仿真[M]. 北京:科学出版社.
钱广华,1988. 西方哲学发展史[M]. 合肥:安徽人民出版社.

秦贤宏，段学军，李慧，等，2009. 基于SD和CA的城镇土地扩展模拟模型：以江苏省南通地区为例[J]. 地理科学，29(3)：439-444.

任美锷，1992. 中国自然地理纲要[M]. 修订第三版. 北京：商务印书馆.

申红田，2010. 基于涌现理论的高层建筑集群空间模式研究[D]. 郑州：郑州大学.

沈体雁，2006. CGE与GIS集成的中国城市增长情景模拟框架研究[J]. 地球科学进展，21(11)：1153-1163.

史忠植，1998. 高级人工智能[M]. 北京：科学出版社.

史忠植，2011. 高级人工智能[M]. 3版. 北京：科学出版社.

史忠植，2016. 人工智能[M]. 北京：机械工业出版社.

苏伟忠，杨桂山，陈爽，等，2012. 城市增长边界分析方法研究：以长江三角洲常州市为例[J]. 自然资源学报，27(2)：322-331.

孙施文，1997. 城市规划哲学[M]. 北京：中国建筑工业出版社.

孙施文，2007. 现代城市规划理论[M]. 北京：中国建筑工业出版社.

谭长贵，2004. 动态平衡态势论研究：一种自组织系统有序演化新范式[M]. 成都：电子科技大学出版社.

田达睿，周庆华，2014. 国内城市规划结合分形理论的研究综述及展望[J]. 城市发展研究，21(5)：96-101.

汪小帆，李翔，陈关荣，2006. 复杂网络理论及其应用[M]. 北京：清华大学出版社.

王灿，陈吉宁，邹骥，2003. 可计算一般均衡模型理论及其在气候变化研究中的应用[J]. 上海环境科学(3)：206-212，222.

王宏生，孟国艳，2009. 人工智能及其应用[M]. 北京：国防工业出版社.

王其藩，2009. 系统动力学[M]. 2009年修订版. 上海：上海财经大学出版社.

王晓鸣，汪洋，李明，等，2009. 城市发展政策决策的系统动力学研究综述[J]. 科技进步与对策，26(22)：197-200.

王雅琳，2001. 智能集成建模理论及其在有色冶炼过程优化控制中的应用研究[D]. 长沙：中南大学.

魏宏森，2003. 复杂性研究与系统思维方式[J]. 系统辩证学学报，11(1)：7-12.

沃尔德罗普，1997. 复杂：诞生于秩序与混沌边缘的科学[M]. 陈玲，译. 北京：生活·读书·新知三联书店.

吴彤，2000. "复杂性"研究的若干哲学问题[J]. 自然辩证法研究，16(1)：6-10.

武显微，武杰，2005. 从简单到复杂：非线性是系统复杂性之根源[J]. 科学技术与辩证法，22(4)：60-65.

谢惠民，1994. 复杂性与动力系统[M]. 上海：上海科技教育出版社.

亚里士多德，2003. 形而上学[M]. 苗力田，译. 北京：中国人民大学出版社.

杨青生，黎夏，2007. 多智能体与元胞自动机结合及城市用地扩张模拟[J]. 地理科学，27(4)：542-548.

杨新敏,2002. 基于遗传算法的城市交通流配流模型[D]. 昆明:昆明理工大学.
杨中楷,刘永振,2002. 从简单性到复杂性[J]. 系统辩证学学报,10(4):45-48.
尹晓红,2009. 区域循环经济发展评价与运行体系研究[D]. 天津:天津大学.
于景元,2011. 一代宗师百年难遇:钱学森系统科学思想和系统科学成就[J]. 系统工程理论与实践,31(S1):1-7.
于卓,吴志华,许华,2008. 基于遗传算法的城市空间生长模型研究[J]. 城市规划,32(5):83-87.
余青原,张宝伟,2011. 基于遗传算法的城市给水管网优化运行研究[J]. 西南农业大学学报(社会科学版),9(5):18-20.
袁满,刘耀林,2014. 基于多智能体遗传算法的土地利用优化配置[J]. 农业工程学报,30(1):191-199.
张波,虞朝晖,孙强,等,2010. 系统动力学简介及其相关软件综述[J]. 环境与可持续发展,35(2):1-4.
张鸿辉,曾永年,吴林,2012. 面向建设选址的多智能体城市空间规划模型[J]. 遥感学报,16(4):764-782.
张军,2013. 多主体系统:概念、方法与探索[M]. 北京:首都经济贸易大学出版社.
张秋花,薛惠锋,吴介军,等,2007. 多智能体系统 MAS 及其应用[J]. 计算机仿真,24(6):133-137.
张欣,2010. 可计算一般均衡模型的基本原理与编程[M]. 上海:格致出版社.
张志林,张华夏,2003. 系统观念与哲学探索:一种系统主义哲学体系的建构与批评[M]. 广州:中山大学出版社.
张自力,2016. 人工智能新视野[M]. 北京:科学出版社.
赵建英,2005. 基于涌现性的产业集群知识竞争力研究[D]. 太原:山西大学.
赵璟,党兴华,2008. 系统动力学模型在城市群发展规划中的应用[J]. 系统管理学报,17(4):395-400,408.
赵凯荣,2001. 复杂性哲学[M]. 北京:中国社会科学出版社.
赵玲,2001. 自然观的现代形态:自组织生态自然观[J]. 吉林大学社会科学学报,41(2):13-18.
周明,孙树栋,1999. 遗传算法原理及应用[M]. 北京:国防工业出版社.
周涛,柏文洁,汪秉宏,等,2005. 复杂网络研究概述[J]. 物理,34(1):31-36.
朱华,姬翠翠,2011. 分形理论及其应用[M]. 北京:科学出版社.

·外文文献·

ALLMENDINGER P,2017. Planning theory[M]. 3rd ed. London:Red Globe Press.
AMBLARD F,BOMMEL P,ROUCHIER J,2007. Assessment and validation of multi-agent models[M]// PHAN D, AMBLARD F. Agent-based

modelling and simulation in the social land human sciences. Oxford: The Bardwell Press.

BALCI O, 1998. Verification, validation and testing [M]//BANKS J. Handbook of simulation: principles, methodology, advances, applications and practice. New York: John Wiley & Sons, Inc.

BATTY M, 1991. Cities as fractals: simulating growth and form[M]. Berlin: Springer-Verlag.

BATTY M, 2009. Complexity and emergence in city systems: implications for urban planning[J]. Malaysian journal of environmental management, 10 (1): 15-32.

BRANCH M C, 1973. Continuous city planning; integrating municipal management and city planning[Z]. New York: American Society of Planning Officials.

CHADWICK G F, 1971. A systems view of planning: towards a theory of the urban and regional planning process[M]. New York: Pergamon Press.

CHARYPAR D, NAGEL K, 2005. Generating complete all-day plans with genetic algorithms[J]. Transportation, 32(4): 369-397.

CHUNG C A, 2004. Simulation modeling handbook: a practical approach[M]. Boca Raton: CRC Press.

CROMPTON A, 2001. The fractal nature of the everyday environment[J]. Environment and planning B: planning and design, 28(2): 243-254.

CROMPTON A, 2002. Fractals and picturesque composition[J]. Environment and planning B: planning and design, 29(3): 451-459.

CROOKS A T, CASTLE C J E, 2012. The integration of agent-based modelling and geographical information for geospatial simulation [M]// HEPPENSTALL A J, CROOKS A T, SEE L M, et al. Agent-based models of geographical systems. Berlin: Springer-Verlag.

CROOKS A T, CASTLE C J E, BATTY M, 2008. Key challenges in agent-based modelling for geo-spatial simulation[J]. Computers, environment and urban systems, 32(6): 417-430.

CROOKS A T, HEPPENSTALL A J, 2012. Introduction to agent-based modeling[M]// HEPPENSTALL A J, CROOKS A T, SEE L M, et al. Agent-based models of geographical systems. Berlin: Springer-Verlag.

DE JONG K, 1975. An analysis of the behavior of a class of genetic adaptive systems[D]. Ann Arbor: University of Michigan.

DE ROO G, SILVA E A, 2010. A planner's encounter with complexity[M]. Aldershot: Ashgate.

EISELT H A, MARIANOV V, 2011. Foundations of location analysis[M]. Berlin: Springer-Verlag.

FOOT D H S, 1981. Operational urban models: an introduction[M]. London: Methuen.

FORRESTER J W, 1958. Industrial dynamics: a major breakthrough for decision makers[J]. Harvard business review, 36(4): 37-66.

FORRESTER J W, 1961. Industrial dynamics [M]. Cambridge: The MIT Press.

FRANKHAUSER P, 1994. La fractalité des structures urbaines[Z]. Paris: Economica.

GILBERT G N, 2008. Agent-based models [M]. Los Angeles: Sage Publications.

GOLDBERG D E, 1989. Genetic algorithms in search, optimization, and machine learning[M]. Reading: Addison-Wesley Publishing Company, Inc.

GRIMM V, BERGER U, BASTIANSEN F, et al, 2006. A standard protocol for describing individual-based and agent-based models [J]. Ecological modelling, 198(1-2): 115-126.

GRIMM V, BERGER U, DEANGELIS D L, et al, 2010. The ODD protocol: a review and first update[J]. Ecological modelling, 221(23): 2760-2768.

GRIMM V, RAILSBACK S F, 2012. Designing, formulating, and communicating agent-based models [M]// HEPPENSTALL A J, CROOKS A T, SEE L M, et al. Agent-based models of geographical systems. Berlin: Springer-Verlag.

HANDY S L, NIEMEIER D A, 1997. Measuring accessibility: an exploration of issues and alternatives [J]. Environment and planning A: economy and space, 29(7): 1175-1194.

HOLLAND J H, 1962. Outline for a logical theory of adaptive systems[J]. Journal of the association for computing machinery, 9(3): 297-314.

HOLLAND J H, 1975. Adaptation in natural and artificial systems: an introductory analysis with applications to biology, control, and artificial intelligence[M]. Ann Arbor: University of Michigan Press.

HOLLAND J H, 1988. Emergence: from chaos to order[M]. Reading: Addison-Wesley Publishing Company, Inc.

LANGTON C G, 1995. Artificial life: an overview[M]. Cambridge: The MIT Press.

LAW A M, 2006. Simulation modeling and analysis [M]. 4th ed. Boston: McGraw-Hill.

LEVY S, MARTENS K, VAN DER HEIJDEN R, et al, 2013. Negotiated heights: an agent-based model of density in residential patterns [C]. Utrecht: 13th International Conference on Computers in Urban Planning and Urban Management (CUPUM).

LOUIE M A, CARLEY K M, 2008. Balancing the criticisms: validating multi-agent models of social systems [J]. Simulation modelling practice and theory, 16(2): 242-256.

MANDELBROT B, 1967. How long is the coast of Britain? Statistical self-similarity and fractional dimension[J]. Science, 156(3775): 636-638.

MCCANN P, 2002. Industrial location economics[M]. Cheltenham: Edward Elgar.

MCLOUGHLIN J B, 1969. Urban and regional planning: a systems approach [M]. London: Faber and Faber.

MICHEL F, FERBER J, DROGOUL A, 2009. Multi-agent systems and simulation: a survey from the agent community's perspective [M]// UHRMACHER A M, WEYNS D. Multi-agent systems and simulation. Boca Raton: CRC Press.

NGO T A, SEE L M, 2012. Calibration and validation of agent-based models of land cover change[M]//HEPPENSTALL A J, CROOKS A T, SEE L M, et al. Agent-based models of geographical systems. Berlin: Springer-Verlag.

POPPER K, 1946. The open society and its enemies, Vol. 2 [M]. 5 ed. London: Routledge.

RAILSBACK S F, 2001. Concepts from complex adaptive systems as a framework for individual-based modelling[J]. Ecological modelling, 139 (1): 47-62.

SCHELLING T C, 1971. Dynamic models of segregation[J]. The journal of mathematical sociology, 1(2): 143-186.

TAYLOR N, 1998. Urban planning theory since 1945[M]. Los Angeles: SAGE Publications.

TOBLER W R, 1970. A computer movie simulating urban growth in the Detroit region[J]. Economic geography, 46: 234-240.

VON BERTALANFFY L, 1969. General system theory: foundations, development, applications[M]. Rev. ed. New York: Grerge Braziller, Inc.

VON NEUMANN J, 1966. Theory of self-reproduction automata [M]. Urbana: University of Illinois Press.

WILENSKY U, 1999. NetLogo[Z]. Evanston: Center for Connected Learning and Computer-Based Modeling, Northwestern University.

WILENSKY U, RAND W, 2006. NetLogo segregation simple model [Z]. Evanston: Center for Connected Learning and Computer-Based Modeling, Northwestern Institute on Complex Systems, Northwestern University.

WONG D W S, LEE J, 2005. Statistical analysis of geographic information with ArcView GIS and ArcGIS[M]. New York: John Wiley & Sons, Inc.

WOOLDRIDGE M, JENNINGS N R, 1995. Intelligent agents: theory and practice[J]. Knowledge engineering review, 10(2): 115-152.

图片来源

图 2-1 源自:笔者根据科赫曲线原理绘制.

图 2-2 至图 2-7 源自:笔者根据 MITCHELL M,2009. Complexity:a guided tour[M]. Oxford:Oxford University Press 绘制.

图 3-1 源自:笔者根据王其藩,2009. 系统动力学[M]. 2009 年修订版. 上海:上海财经大学出版社绘制.

图 3-2 至图 3-7 源自:笔者根据相关资料绘制.

图 3-8 源自:笔者根据史忠植,1998. 高级人工智能[M]. 北京:科学出版社绘制.

图 3-9 源自:笔者根据 LANGTON C G,1995. Artificial life:an overview[M]. Cambridge:The MIT Press 绘制.

图 3-10 至图 3-13 源自:笔者根据相关资料绘制.

图 3-14 源自:笔者根据 LUGER G F,2005. Artificial intelligence:structures and strategies for complex problem solving[M]. 5th ed. London:Pearson Education 绘制.

图 3-15 源自:笔者根据麦肯锡最新的研究报告《人工智能是如何给企业带来价值的?》绘制.

图 4-1 源自:笔者根据 WILENSKY U,RAND W,2006. NetLogo segregation simple model [Z]. Evanston: Center for Connected Learning and Computer-Based Modeling,Northwestern Institute on Complex Systems, Northwestern University 绘制.

图 4-2 源自:笔者根据相关资料绘制.

图 4-3、图 4-4 源自:笔者根据 WILENSKY U,RAND W,2006. NetLogo segregation simple model[Z]. Evanston:Center for Connected Learning and Computer-Based Modeling, Northwestern Institute on Complex Systems,Northwestern University 绘制.

图 4-5 源自:LOUIE M A,CARLEY K M,2008. Balancing the criticisms: validating multi-agent models of social systems[J]. Simulation modelling practice and theory,16(2):242-256.

图 5-1 源自:笔者根据相关资料绘制.

图 5-2 至图 5-5 源自:笔者根据 NetLogo 6.1.1 版本软件绘制.

图 5-6 源自:笔者根据 WILENSKY U,RAND W,2006. NetLogo segregation simple model [Z]. Evanston: Center for Connected Learning and Computer-Based Modeling,Northwestern Institute on Complex Systems,

Northwestern University 绘制.

图 5-7 至图 5-10 源自:笔者根据 NetLogo 6.1.1 版本软件绘制.

图 6-1 源自:笔者根据相关资料绘制.

图 6-2 至图 6-5 源自:笔者绘制.

图 6-6 源自:笔者根据 NetLogo 6.1.1 版本软件绘制.

图 6-9 至图 6-12 源自:笔者基于 NetLogo 6.1.1 版本软件平台自行开发的模型绘制.

图 6-13 至图 6-17 源自:笔者根据刘合林,席尔瓦,2017. 创意产业时空过程模拟[M]. 南京:东南大学出版社绘制.

图 7-1 源自:笔者根据刘合林,席尔瓦,2017. 创意产业时空过程模拟[M]. 南京:东南大学出版社绘制.

图 7-2、图 7-3 源自:笔者根据 LIU H,SILVA E A,WANG Q,2016. Incorporating GIS data into an agent-based model to support planning policy making for the development of creative industries[J]. Journal of geographical systems,18(3):1-24 绘制.

图 7-4 源自:笔者根据刘合林,席尔瓦,2017. 创意产业时空过程模拟[M]. 南京:东南大学出版社绘制.

图 7-5 至图 7-9 源自:笔者基于 NetLogo 6.1.1 版本软件平台自行开发的模型绘制.

图 7-10 至图 7-16 源自:笔者根据 LIU H,SILVA E A,WANG Q,2016. Incorporating GIS data into an agent-based model to support planning policy making for the development of creative industries[J]. Journal of geographical systems,18(3):1-24 绘制.

图 8-1 源自:笔者根据汪小帆,李翔,陈关荣,2006. 复杂网络理论及其应用[M]. 北京:清华大学出版社绘制.

图 8-2 至图 8-16 源自:笔者绘制.

表格来源

表 3-1 源自:陈彦光,2005. 分形城市与城市规划[J]. 城市规划,29(2):33-40.

表 4-1 源自:笔者根据刘合林,席尔瓦,2017. 创意产业时空过程模拟[M]. 南京:东南大学出版社绘制.

表 4-2 源自:笔者绘制.

表 4-3 源自:GRIMM V,RAILSBACK S F,2012. Designing,formulating,and communicating agent-based models [M]// HEPPENSTALL A J, CROOKS A T, SEE L M, et al. Agent-based models of geographical systems. Berlin:Springer-Verlag.

表 4-4 源自:笔者根据 GRIMM V,BERGER U,DEANGELIS D L,et al,2010. The ODD protocol:a review and first update[J]. Ecological modelling,221(23):2760-2768 绘制.

表 4-5 源自:笔者根据 GILBERT G N,2008. Agent-based models[M]. Los Angeles:Sage Publications;CROOKS A T,CASTLE C J E,2012. The integration of agent-based modelling and geographical information for geospatial simulation[M]// HEPPENSTALL A J,CROOKS A T,SEE L M,et al. Agent-based models of geographical systems. Berlin:Springer-Verlag 绘制.

表 5-1 至表 5-10 源自:笔者根据 NetLogo 软件信息与用户使用手册整理绘制.

表 5-11 源自:GitHub(开源及私有软件项目托管平台)网站.

表 5-12 源自:笔者绘制.

表 6-1 至表 6-6 源自:笔者根据刘合林,席尔瓦,2017. 创意产业时空过程模拟[M]. 南京:东南大学出版社绘制.

表 7-1 源自:笔者根据 LIU H,SILVA E A,WANG Q,2016. Incorporating GIS data into an agent-based model to support planning policy making for the development of creative industries [J]. Journal of geographical systems,18(3):1-24 绘制.

表 7-2 至表 7-5 源自:笔者绘制.

本书作者

刘合林，男，湖北咸宁人。华中科技大学建筑与城市规划学院城市规划系主任、教授、博士生导师；英国剑桥大学博士、博士后；中国技术经济学会低碳智慧城市专业委员会副主任委员，中国城市规划学会城市规划新技术应用学术委员会委员，中国地理学会城市地理专业委员会委员等。入选国家高层次青年人才计划和自然资源部高层次科技创新人才工程青年科技人才计划。主要从事城市与区域创新发展、城市与区域计算模型和低碳国土空间规划研究。近年来主持国家自然科学基金和社会科学基金 3 项，省部级基金 1 项。出版中英文专著 5 部，译著 2 部，在国内外学术期刊上发表高水平中英文论文 60 多篇。

聂晶鑫，男，湖北随州人。北京工业大学城市建设学部讲师、师资博士后，英国剑桥大学联合培养博士。主要从事城市与区域网络结构、创新导向的城市空间优化、国土空间优化与治理等方面的研究。主持国家自然科学基金青年项目 1 项，博士后面上项目 1 项。在国内外核心及以上期刊上发表论文 15 篇，参与译著 1 部。获得国家与省级优秀城市规划设计奖项 5 项，并获得包括第四届金经昌中国城乡规划研究生论文竞赛优胜奖在内的论文奖项若干。

董玉萍，女，安徽阜阳人，华中科技大学博士研究生。主要从事公共健康与城市规划方向研究。参与国家自然科学基金项目“中英高度城市化地区城市韧性提升规划策略双边研讨会”1 项。在《城市林业与城市绿化》(*Urban Forestry & Urban Greening*)、《国际城市规划》等国内外学术期刊和国内外学术会议上发表论文近 10 篇，以第三译者出版译著《规划理论》1 部。